존 칼훈의 랫 시티

RAT CITY: OVERCROWDING AND
URBAN DERANGEMENT IN THE RODENT UNIVERSES OF JOHN B. CALHOUN
First published in 2024 by Melville House
Copyright © 2024 by Jon Adams and Edmund Ramsden
All rights reserved

Korean language edition © 2025 by CBRAIN Books
Korean translation rights arranged with Melville House
through EntersKorea Co., Ltd., Seoul, Korea.

RAT CITY

존 칼훈의 랫 시티

**완벽한 세계
유니버스25가 보여준
디스토피아**

존 애덤스, 에드먼드 램스던 지음

"한때 외딴 오두막조차 드물던 곳에 이제는 대도시가 들어섰고…… 곳곳에 집과 사람, 정부와 문명화된 삶이 자리 잡았다. 우리가 가장 자주 마주하는 풍경(그리고 불만의 원천)은 넘쳐나는 인구다. 인간의 수는 세상에 부담이 되고, 자연이 제공하는 자원만으로 생존하기에는 더 이상 충분하지 않다. 우리의 욕구는 점점 더 날카로워지고, 입에서 터져 나오는 불평은 갈수록 쓰라려진다."

— 테르툴리아누스, 기원후 200년경

"만약 우리가 쥐와 관련된 모든 문제를 해결할 수 있다면, 오늘날 인류가 직면한 수많은 중대한 문제 또한 해결의 실마리를 찾을 수 있을 것이다. 어쩌면 당분간 우리 자신을 직접 들여다보는 대신, 쥐를 관찰하는 과정에서 우리 자신에 대해 더 많은 것을 알 수 있을지도 모른다."

— 존 B. 칼훈, 1967년

추천사

쥐 집단 실험으로 인간의 미래를 보다

이 책은 전대미문의 쥐 집단 실험('랫 시티')의 역사를 생태학적 언어로 탐구한 기록이다. 쥐 집단의 '과밀화'만으로도 어떻게 행동의 붕괴(번식 중단, 폭력성 증가, 사회 붕괴)가 발생했는지를 추적한다. 이것은 결국 우리 자신에 대한 미래 보고서다. (쥐와 인간은 같은 포유류다!) 초저출산이 단지 복지 정책의 실패 때문이 아니라 과밀, 고립, 개인 공간 상실의 생태적 위기 때문이라는 강력한 증거가 여기에 있다. 도시와 인류의 미래를 걱정하는 분들에게는 충격적인 필독서가 될 것이다.

— 장대익(가천대학교 스타트업칼리지 가천코코네스쿨(GCS) 석좌교수 및 학장, (주)트랜스버스 대표)

쥐에게 배우는 지속 가능한 미래

타우슨 우리와 케이시의 헛간을 거쳐 유니버스25부터 유니버스35까지, 평생을 바쳐 쥐의 집단행동을 연구한 이가 칼훈이다. 포식자도 없고 먹이도 충분한 칼훈의 랫 시티 Rat City에서 쥐의 개체수는 늘어나다 정체되고, 결국 모든 쥐가 저절로 소멸한다. 마지막 멸망의 단계에서 스스로 고립을 선택한 '아름다운 자들'이 출현한다. 번식과 사회적 상호작용에 아무런 관심을 보이지 않는, 쥐지만 쥐가 아닌 존재다. 쥐 도시의 흥망성쇠를 보며 인간을 생각한다. 칼훈이 보여준 쥐의 도시와는 다른, 지속 가능한 미래를 꿈꾸려면 꼭 참고해야 할 책이다. 우리는 쥐가 아니지만 쥐에게 배울 수 있다.

— 김범준(성균관대학교 물리학과 교수)

쥐가 만든 도시, 인간이 되묻는 마음의 지도

이 책은 충격적일 만큼 기발하고, 놀랍도록 통찰력 있는 쥐 실험에서 출발한다. 뉴욕 지하철과 닮은 미로형 도시를 설계하고, 이 도시에 수십 마리의 실험쥐가 살게 한다. 쥐를 위한 이 공간에서 그들은 어떻게 생활할까? 제한된 공간에 갇혀 주어진 자극에만 반응하는 쥐를 관찰하는 행동주의적 연구를 넘어, 자연스러운 환경을 만들어주고 쥐들의 생태를 탐구한 이 실험에서 어떤 뇌과학적 통찰을 얻었을까?

칼훈이 추적한 쥐의 도시적 기억과 비언어적 판단의 흔적에 뇌과학자로서 감탄하지 않을 수 없다. 이 책은 T자형 미로 실험을 넘어, 쥐의 뇌가 도시를 어떤 알고리즘으로 내면화하는지 상상하게 한다. 이 책의 가장 큰 매력은 데이터가 아닌 스토리로 말한다는 점이다. 실험 결과는 그래프 대신 도시의 풍경으로, 수식 대신 쥐의 몸짓과 이동선으로 표현된다. 그동안 실험실에서 묻지 못한 질문에 대해 이 작은 설치류들이 몸으로 답한다. 랫 시티에서 인간의 마음에 대한 통찰을 얻고자 하는 모든 이들에게 이 책을 권한다.

— 정재승(KAIST 뇌인지과학과 교수)

우리는 누구와 함께, 어떤 공간에서 살아가고 있을까?

《랫 시티》는 단순한 쥐의 이야기가 아니다. 이 책은 과학의 언어로 쓰인 현대 도시를 향한 실험적 우화이며, 거울처럼 조용히, 그러나 날카롭게 우리가 살아가는 삶의 '공간'과 '관계'에 대해 되묻는다.

포식자도 없고, 배고픔도 없는 쥐들의 유토피아. 그러나 그곳에서 시작된 것은 평화가 아니라 고립과 침묵, 그리고 이유 없는 공격성과 자기 파괴였다. 쥐들은 교미를 멈추고, 서로를 돌보지 않으며, 자신의 생존만을 바라보다 죽어갔다.

사회성 행동을 연구하는 신경생물학자로서, 이 실험에서 보이는 여러 장면은 생물학적 스트레스 실험 모델이나 사회적 격리 실험에서 자주 관찰되는 행동 양상과 놀라울 만큼 닮았다.

과밀한 공간, 관계의 단절, 만남 없는 삶은 애초에 같이 살도록 설계된 뇌의 기능을 무너뜨리고, 예측할 수 없는 폭력이나 깊은 무력감으로 이어지기도 한다. 그러나 그 모든 붕괴는 우리가 서로를 잃어버릴 때 시작되었다는 점을, 이 책은 조용히 일깨운다.

《랫 시티》는 묻는다. 풍요 속에서 왜 우리는 이렇게

외로운가? 도시는 왜 더 많은 사람을 품을수록, 더 많은 사람을 고립시키는가? 그리고 동시에 이렇게 속삭이는 듯하다. 우리는 다시 연결될 수 있는가? 우리는 더 나은 공간을 만들 수 있는가?

이 책은 인간 행동을 이해하려는 모든 이에게 깊은 사유와 회복의 가능성을 함께 건넨다. 무너지는 쥐의 도시 속에서, 우리는 우리의 도시를 본다. 그리고 아직 늦지 않았다는 듯이, 다시 살아갈 방법을 함께 찾아 나설 수 있기를 바란다.

— 구자욱(한국뇌연구원(KBRI) 글로벌 정서·중독 연구사업단 단장)

옮긴이 서문
쥐의 곡선, 우리의 곡선

나는 두 그래프를 나란히 놓고 충격을 받았다. 하나는 존 B. 칼훈_John B. Calhoun_이 '로던트 유토피아_Rodent Utopia_' 실험에서 관찰한 쥐 개체군의 인구 곡선이었고, 다른 하나는 지금 대한민국의 인구통계 곡선이었다. 두 곡선은 형태가 너무도 비슷했다. 급격한 성장, 완만한 정체기, 그리고 돌이킬 수 없이 추락하는 비가역적 하강.

칼훈의 실험에서 쥐는 생식 본능을 잃고, 새끼는 방치되었으며, 번식을 멈추었다. 결국 살아남은 것은 사회적 상호작용을 거부한 극소수의 고립된 개체뿐이었다.

이 유사성은 단순한 우연으로 보이지 않았다. 우리는 지금, 생존과 종의 유지를 위한 생식 본능과 사회성을 잃어가고 있는가? 대한민국의 초저출산 현상이 경제적 선택이라기보다는 신경생태학적 위기라고 한다면, 우리는 지

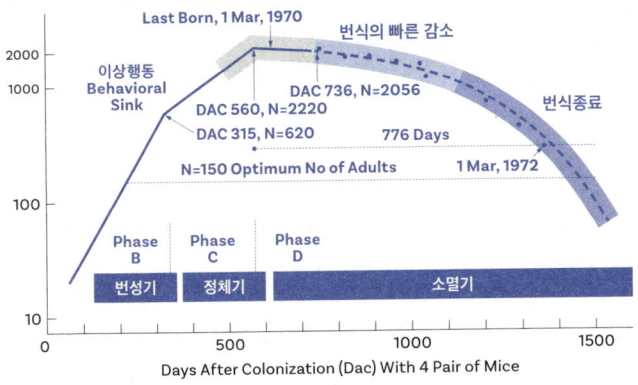

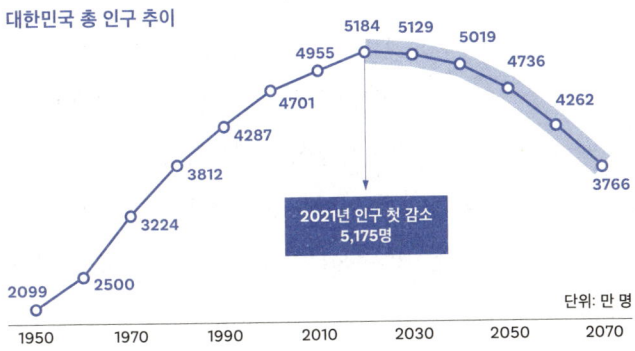

금의 상황을 어떤 언어로 이해해야 하는가?

이 책은 단지 쥐에 관한 실험이 아니다. 우리 시대의 인간 조건을 신경생태학적 언어로 다시 묻는 질문이다. 그리고 그 질문은 이미 시작됐는지도 모른다.

그 질문의 기원을 따라가다 보면, 우리는 매우 독특한 과학자와 마주친다. 존 B. 칼훈. 그는 생물학자이자 사회학자였고, 인류학에도 몰입한 도시 이론가였다. 호기심이 생기면 끝까지 파고드는 실험자이자 사상가이기도 했다. 그가 남긴 기록과 자료에는 예기치 못한 과학적 단서가 숨어 있었다. 한편, 사회 붕괴의 원인을 인구 밀도의 증가를 넘어 개인 공간의 상실에서 찾았는데, 이를 '스스로 방어 가능한 영역'이라고 정의했다. 거주 환경과 계층 구조가 맞물리며 서열 경쟁이 가속화되는 양상을 포착했고, 경쟁적 환경에서 태어난 개체가 평온한 환경으로 이주해도 사회적 아웃사이더의 성향을 유지하는 현상도 발견했다. 이는 곧 세대 간 형질 전이 가능성을 시사하기도 했다.

이러한 통찰은 그의 실험을 군집 행동 연구에서 나아가 뇌과학, 사회학, 역사학이 교차하는 융합 연구로 확장시켰다.

고인 물이 썩어 숲 전체의 생태를 붕괴시키듯, 정체된 사회적 관계망이 인간 집단 전체를 무너뜨릴 수 있다는 아날로지에서 그는 '행동의 싱크 *behavioral sink*'라는 개념을 도출했다. 쥐 실험이라는 비가역적 시뮬레이션을 통해 도시화된 인간 사회의 균열을 예고한 것이다.

이 실험은 학계에만 알려지지 않았다. 칼훈의 연구는 미국 의회 회의록에 인용되었고, NASA와 워싱턴 D.C. 행정당국, 감옥 과밀화 정책 자문에 반영되었으며, 1972년에는 노벨평화상 후보로까지 거론되었다.

단일 생물종의 실험이 도시 설계와 국가 정책을 바꾼 것은 역사상 유례가 없는 일이다.

우리는 지금 어떤 곡선 위에 있는가? 그리고 과연 행동의 싱크를 피할 수 있을까?

2025년 여름

차례

추천사	7
옮긴이 서문_쥐의 곡선, 우리의 곡선	12
머리말	19

1부 출현

1장	새로운 세상	37
2장	존스홉킨스	58
	잭 칼훈: 거북이 농장(1917~1934)	73
3장	볼티모어	76
	잭 칼훈: 새로 가득한 첨탑(1935~1946)	87
4장	쥐 방제 사업	91
5장	타우슨	105
6장	최대 인간 원형질	125
7장	바 하버, 월터 리드	146
8장	케이시의 헛간	174
9장	싱크에서 벗어나다	194

2부 이주

10장 개인 공간   219

11장 정신병원   235

12장 교도소   252

13장 쥐 법안   262

14장 우주 비행을 꿈꾸는 사람들   270

15장 수직 슬럼가   293

3부 깨달음

잭 칼훈: 오렌지 속의 우주(NIMH, 1960)   317

16장 풀스빌   320

17장 케슬러 현상과 유니버스25   344

18장 인기 관리   369

19장 진화를 위한 처방   391

20장 시스템 오류   417

21장 생태적 평형   436

종결 마지막 여정   457

감사의 글   463

옮긴이 후기   466

참고문헌   468

찾아보기   492

머리말

> "이곳은 잭이 지은 집이에요.
> 이것은 보릿자루예요.
> 잭이 지은 집에 놓여 있어요.
> 이것은 쥐예요.
> 잭이 지은 집에 놓여 있던 보리를 먹었어요."

〈잭이 지은 집〉, 영국의 전래 동요

도쿄 에도가와구區는 49.2제곱킬로미터의 면적에 약 69만 명이 거주하고 있다. 이는 1제곱킬로미터당 약 1,400명이 산다는 뜻이다. 그중에 70명 중 1명은 집을 떠나지 않는데, 전국적으로는 100만 명이 넘는 사람들이 집에만 있는 것으로 추정된다. 대부분은 가족과 함께 거주하지만, 대화를 나누는 경우는 적다. 집은 순전히 육체적 생존을 위한 장소이며 정신적 고립을 위한 도피처다.

일본에서는 집에만 있는 사람을 히키코모리引き籠もり라고 부른다. 그들은 집에 틀어박힌 사람shut-in, 은둔자, 또는 현대적이고 독특한 도시적 은둔 생활을 실천하는 사람이라고도 한다. 이들이 집에만 있는 이유가 무엇인지, 왜 지금 이런 일이 일어나는지, 아무도 확실히는 알지 못한다. 그러나 여러 아시아 국가와 서구에서도 비슷한 사례가 보고되고 있으며, 부모님 집 지하실에 숨어 지내는 젊은 남성을 일컫는 단어가 신조어가 될 만큼 확산된 것으로 보인다. 현재 일본 인구는 점점 줄어들고 있으며, 이성과 관계를 맺는 젊은이가 줄어들면서 출산율도 떨어지고 있다. 그리고 히키코모리가 점점 더 많아지는 것으로 보고된다.

존 칼훈John B. Calhoun, 1917~1995은 히키코모리라는 단어가 유행하기 전에 사망했지만, 그런 존재가 있다는 건 이미 알았을 것이다. 그는 인구 과밀화 상황에서 달라지는 행동을 탐구했는데, 사회적 단절은 그 전형적인 반응이다. 그는 이를 '사회적 자폐증social autism'이라고 이름 붙였다. 그가 관찰한 바로는 사회적 자폐증은 나르시시즘의 형태를 띤다.

칼훈은 이런 현상을 인간이 아닌 쥐 군집을 통해 관찰

했다. 그는 집 뒤 숲속 공터에 울타리를 치고 쥐 몇 마리를 풀었다. 포식자도 없고 먹이는 풍부한 울타리 속에서 쥐는 기하급수적으로 증가했다. 동물 사회에도 집단 내에서 학습되는 행동 규칙이 있는데, 칼훈은 이를 문화라고 불렀다. 그는 쥐의 개체수가 과밀해지자 쥐의 문화가 사라지는 것을 발견했다. 이를 행동의 붕괴 *behavioral sink*라고 한다. 행동의 붕괴는 생식 중단과 인구절벽으로 이어졌다. 그의 실험은 국립정신건강연구소 *National Institute of Mental Health, NIMH*에서도 반복됐고, 그중 유니버스25 *Universe 25*는 인구의 성장과 정체와 종말을 대표하는 사례가 되었다.

그의 동료가 '잭이 지은 집 *Jack's house*'이라고 불렀던 그의 실험실에는 칼훈이 창조한 '랫 시티 *Rat City*'가 있었다. 랫 시티는 쥐의 신체적 욕구가 모두 충족되는 독립된 환경이자 그 자체로 하나의 세계이기에, 이를 유니버스라고 불렀다. 일반적인 동물 실험이 좁은 우리에 격리된 개체의 반복 행동을 관찰하는 데 그쳤다면, 칼훈은 실험 대상의 삶을 제한하지 않고 오히려 이상적인 환경을 갖춘 도시 생태계를 정교하게 설계했다. 그 결과, 실험에 사용된 쥐들은 야생에서와 마찬가지로 가족을 이루고 번식했지만, 먹이, 물, 잠자리, 둥지를 얻기 위해 경쟁하거나 노력할 필요가 없었다. 포식자도 없었고, 외부의 위협도 없었다. 말 그대로 쥐를 위한 유토피아였다. 이들을 제한한 유일한 요소는 바로 공간의 크기뿐이었다.

칼훈의 유토피아에선 세대가 거듭되며 사회 구조가 무너졌다. 쥐 개체수가 증가하면서 혼잡해진 유니버스에서는 자연스레 비정상적 행동이 출몰했다. 출산율이 떨어지고, 유아 방치가 증가했다. 일반적인 짝짓기는 사라진 대신 공격적이고 지속적인 비생식성 성행위로 대체되었고, 동성애가 보편화되었다. 야생에서는 같은 종끼리의 싸움은 대부분 의례적이라서, 서로에게 심각한 피해를 입히는 경우는 거의 없었다. 그래서 야생의 쥐들은 서로 겁을 줄 정도로만 물었다. 그러나 NIMH의 실험에서 쥐들은 서로 피부와 근육을 뚫을 만큼 물고 꼬리를 잘랐다. 야생에서도 존중받던 개인의 공간인 굴은 쉽게 침범당했고, 둥지 안에 있는 새끼 쥐는 동료 쥐의 먹잇감이 되었다. 먹이와 자원이 풍요로운 유토피아가 지옥으로 바뀌었다.

지옥이 된 유토피아에서 사회적 단절은 생존 전략이 되었다. 스스로를 격리한 칼훈의 히키코모리들은 털이 매끈하고 윤기가 흘렀다. 잘 먹었고, 침착하고 온순했다. 그들은 아파트라 불리는 높은 둥지를 차지하고는, 바닥에서 벌어지는 패싸움과 집단 강간은 방관했다. 그들은 교미하지도, 암컷과 새끼를 지키지도 않았다. 사회적 붕괴 속에서 스스로의 아름다움에 몰두할 뿐이다. 칼훈은 이들을 '아름다운 자들Beautiful Ones'이라 불렀다. 아름다운 자들은 자신만을 바라보다가 죽음을 맞이한, 고립된 나르키소스였다. 진화론적으로 보면, 자식을 낳지 않은 그들은 "태어나자마자 죽은 셈이다".

유니버스에선 새끼의 울음소리가 끊어졌다. 그나마 태어난 새끼는 정상적인 어른으로 성장하지 못했다. 쾌적한 환경으로 옮겨주어도 정상적으로 행동하지 않았고 살아남을 만한 새끼를 낳지 못하는 등 세대 간 트라우마가 발생했다.

1947년부터 1983년까지, 수많은 랫 시티가 만들어졌다가 무너졌다. 칼훈은 조건을 달리하며 파국에 이르지 않는 전략을 찾으려 했지만, 거듭된 실험은 모두 쥐 군집의 붕괴로 끝났다. 언제나 마지막까지 남은 생존자는 사회적 접촉을 거부한 비사회적인 히키코모리였다.

칼훈도 엄청나게 급격한 인구 증가를 체험했다. 그가 태어났던 1917년에 전 세계 인구는 20억 명에 못 미쳤지만, 그가 사망하던 해에는 60억 명에 달했다. 오늘날에는 80억 명을 넘어섰다. 인구 추세를 연구하던 인구학자들은 기하급수적으로 인구가 증가하면서, 인구가 2배에 달하는 시간이 이전보다 절반으로 줄었다는 사실을 발견했다.

1960년에 한 과학자는 2026년 11월 13일 금요일에는 인구가 무한대에 가까워질 것이라고 장난스럽게 계산하기도 했다.

어떤 사람은 인구 증가에 따른 식량 부족 문제를 해결하려 했고, 어떤 사람은 인구 증가를 멈추고자 했다. 생태학자인 칼훈은 인구 과밀화가 초래할 행동의 붕괴와 이로 인한 종말을 우려했다. 정책적인 노력으로는 인구가 증가하거나 감소할 거라고 믿지 않았으며, 가능하다고 해도 바람직하지 않다고 생각했다. 그는 인간 도시의 사회적 밀도가 행동의 붕괴를 보이는 밀도에 가까워질 때 어떻게 대처할지 알아내려 했다.

대부분의 사람들은 사회적 관계에 관한 동물 연구가 인간과는 맥락을 달리한다고 생각한다. 칼훈의 연구 결과가 발표된 1960년대 미국 사회는 격변의 시대였다. 도심의 폭동, 동기 없는 마구잡이 살인, 성적 일탈 등 다양한 사회문제가 발생하고 있었다. 이러한 현상에 대한 설명으로 인구 과밀이 제시되었으며, 데이터도 이에 부합하는 듯 보였다.

오늘날 우리는 "사람들이 개인 공간을 침범당하면 스트레스를 받는다"거나 "붐비는 환경에서는 아드레날린이 분비된다"라고 으레 생각한다. 개인 공간의 침범이 투쟁

혹은 도피 *fight-or-flight* 반응을 유발한다는 것은 상식처럼 널리 받아들여진다. 그런데 이런 개념들은 비교적 최근에 정립된 것이다. 아드레날린이라는 물질은 1900년에야 이름이 붙었고, 스트레스라는 개념 역시 1936년에 처음 정의되었으며, 개인 공간과 투쟁/도피 반응에 대한 이론은 1950년대에 이르러서야 과학적 개념으로 자리 잡았다.

이런 개념들은 칼훈과 같이 인간이 아닌 동물의 사회적 관계를 연구한 연구자들에 의해 도출되었다. 주로 생태학자였지만, 건축가, 인류학자, 정신과 의사도 있었다. 그들은 동물 연구를 통해 얻은 지식을 인간 사회에 적용하며 놀라운 연속성 *continuities*을 발견했다. 장폴 사르트르의 "타인은 지옥이다"라는 말처럼, 타인과의 근접성 *proximity*으로 인한 스트레스는 온갖 문제를 일으킬 수 있다.

칼훈의 연구는 공간의 디자인과 배치가 사람들의 경험을 어떻게 바꿀 수 있는지 예측하는 데 도움이 되었다. 정신과 의사들은 개방 병동에서 정신질환자의 행동을 연구한 결과, 원치 않는 사회적 접촉에 지속적으로 노출되면 스트레스를 받는다는 사실을 깨달았다. 환자들은 스스로 취약하고 노출되어 있다고 느꼈다. 그래서 넓은 공간에 가림막을 설치하여 시선을 차단하거나 의자를 재배치하여 서로 마주 보지 않게 했더니, 환자들이 편안하게 느졌다.

누구나 가림막screen을 설치한다. 막은 벽이 되기도, 닫힌 문이 되기도 한다. 붐비는 지하철에서 책은 막이 된다. 스마트폰도 막이다. 누구나 손에 들고 다니는 전자 기기는 사회적 참여의 필요성을 차단하고, 낯선 사람과 눈을 마주칠 위험을 줄인다. 사람이 붐비는 곳에서 세상을 비추는 검은 거울 뒤에 숨어버린다. 이런 막이 없다면, 도시는 살기에 불편한 서식지가 될 것이다.

사람이 사는 도시의 축소 모형인 쥐 유토피아Rat Utopia에서도 낯선 이와의 원치 않는 접촉으로 인해 물러나거나 대립해야 하고, 개인적인 생활의 추구와 연결의 필요성이 충돌한다. 지난 한 세기 반 동안 전 세계적으로 도시화가 진행되면서 더 많은 인구가 더욱 밀집된 공간에 거주하게 되었다. 1940년대 한 물리학자는 도시 중심부로 사람들이 끝없이 집중되는 현상을 '인구 중력Population Gravity'이라고 할 정도였다.

대부분의 나라에서 가장 큰 도시의 인구는 두 번째로 큰 도시의 2배, 세 번째로 큰 도시의 3배가 되는 기묘한 법칙을 따른다. 이처럼 도시 규모가 순위에 반비례하는 패턴을 지프의 법칙Zipf's law[1]이라 하는데, 멱법칙power law[2]의 대표적인 예로 도시 인구 분포에도 적용된다. 지리학자 마크 제퍼슨*Mark Jefferson*은 한 국가에서 다른 도시를 압도하는 규모를 지닌 도시를 '거대 중심 도시*primate city*'라고 정의했다. 거대 중심 도시를 가진 국가는 많지 않다.

하지만 모든 인간의 도시는 랫 시티다. 사람이 있는 곳이면 어디든 쥐가 있다. 인간처럼, 그리고 인간 때문에 쥐는 세계적인 종이 되었다. 대륙 중에서 도시가 없는 남극대륙에만 쥐가 없다. 쥐를 박멸하는 데 성공한 인간의 거주 지역은 오직 캐나다 앨버타주뿐이다. 이곳에서는 넓은 야생 지대를 활용해 쥐를 정교하게 통제했다. 현재 뉴질랜드도 이 성과를 재현하려 하지만, 그 목표를 2050년으로 잡을 만큼 오래 걸릴 것으로 예측한다.

칼훈이 시골에서 도시로 옮긴 것도 세계대전 후 급격한 도시화로 인해 활개치는 쥐를 퇴치하려는 도시 정화 사

---

1 가장 많이 사용되는 단어부터 적게 사용되는 단어까지 나열했을 때, 단어의 사용 빈도는 그 순위에 반비례한다. 즉, n번째로 많은 어구의 빈도가 첫 번째로 많은 어구의 n분의 1에 해당하는 빈도를 보인다. 물리 및 사회과학 분야의 많은 종류의 정보는 지프 분포에 가까운 경향을 보인다.
2 두 수가 있을 때, 한 수가 다른 수의 거듭제곱으로 표현되는 함수적 관계.

업에 참여하기 위해서였다. 그의 여정은 이 책의 중심축을 이루지만, 이야기의 시공간은 빅토리아시대 런던의 미끼 구덩이에서 존스홉킨스 대학의 깨끗한 실험실로, NIMH의 랫 시티로, 그리고 북미대륙의 모든 도시로 확장될 것이다. 생태학과 행동학이 출현하고, 새로운 과학이 동물 연구에서 인간이 스스로 만든 서식지에 대한 사고를 이끌어내는 과정이 이 책에 담겨 있다.

찰스 다윈은 진화론에서 유기체의 물리적 형태가 특정 서식지에 대한 적응을 반영한다는 것을 밝혀냈다. 칼훈은 행동도 적응적이라는 점을 강조하는 학파에 속했으며, 동물이 무리를 짓거나 혼자 생활하든, 둥지를 짓거나 굴을 파든 간에, 그런 행동 역시 특정 서식지에 대한 적응이라고 보았다. 그의 동료들이 표준형 우리에서 동물 실험을 진행하는 동안, 칼훈은 생태 환경을 재현한 우리에 동물을 두고 행동을 관찰했다. 그의 관찰에 따르면, 동물이 어떤 환경에 놓이는지에 따라 그 행동은 크게 달라졌다.

칼훈은 생태학적 관점에서 행동을 연구하며 명성을 얻었다. 그의 연구는 과학 잡지에 게재되기도 전에 〈뉴욕타임스〉를 비롯한 주요 언론 매체에 보도되었으며, 교황에게도 소개되었다. 또한 UN 등 국제기구의 자문을 맡았고, 노벨상 후보로 거론되기도 했다.

그러나 1980년대에 접어들면서 환원주의적 실험을 통해 검증되는 약리학이 발전하면서, 정신건강에 대한 연구는 환경적 요인 대신 약리적 접근으로 눈을 돌렸다. 이에 따라 정밀하고 상호작용적인 개입보다 약물 기반의 치료가 주를 이루면서, 칼훈의 과학적 가치는 점차 잊혀졌다.

한편 '인구 통제'의 사회적·정치적 파급력을 우려하면서, 인류의 위협으로 논의되던 인구 과잉 문제는 공적인 담론에서 점차 사라졌다. 따라서 칼훈을 비롯한 생태학자들의 연구는 더 이상 인구 정책 논의에서 주요하게 다뤄지지 않았다.

그런데 최근 몇 년 사이에 쥐 군집 실험과 현대 도시 문제 간에 놀라운 유사성이 발견되면서, 랫 시티에 대한 관심이 다시금 높아졌다. 특히 칼훈의 후기 실험 중 하나인 유니버스25에 관심이 집중되고 있다. 시각적으로 강렬하면서도 불쾌감을 유발하는 유니버스25는 '문명 붕괴'를 나타내는 상징이 되었다. 하지만 밈으로 변질되면서 단순화된 이미지로 인해 실험의 본질은 가려졌다. 유니버스25가 그의 연구 중에 가장 악명 높은 이유는 방대한 사진 자료 때문이지만, 칼훈이 수행한 수많은 연구 중 하나에 불과하다는 것을 아는 이는 많지 않다.

그의 실험은 이전 연구에서 제기된 문제를 더욱 심층

적으로 탐구하는 과정이었으며, 모든 연구는 40년간 끈질기게 추구한 지적 여정이었다.

칼훈은 자신의 연구가 불길하면서도 강한 매력이 있다는 사실을 잘 알고 있었기에, 언론의 관심을 적극적으로 활용했다. 인류가 쥐와 같은 운명을 맞이할 필요는 없다는, 낙관적이면서도 절박한 메시지를 전하려 했다. 하지만 긍정적인 메시지는 대부분 사라졌고, 그의 과학적 경력에 대한 기록도 그다지 남아 있지 않다.

이 책은 유니버스25 이전과 이후를 아울러 칼훈의 이야기를 복원하려는 시도다. 그의 업적을 평가하려는 것이 아니라, 그의 실험이 과학적으로, 또 역사적으로 어떤 맥락에 있는지 살펴보려는 것이다. 이 책은 다음의 질문에 대한 답을 찾으려는 시도다.

"그는 왜 그런 기묘한 모델, 그러니까 자원은 풍요롭고 위협이 없지만 공간은 제한된 모델을 창조했을까? 왜 쥐를 사용했나? 여기서 인간 도시의 삶에 대해 무엇을 알 수 있다고 생각했던 걸까?"

칼훈의 연구는 인구 밀도가 높아질 때 나타나는 사회적·행동적 변화를 관찰하기 위해 설계되었다. 그는 쥐 집단에 풍부한 자원과 안전한 환경을 제공하면서도, 자연 상태에서는 경험할 수 없는 극단적인 과밀 상태를 인위적으로 조성했다. 이를 통해 인구 과밀이 사회 구조와 개인의 행동에 어떤 영향을 미치는지 연구하려 했던 것이다.

그의 실험은 쥐의 행동을 연구하는 것을 넘어서, 인간 사회에서도 도시화와 인구 증가가 개인과 사회 전반에 미치는 영향을 이해하는 데 중요한 단서를 제공했다. 칼훈은 쥐 사회에서 관찰된 비정상적인 행동 패턴이 인간 사회에서도 유사한 결과를 초래할 가능성이 있음을 경고하며, 인구 밀도와 사회적 환경이 어떻게 개인의 행동과 사회 구조를 변화시키는지 강조했다.

따라서 그의 연구는 동물 실험을 넘어, 인류 사회의 미래를 향한 중요한 교훈을 담고 있다. 칼훈의 연구를 통해 인구 밀도와 사회 구조가 개인과 집단에 미치는 영향을 더욱 깊이 이해할 수 있으며, 이를 바탕으로 지속 가능한 사회를 구축하는 데 필요한 통찰을 얻을 수 있다.

1부

Genesis

출현

1장 새로운 세상

인간과 쥐의 신대륙

1633년 11월 말, 영국에서 아메리카대륙을 향해 아크호와 도브호가 출항했다. 볼티모어 남작인 세실 캘버트 *Cecil Calvert* 의 후원 아래 이루어졌는데, 메릴랜드에 새로운 식민지를 세우기 위해 약 150명의 이주민이 두 배에 나뉘어 탑승했다. 출항한 후 며칠 지나지 않아, 훨씬 작은 도브호는 바다 한가운데서 연락이 끊기면서 실종된 듯 보였다. 아크호는 항해 중에 돛대가 부러지는 사고를 겪었지만 별다른 위기는 없었다. 성탄절을 맞아 와인 통을 개봉하고

축하한 다음 날 30명이 열병에 걸렸고 그중 12명이 사망했다고 승객 하나가 훗날 회상했다. 1634년 1월 3일, 아크호는 카리브해의 바르바도스에 도착했고, 2주 후 도브호도 플리머스 항에 간신히 도착했다.

그들은 동부 해안을 따라 제임스타운을 거쳐 체서피크 만의 세인트클레멘츠섬으로 호송대를 이끌고 이동했다. 그들이 도착한 날은 지금도 '메릴랜드의 날'로 기념되며, 아크호가 상륙한 북쪽의 도시는 그들의 은인이자 메릴랜드의 초대 주지사인 볼티모어 경의 이름이 붙었다. 그러나 볼티모어의 방주에서 미국 땅에 내린 것은 인간만이 아니었다. 쥐 떼도 조용히 상륙했다.

아메리카 원주민에게 쥐는 외래종으로, 유럽인과 함께 대륙에 들어왔다. 곰쥐*Rattus rattus*라 불리는 이 종은 원래 인도 북부가 원산지로, 1,000년 전 대상의 물품을 타고 향신료 무역로를 따라 유럽으로 퍼져나갔다. 18세기에 들어서면서는 갈색 쥐, 즉 시궁쥐*Rattus norvegicus*가 곰쥐를 대체했다. 시궁쥐는 대서양을 건너 신대륙으로 향하는 배에 실려 이주했고, 결국 유럽 이주민들과 함께 북미대륙을 점령했다.

인간의 도시, 볼티모어

시궁쥐들이 정착한 볼티모어는 처음에는 인구 수가 불과 몇백 명 정도였던 마을이었는데, 1797년에 도시로 통합되었을 때는 인구가 6,000명에 달했다. 1820년, 볼티모어시는 지도를 그리기 위해 영국에서 측량사 토마스 포플턴 *Thomas Poppleton*을 초청했다. 이때는 6만 명이 넘었다. 포플턴은 있는 그대로의 볼티모어를 그리는 대신, 도시가 성장하도록 설계도를 그렸다. 그는 오늘날에는 익숙한 직교 구조로 큰길을 만들고, 도시 블록으로 공간을 채웠으며, 좁은 골목으로 블록끼리 연결했다. 격자 구조의 도시는 곧 포트맥 해안을 따라 제분소, 조선소, 공장으로 채워졌고, 분주한 무역항이자 산업의 중심지가 되었다. 막대한 부를 축적한 백만장자가 나타나고, 싼값의 노동자가 몰려들었다.

볼티모어의 신생 부자들은 경쟁적으로 도시를 부흥시켰다. 에녹 프랫 무료 도서관 *Enoch Pratt Free Library*과 월터스 미술관 *Walters Art Museum*이 들어섰다. 그리고 1876년 존스홉킨스 대학 및 병원 시설이 기부에 의해 설립되었는데, 미국 최초의 연구 중심 고등교육기관이다. 볼티모어는 20세기에 들어서며 50만 명이 넘었고, 이 중 상당 수는 남쪽에서 해방된 노예였다.

거리의 격자 안쪽을 채운 연립주택 단지는 점점 인구 밀도가 높아졌다. 노동자에게 저렴하고 효율적인 숙소를 제공하기 위해, 건축 자재는 최소화되고 가용 공간은 최대화되었다. 한 블록당 70채에 달하기도 했다. 높은 밀집도는 불안정성을 내포한다. 1904년, 건재 상점에서 발생한 폭발 사고로 56만 제곱미터에 달하는 지역이 잿더미가 되었다. 도시 재건은 서둘러 진행되었지만, 주택 공급은 해외와 남부에서 유입되는 인구 수를 따라가지 못했다. 게다가 인종차별법이 도입되자, 흑인은 백인 거주 지역에서는 살 수 없었다. 따라서 격자는 할당된 구역에 사람을 철저하게 가두는 감옥이 되었다.

볼티모어는 모든 면에서 전형적인 미국 도시였다. 그러나 독특한 점도 있다. 남북전쟁 때는 북부와 남부 사이에 위치했고, 19세기부터는 급속한 성장과 함께 해방된 노예와 노동자가 유입되었다. 이내 정치는 부패했고, 대화재가 일어났고 대공황이 덮쳤다. 특히, 백인과 흑인을 강제로 분리하는 짐크로법 Jim Crow Laws과 특정 인구를 고립시키는 게리맨더링 Gerrymandering 정책은 어떤 도시보다도 볼티모어에서 두드러지게 나타났다. 이러한 정책은 도시 블록 내 주민들을 미묘하지만 확실한 방식으로 통제하고 분열시켰다.

존스홉킨스 대학과 병원

1876년, 존스홉킨스 대학 설립 연설에서 초대 총장 대니얼 코이트 길먼 *Daniel Coit Gilman* 은 장소의 중요성을 강조했다. 그는 대학이 모두가 접근할 수 있는 도시 중심부에 위치해야 한다고 주장했다. 이전에 설립된 하버드나 예일은 유럽 중세시대의 건축을 모방해서 고딕 건물을 짓고 담쟁이덩굴로 뒤덮었다. 길먼 총장은 "중세시대는 우리를 위해 회랑을 짓지 않았는데, 왜 우리가 중세를 위해 회랑을 지어야 하는가?"라며 "건물이 아니라 사람을 세우자"라는 신념을 강조했다.

기념비적 건물이 아닌 실험실과 연구실로 가득한 현대적 건물의 존스홉킨스 대학 옆에 존스홉킨스 병원이 설립되었다. 퀘이커교도들이 설립한 병원은 대학과 철학을 같이했기에 도시 중심부에 위치했다. 빈민층과 밀접한 물리적 환경에서, 존스홉킨스 대학과 병원은 연구와 공중보건 정책을 유기적으로 연계하며 현대적 대학병원의 본보기가 되었다.

랫 시티, 볼티모어

제2차 세계대전은 대공황으로 침체됐던 볼티모어의 운명을 바꾸었다. 볼티모어의 조선소와 자동차 제조 공장의 생산라인을 개조해, 리버티급 수송함 400여 척과 B-26 폭격기 5,000여 대를 생산했다. 다시 노동자가 몰려왔다. 이들을 수용하기 위해 기존의 연립주택은 급히 개조되어 여러 가구를 수용했다. 사람이 늘자 쥐 개체 수가 급격하게 증가했고, 심각한 도시 문제가 되었다. 당시 존스홉킨스 병원의 한 인턴은 "쥐들이 도시를 점령했다"라며, 쥐 떼가 쓰레기통을 뒤엎고 격렬히 싸우며 거리를 활보하던 모습을 떠올렸다.

공무원들은 시도 때도 없이 쥐에 의해 점령당한 창고나 쥐에게 물린 아이들에 대한 보고를 접수했다. 전쟁의 승리에 중요한 역할을 한 도시가 쥐로 인해 식량이 오염되고 장비가 손상되어 전력을 잃었다. 또한 추축국이 사용하는 생물학 무기의 공포와 더불어, 이내 그들이 쥐를 이용해 본토를 공격할 수도 있다는 공포감도 몰려왔다. 그러자 볼티모어는 1942년, 쥐와의 전쟁을 선포하며 새로운 전선을 구축했다.

쥐와의 전쟁

1793년 가을, 황열병이 필라델피아를 휩쓸었다. 두통, 메스꺼움, 구토, 근육통이 간부전으로 이어지면서 피부가 황색으로 변하고 입, 코, 눈에서 출혈이 일어났다. 그해 8월에 첫 사례가 발견됐을 때, 독립선언서의 서명자이자 '미국 정신의학의 아버지'로 불리는 벤저민 러시 Benjamin Rush 박사가 사혈과 염화수은으로 환자들을 치료하려 했지만 실패했다. 11월까지, 필라델피아 시민의 10%에 달하는 5,000여 명이 사망했다. 공포는 대서양 연안을 따라 확산했다. 비슷한 대참사를 우려한 볼티모어, 보스턴, 뉴욕은 물건과 사람에 대한 검역을 실시했다.

대도시를 좋아하지 않았던 토머스 제퍼슨 Thomas Jefferson은 전염병을 도시화에 대한 자정 작용이라고 여겼다. 그러나 전염병을 방치할 수는 없었다. 그는 보건관을 임명하고, 미국 최초의 보건위원회를 볼티모어에 설립했다. 그로부터 150년 후인 1942년, 볼티모어 보건위원회는 쥐와의 전쟁을 선포했지만 앞선 150년간 성공한 적은 없었다.

쥐와의 전쟁은 의외로 사회적 분열에 뿌리를 두고 있다. 흑인과 이주민이 거주를 허용받은 공간은 감옥처럼 비위생적이고 과밀한 환경이었다. 이러한 조건은 쥐가 번성하기에 이상적이었고, 결과적으로 쥐와의 전쟁은 불가능했다.

사회개혁가 재닛 켐프 *Janet E. Kemp*는 이 문제를 해결하기 위해 〈볼티모어의 주택 환경 *Baltimore's Housing Conditions*〉이라는 보고서를 발표하고 빈민 주거 환경의 개선이 필요하다고 주장했다. 드러난 하수도, 침수된 지하실, 과밀한 거주 환경, 열악한 위생 시설 등 비인간적인 환경을 기록하고, 주요 원인으로 토지 소유주의 과도한 이익 추구를 지적했다. 켐프는 "이익을 증대하고픈 집주인들의 욕구가 과밀화와 유지 보수 부족을 초래했고, 이는 세입자들에 대한 점진적인 파괴로 이어졌다"라고 경고했다. 그러나 그녀의 정책 제안은 규제되지 않은 자본주의의 논리에 묻혀 제한적으로만 적용됐다. 시장의 논리는 환경 개선에 드는 비용을 경제적 손실로 여겼다. 따라서 보고서의 건의 사항은 주로 백인 이민자들이 거주하는 지역에만 적용됐고, 흑인들이 사는 지역은 철저히 방치됐다.

이는 당시의 인종적 위계질서 탓이었다. 흑인은 가난한 백인보다 천대받으며 비위생적이고 과밀한 주거 환경에 갇혀 살았다. 켐프의 도시 환경 개선 요구는 일부 성과를 거두었지만, 결과적으로는 암묵적이었던 인종 분리가 공식적으로 제도화되는 재앙을 초래했다. 볼티모어에서 쥐와의 전쟁은 유해조수 제거의 문제가 아니었다. 인종적, 사회적 차별로 인한 비위생적 환경과 과밀화를 해결하지 않는 한 결코 이길 수 없는 전쟁이었다.

우습게도, 볼티모어에서 쥐를 몰아내려는 노력은 존스홉킨스에서 다른 종류의 쥐를 들여오려는 시도와 동시에 진행되고 있었다. 이는 정밀한 실험실 작업을 위해 선택적으로 번식된 쥐였다. 도시 환경 개혁가들이 쥐의 온상인 빈민가를 정화하기 위해 캠페인을 벌이던 시기에, 쥐는 '정화 sanitization' 과정을 거친 후 과학적 연구의 도구로 새로운 역할을 부여받았다. 도시개혁가들이 쥐를 유해조수로 여기고 제거 대상으로 삼았다면, 과학자들은 정밀한 실험과 지식 생산의 필수 도구로 여겼다. 두 접근법은 위생과 과학적 발전이라는 상반된 목표를 추구했지만, 한편으로는 빈민가와 실험실이라는 각자의 공간에서 쥐를 중심으로 독특한 역사가 쓰였다. 결과적으로, 쥐는 도시 문제의 상징이자 과학적 해결책이라는 이중적인 역할을 맡은 것이다.

희귀함의 역설: 생존에서 실험대로

인류 역사에서 쥐잡이는 가장 오래된 직업 중 하나다. 쥐잡이들은 테리어종 개를 이용해 건물과 지하실에 사는 쥐를 사냥했고, 이들의 활동은 전염병과 관련된 신화와 전설로도 전해진다. 대표적인 예가 중세 독일 하멜른의 전설이다. 떠돌이 쥐잡이는 피리를 불어 쥐를 꾀어내어 베저강에 빠뜨려 익사시켰지만, 약속한 보수를 지급하지 않은 시장에게 보복하기 위해 마을의 아이들을 같은 방식으로 꾀어내 사라지게 했다고 한다.

시간이 흐르며, 유럽의 쥐잡이들은 잡은 쥐를 다른 용도로 활용하기 시작했다. 최대 200마리의 쥐를 나무로 만든 구덩이에 풀어놓고 개 한 마리를 던져 넣은 후, 개가 쥐를 모조리 죽이는 데 걸리는 시간에 돈을 걸게 했다. 쥐 사냥은 곰이나 황소와 싸우는 전통적인 유혈 스포츠보다 저렴하고, 무한히 공급되는 쥐 덕분에 대중적인 오락으로 자리 잡았다.

그러나 알비노 변종 쥐는 구덩이로 던져지지 않았다. 희귀한 쥐는 따로 쥐 애호가들에게 판매해서 추가 수익을 올렸다. 이렇게 길들여진 애완용 쥐는 동물 쇼에 전시되는 동안, 그 동료들은 개의 먹잇감으로 던져졌다. 희귀함의 가치는 쥐가 유해조수에서 애완동물, 나아가 실험 대상으로 진화하는 전환점이 되었다.

우연히 쥐 사냥 구덩이를 피하고 동물 쇼에도 출전하지 않은 흰쥐는 과학 실험실에서 새로운 역할을 맡았다.

최초의 알비노 쥐는 1850년대 파리에서 해부학적 연구에 사용되었으며, 곧 유럽 전역의 과학자에게 인기 있는 연구 도구로 떠올랐다.

1890년대 초, 스위스 신경병리학자 아돌프 마이어 *Adolf Meyer*는 시카고 대학을 방문했을 때 신경계 해부학 강의 교재로 사용하던 흰쥐를 가져왔다. 그의 강연은 신경과학자 헨리 허버트 도널드슨*Henry Herbert Donaldson*에게 깊은 인상을 남겼고, 도널드슨은 마이어에게 제안해서 흰쥐를 사용해 뇌의 성장과 발달을 조사하는 연구를 함께 시작했다. 이후 마이어는 캔자스의 정신병원에서 병리학자로 근무하다가 임상 정신의학으로 관심이 옮겨 갔고, 1909년 존스홉킨스 대학으로 자리를 옮겨 헨리 피프스 정신과 클리닉*Henry Phipps Psychiatric Clinic*의 설립을 감독하며 정신의학의 생의학 모델을 정립하는 데 중요한 역할을 했다.

한편, 도널드슨은 필라델피아의 위스타 연구소*Wistar Institute*에서 신경학 부서를 이끌 기회를 제안받아 흰쥐를 데리고 필라델피아로 이사했다. 도널드슨은 체계적인 번식 프로그램을 시작하며 실험 쥐의 사용을 표준화하려는 노력을 이어갔다. 실험 쥐는 겉으로는 비슷비슷해 보였지만, 도널드슨은 실험 설계의 표준화된 측정 기준에 필적할 만큼의 균일성을 구현하고 싶었다. 그래서 균일하고 정밀한 특성을 지닐 수 있는지에 대한 연구를 더욱 정교하게 발전시켰다.

볼티모어식 아파르트헤이트

1910년대가 되자 볼티모어 북서부의 17구역은 점점 더 불결해지고 밀도가 높아졌다. 흑인이 주로 거주한 '흑인 지구'는 서쪽의 15구역과 16구역, 북쪽의 14구역으로 확장되었고, 부유한 백인 주민들은 이를 '검은 바다'라고 불렀다. 이 흐름을 막기 위한 혐오 범죄가 일어났고, 백인들은 흑인의 이동 한계를 명확히 정해달라고 끊임없이 청원을 넣었다.

이에 응답하여 볼티모어는 가장 악명 높은 정책 중 하나인 '주택 분리 조례 Segregated Housing Ordinance'를 도입했다. 시 변호사 에드거 앨런 포(작가와 동명이인인 사촌)가 법안을 승인했고, 1911년 5월 15일에는 마훌 Barry Mahool 시장이 서명하며 법으로 제정했다. 표면적으로는 전염병 확산을 줄이기 위한 공공 보건 조치였지만, 본질은 흑인이 특정 구역 외로 이주하는 것을 엄격히 금지하는 인종차별적 정책이었다. 열악한 생활 환경은 결핵이나 티푸스 같은 전염병을 일으켰고, 주택 분리 조례는 더욱 정당화됐다.

인종차별적 분리 조치는 더욱 악랄해졌다. 약자는 자연스럽게 도태된다는 빅토리아시대의 사회적 다윈주의가 높은 사망률과 결합되면서, 그들의 자연스러운 도태를 입증하는 증거가 되었다. 비위생적인 거주 환경과 이로 인한 높은 사망률은 인구를 자연스럽게 감소시키는 수단으로 암묵적으로 이용되었다. 이는 도시계획이 집단학살을 돕는 데 활용된 사례라 할 수 있다.

볼티모어가 처음으로 구역법을 도입하면서 다른 도시가 그 뒤를 이었다. 볼티모어가 노골적이고 합법적으로 인종 분리를 실행한 것을 본 노스캐롤라이나주의 무어스빌과 윈스턴세일럼이 이를 모방했고, 애시빌도 뒤따랐다. 그 후로 2년간 애틀랜타, 버밍햄, 세인트루이스를 포함한 12개 이상의 미국 도시에서 주택 분리 조례를 시행했다. 1917년에 미국 대법원이 위헌 판결을 내릴 때까지 '볼티모어식 아파르트헤이트'의 확산은 막을 수 없었다.

주택 분리는 흑인 빈민가와 인접한 지역의 주택을 싸게 구매해 부동산을 철거하고 녹지 공원으로 대체하며 더욱 공고해졌다. 이로 인해 백인 주민들은 심리적인 안전감을 얻었을지 몰라도, 흑인 거주 지역은 더욱 축소됐다. 결국 20%에 달하는 흑인 시민이 단 2%에 해당하는 공간에 압축됐다.

표준화된 나사

볼티모어의 켐프를 비롯한 지식인들이 도시 환경에서 인종 간 격차를 줄이려 애쓰던 시기에, 위스타연구소의 도널드슨은 산업 현장에서 사용하는 표준 나사처럼 실험 생물에도 동일한 기준을 적용해 '표준 쥐Standard Rat'를 구현하려 했다. 그는 이렇게 주장했다. "이 목적에 적합한 동물은 일정한 연령에서 생명력, 체중, 기관과 해부학적 구조가 가능한 한 균일해야 하며, 유전적 전달 능력 또한 최대한 유사해야 한다. 다시 말해, 가장 정확한 생물학적 연구 결과를 얻으려면 표준화된 동물이 필수적이다."

그러나 살아 있는 유기체를 어떻게 '표준화'할 수 있을까? 개체마다 조금씩 유전적 구성이 다르고, 이는 진화적 적응의 원천이자 종의 다양성을 유지하는 잠재력이다. 돌연변이와 변이는 불가피하게 발생하며, 자연적인 유전적 다양성은 모든 개체가 본질적으로 독특하다는 사실을 보여준다.

이 문제의 해결책은 위스타연구소의 유일한 여성 연구자였던 헬렌 딘 킹Helen Dean King이 내놓았다. 1909년, 당시 40세였던 킹은 위스타의 서식지에서 쥐를 선택적으로 근친교배했다. 물론, 그녀는 근친교배에 대한 보편적인 편견을 잘 알고 있었다. 이는 윤리적 측면뿐만 아니라 생물학적 한계와도 깊이 연관된 문제였다.

유전적 다양성은 종 전체의 건강과 적응력에 중요한 역할을 한다. 근친교배는 외부 변화 적응 능력을 떨어뜨릴 뿐만 아니라, 열성 형질을 축적해 심각한 기형과 불임을 초래할 수 있다. 심지어 찰스 다윈조차 "오랜 기간 지속된 근친교배는 유해하다"라고 결론지으며, "파괴적인 돌연변이를 초래한다"라고 경고했다. 그러나 킹은 생각이 달랐다. 그녀는 근친교배가 생물학적 연구에서 새로운 가능성을 열 것을 직감했다.

근친교배와 표준화된 유기체의 탄생

킹은 "충분히 오랫동안 지속되지 않았기 때문일 수도 있다"라고 믿고, 건강하고 보존하고 싶은 특성을 지닌 쥐들을 친족끼리 교배시켰다. 이론적으로, 건강한 개체만 교배함으로써 잠재적인 유전적 다양성을 제거하고 유전체를 안정적이고 균일한 형태로 압축하여 세대 간에 동일한 특성을 유지할 수 있었다. 그러나 근친교배가 좋은 결과로 이어지지 않는 것은 수세기에 걸쳐 생물학자들이 경험한 바였다. 그녀도 초기에는 이렇게 기록했다. "많은 암컷이 불임이었고, 번식한 암컷도 보통 크기가 작은 새끼 한두 마리만 낳았다. 상당수의 쥐는 성장에 저하되고, 기형, 특히 치아 기형을 보였다."

그러나 여섯 번째 세대에 이르자 상황이 개선되기 시작했다. 건강한 자손이 늘면서 번식 주기마다 약 1,000마리의 쥐를 생산할 수 있었다. 킹은 근친교배를 주의 깊게 감독함으로써 유해한 돌연변이를 피할 수 있음을 증명했다. 오히려 통제된 조건하의 근친교배는 유해한 특성을 제거하고 바람직한 특성을 안정적으로 유지할 수 있었다.

킹은 1915년까지 6년에 걸쳐 28세대의 근친교배를 통해 수만 마리의 자손을 생산했고, 거의 완전하게 동형 접합된 유기체를 만들어냈다. 이렇게 유전적 변이가 없는 위스타 쥐 Wistar rats는 '정밀하게 번식 truly breed true'하며 일관되게 동일한 알비노 자손을 낳을 수 있었다. 킹이 만든 것은 사실상 근친교배 클론의 종족으로, 생물학에서 유례없는 정밀성과 표준화를 제공하며 과학적 실험에 이상적인 조건을 제공했다.

야생에서 유전적 다양성은 개체군의 생존에 유리하지만, 과학적 연구에서는 유전적 균일성이 더 적합하다. 도널드슨은 《쥐: 참고표와 데이터 data and reference tables for the albino rat》(1928)에서 알비노 쥐의 생애 각 단계에서 정확한 크기와 체중을 상세히 기록했다. 이를 통해 연구자들은 해당 기준에서 벗어나는 모든 결과를 실험적 개입의 산물로 결론지을 수 있었다. 이 쥐들은 위스타 로고가 찍힌 상자에 포장되어 미국 전역의 실험실로 전달됐고, 쥐가 상업적 자원이 될 수 있음을 보여주었다.

이후 위스타 쥐는 롱에번스Long-Evans, 스프래그돌리Sprague-Dawley, 오즈번멘델Osborne-Mendel, 브래틀버러Brattleboro, 루이스Lewis, 왕립외과학회Royal College of Surgeons 등의 쥐들과 교배되어 새로운 계통을 만들어 인간 신체의 축소판으로 활용되었다. 도널드슨의 책에는 쥐와 인간의 뇌 발달을 비교하는 표까지 들어 있었다. 그의 분석에 따르면, 2세의 인간은 26일 된 쥐에, 9.5세의 인간은 115일 된 쥐에 해당한다.

그러나 쥐의 행동에 대해서는 온순함 말고는 아무 언급이 없었다. 야생의 조상에 비해 실험 쥐들은 매우 온순하고 쉽게 길들여졌는데, 이는 과학적 실험에는 이상적인 특성이었다.

행동심리학의 서막

쥐와 인간의 신체를 비교하는 것과 두 동물의 행동

을 비교하는 것은 전혀 다른 문제였다. 실험 쥐를 생리학과 의학 연구에 활용하는 것은 당연하게 받아들여졌지만, 심리학 연구에 사용하려면 심리학자들의 사고방식이 근본적으로 바뀌어야 했다. 이러한 변화는 존 B. 왓슨*John Broadus Watson*을 통해 이루어졌다. 도널드슨이 시카고에 있는 동안, 왓슨은 박사 과정을 밟으면서 개를 통해 학습이 이뤄지는 과정, 뇌가 새로운 정보를 저장하는 과정, 습관의 형성을 연구하고 있었다.

뇌가 행동을 어떻게 생성하는지에 대한 문제는 생리학과 심리학을 아우르는 주제였다. 도널드슨은 신경학 분야에서 왓슨을 지도하고 있었는데, 다른 지도 교수의 권유로 개의 뇌를 연구하려던 왓슨을 설득해 쥐를 사용하도록 했다.

왓슨의 논문은 1903년에 완성되었고, 같은 해에 《동물 교육: 흰쥐의 정신적 발달과 신경계 성장의 상관관계에 대한 실험적 연구*Animal Education: An Experimental Study of the Psychical Development of the White Rat, Correlated with the Growth of its Nervous System*》라는 책으로 출판되었다. 연구의 과학적 가치를 확신한 도널드슨은 왓슨에게 인쇄비 350달러를 빌려주며 출판을 지원했다. 왓슨은 이 연구를 통해 시카고 대학 역사상 25세라는 가장 어린 나이에 박사 학위를 받는 기록을 세웠다.

왓슨의 논문은 호평받았고, 시카고에서 교수직을 하며 학문적 경력을 이어갔다. 5년 후, 왓슨은 존스홉킨스 대학에서 더 높은 직위를 제안받아 흰쥐 연구를 계속할 수 있었다. 도널드슨이 실험 대상을 개에서 쥐로 전환하도록 설득한 덕분에, 흰쥐는 심리학 연구의 주요 동물 모델로 확립되었다. 당시 마이어와 도널드슨을 통해 쥐는 뇌 연구 모델로 자리 잡았다. 이제 왓슨은 쥐를 행동 연구의 도구로 활용하려 했다. 이로써 심리학 연구에는 자연스럽게 혁신이 일어났다.

행동 연구의 무대가 마련되다

반면, 볼티모어에서는 도시 개혁가 켐프가 염원하던 도시 환경 개선을 위한 법적 개입이 이루어지고 있었다. 인구 과밀과 함께 뇌수막염, 결핵, 티푸스, 바일병, 높은 유아 사망률 증가에 대한 우려가 다시 커지면서, 시의회는 1941년 3월 주택위생조례 *Housing Sanitation Ordinance* 를 통과시켰다. 이 조례는 청결 지침을 설정하고, 이를 위반한 주민에게 벌금을 부과하도록 검사관에게 권한을 부여했다. 시 위생 공무원은 집주인과 세입자에게 위생을 유지하도록 강제할 수 있었고, 이 계획은 '볼티모어 계획 Baltimore Plan'으로 알려졌다.

볼티모어 계획은 슬럼가를 완전히 철거하기보다는, 기존 인프라와 건물을 수리하고 개선하는 '도시 재활Urban Rehabilitation'이었다. 특히, 개선의 책임을 부동산 소유자에게 부과했다. 중앙집중식 재건 프로젝트는 시에는 예산상 과도한 부담이었고, 미국 시장자본주의의 원칙과도 어긋났다. '보이지 않는 손'이 실패한 상황에서, 벌금은 집주인에게 협력을 강제하는 수단이 되었다.

도시 전체를 한꺼번에 바꾸는 대신, 볼티모어 계획은 한 블록씩 점진적으로 진행되었다. 창문이 수리되고 화장실이 설치되고 배수구가 정리되는 등, 작은 개선이 이루어졌다. 첫해에는 한 블록만 완료될 만큼 매우 느리게 진행됐지만, 당시로서는 급진적인 조치였다. 주택 소유자에게 법적으로 재산 정리를 의무화하는, 오늘날 주택소유자협회에서도 감탄할 만한 권한을 행사했던 것이다. 조례는 다음과 같이 설치류 박멸을 법적 의무로 명시했다.

> 모든 주거지와 그 모든 부분은 더러움, 오물, 쓰레기, 유사한 물질의 축적으로부터 청결하게 유지되어야 하며, 모든 마당, 잔디 및 안뜰은 마찬가지로 청결하게 유지되어야 한다.

그래서 해충이나 설치류의 침입이 없어야 한다.

그러나 전쟁으로 인해 살충용 독극물이 부족해지면서 쥐 문제는 악화되었다. 가장 흔히 사용되던 독극물인 레드스킬Red Squill[3]은 주로 지중해 남부에서 수확되었는데, 북아프리카전투로 인해 수출이 차단되었다. 따라서 시 당국은 현대 과학이 쥐를 박멸하는 새로운 방법을 찾아낼지 궁금해했고, 워싱턴 국립과학아카데미 산하의 국립연구위원회National Research Council의 지원을 받아 쥐 방제 사업 Rodent Control Project이 출범했다. 이 프로젝트는 존스홉킨스 의과대학의 도움을 받아 진행되었으며, 이곳에서 세계 최고의 동물 실험 전문가 중 하나가 설치류 행동의 생화학적 기초를 연구하고 있었다.

---

3 구근이 붉은 해총의 일종으로, 주로 살서제殺鼠劑로 쓰인다.

2장 존스홉킨스

"인간 복지와 직접적, 간접적으로 관련된 모든 종류의 연구에 가장 유용한 동물을 만들라고 한다면, 시궁쥐보다 유용한 동물은 없을 것이다."

이는 커트 리히터*Curt Richter*의 말로, 그에게 쥐는 세계에서 가장 가치 있는 동물 중 하나였다. 리히터는 쥐 외에도 고양이, 개, 원숭이, 나무늘보, 토끼, 비버, 호저, 곰, 악어 등 다양한 동물을 연구했지만, 과학적으로 쥐가 최고라고 생각했다.

리히터는 1894년 콜로라도에서 태어났고, 그의 가족은 금속 공장을 운영했다. 8살 때 아버지를 여읜 그는 어머니를 도와 사업을 운영했다. 기계를 해체하고 수리하면서 스프링, 자석 등을 다루는 기술을 익혔다. 이러한 성장 배경은 나중에 독창적인 실험 장치를 설계하고, 동물 내부에 '생체 시계'가 있다는 사실을 발견하는 데 밑거름이 되었다.

1912년, 그는 아버지의 고향인 독일 드레스덴에서 공학 교육을 받았다. 그러나 제1차 세계대전이 터지면서, 미국 학생이었던 그는 스파이로 의심받았고 다시 미국으로 돌아와야 했다. 이후 하버드 대학에 입학해 경제학, 외교, 역사, 생물학 등 여러 학문을 폭넓게 공부했다. 짧은 군 복무를 마친 뒤 그는 심리학으로 진로를 정하고 존스홉킨스 대학에서 박사 과정을 밟기로 했다. 행동주의 심리학의 창시자인 왓슨이 지도 교수로 배정되었다.

리히터가 1919년 존스홉킨스 실험 심리학 연구소에 도착했을 때, 소장인 왓슨은 심리학의 과학적 기초를 철저히 다지며 전성기를 누리고 있었다. 그는 심리학 역사상 가장 중요한 인물 중 하나로 평가받았다. 그러나 리히터가 도착한 지 1년 만에 왓슨은 학계를 떠나 다시는 돌아오지 못했다.

리히터는 스스로를 "마지못해 쥐를 잡는 사람 *reluctant rat catcher*"이라고 묘사했지만, 결국 흰쥐로 가득한 왓슨의 실험실을 물려받았다. 쥐는 두 사람의 연구 경력에서 중심이 되었으며, 이들의 과학적 경력은 쥐가 과학적 연구의 핵심 모델로 자리 잡는 데 중요한 역할을 했다.

행동주의자의 성명서

20세기 초, 심리학은 정신의학과 밀접하게 얽혀 있었고 두 학문 모두 과학적 신뢰성이 부족했다. 이는 정신의 작동 방식에 대한 경험적 데이터가 부족했던 탓도 있지만, 지그문트 프로이트의 접근 방식이 지배적이었던 이유가 컸다. 프로이트는 정신을 연구하면서 주체의 생각과 감정에 대한 자기 보고 self-report에 의존했는데, 이는 근본적인 딜레마가 있었다. 마음에서 일어나는 일을 알기 위해서는 사람에게 묻는 수밖에 없지만, 자신의 생각과 동기에 대한 대답이 항상 믿을 만하지는 않다. 대답은 망상적이거나 정직하지 않을 수도 있었다.

이 문제를 해결하기 위해, 프로이트는 사람의 말에 숨은 의미를 읽으려 했다. 이는 문학 비평가가 텍스트에서 의미를 찾는 것과 유사했다. 그는 꿈에 대해 묻고, '잠재의식'이라는 개념을 제시했다. 잠재의식은 의식 아래 있으며, 훈련된 심리치료사만이 접근할 수 있는 영역이었다. 그러나 이런 식의 해석적 자유는 프로이트의 작업이 과학보다는 예술이나 인문학에 가까워 보이게 만들었다.

반면, 왓슨은 심리학을 과학의 영역에 확고히 자리 잡게 만들고 싶었다. 그는 주관적인 감정, 생각, 기억을 모두 배제하고, 심리학 연구를 위한 경험적이고 객관적인 방법론을 창안했다. 그의 방식은 의식적 보고를 완전히 배제하고, 관찰 가능한 행동에만 초점을 맞추는 것이었다. 그는 이를 행동주의 behaviorism라고 불렀다. 왓슨은 인간의 마음을 블랙박스 같은 것이라고 보고, 관찰 가능한 행동을 통해서만 결론을 도출했다. "춥다고 말해도 생리학적 상관관계가 없다면, 아무 의미도 없는 말이다." 다시 말해, 춥다는 감각은 닭살, 떨림, 파란 입술 등 생리학적 증거가 동반되어야 했다. 인간의 의식은 과학적 연구에서 아무런 역할도 할 필요가 없고, 해서도 안 된다고 보았다.

그는 〈행동주의자의 성명서 The Behaviorist Manifesto〉에서 다음과 같이 선언했다. "인간이 인식하는 의식을 행동의 중심으로 삼는 것은 다윈 이전의 생물학의 위치로 심리학을 되돌리는 것과 같다."

심리학이 성숙한 과학으로 발전하려면, 인간의 뇌를 다른 동물의 뇌와 특별히 다르거나 우월한 것으로 여기지 않아야 한다고 주장했다. 왓슨은 다음과 같이 강조했다. "행동주의자는 인간과 짐승 사이에 선을 긋지 않는다."

즉, 인간을 연구하는 방법은 쥐나 개를 연구하는 방법과 동일해야 하며, 동물 연구에서 도출된 정신 기능에 대한 추론은 인간에게도 동일하게 적용되어야 한다는 것이다.

과학, 윤리 그리고 스캔들

1908년, 왓슨은 30세의 나이로 존스홉킨스에 도착했을 때 실험 및 비교심리학 교수와 심리학 연구소 소장이라는 중책을 맡았다. 이듬해에는 신경병리학자였다가 정신과 의사로 전환한 마이어가 스위스에서 존스홉킨스로 합류했다. 그러면서 건설 중이던 헨리 핍스 정신과 클리닉을 감독할 책임을 맡았다. 결국 왓슨의 심리학 연구소는 핍스클리닉의 행정 감독 아래 통합되었고, 두 사람은 학문적으로 갈등을 빚었다.

마이어는 왓슨의 행동주의적 접근 방식이 지나치게 단순하다고 보았으며, 동물이나 인간의 행동과는 충분히 연계되지 않았다고 비판했다. 특히, 의식 연구를 배제하고 모든 것을 조건반사에 기초한 실험은 기계적 연구라고 여겼다.

반면, 왓슨은 쥐를 훈련시켜 미로를 탐색하게 하며, 학습이 자동화된 과정으로 이해될 수 있다고 여겼다. 흔히 '학습'이라고 하면 학교, 책, 강의실과 같은 문화적 산물을 떠올린다. 그러나 왓슨은 환경과의 상호작용을 통해 쥐도 학습할 수 있으며, 환경을 조작해 무의식적 학습을 촉진하고 행동에 영향을 미칠 수 있는 가능성을 탐구했다.

왓슨의 접근은 러시아 과학자인 이반 파블로프 *Ivan Pavlov*의 영향을 받았다. 1897년 파블로프는 개를 이용하여 자극(소리)과 반응(침 분비)의 연관성을 찾았고, 조건반사로서 뇌의 학습 과정을 입증했다. 왓슨은 이러한 조건 형성을 인간 행동에 적용하려 했고, 이를 통해 인간 행동을 설명하고 궁극적으로는 통제할 수 있다고 믿었다.

그러나 인간과 동물의 동등성에 대한 왓슨의 주장은 논란을 일으켰다. 그는 감정의 발달을 조건반사로 연구하기 위해 연구 조교인 로잘리 레이너 *Rosalie Rayner*와 함께 '리틀 앨버트 *Little Albert*' 실험을 설계했다. 그들은 9개월 된 아기에게 공포를 일으키기 위해, 흰쥐를 보여준 뒤 금속 막대를 두드려 큰 소리로 놀라게 했다. 이를 통해 쥐와 공포를 연관시키려 했던 것이다.

이 실험의 기록에는 불편한 내용이 들어 있다. 예를 들어, 실험 후에 "쥐가 나타나자 아기는 울음을 터뜨렸고, 급히 돌아서 네 발로 기어가다가 붙잡혔다"라고 기록되어 있다. 그 결과, 아기에게는 흰쥐에 대한 공포가 형성되었는

데, 왓슨의 실험에는 이를 없애줄 계획은 없었다.

이 실험은 윤리적 논란을 불러올 가능성이 있었지만, 훨씬 더 세속적인 스캔들에 묻혀버렸다. '리틀 앨버트' 실험의 결과가 발표되기 직전에, 왓슨과 레이너가 연구 파트너 이상의 관계였음이 밝혀졌다. 왓슨의 아내 메리는 남편의 서랍에서 두 사람의 연애 편지를 발견했고, 이 사건은 그녀의 오빠이자 정치적으로 영향력 있는 인물인 해럴드 이키스 Harold L. Ickes 와도 연관되면서 전국적인 스캔들로 번졌다. 이는 존스홉킨스가 원하던 바가 아니었고, 왓슨은 곧 내부 고발을 당했다.

아이러니하게도, 행동주의자로서 감정과 동기를 숨길 줄 알았던 왓슨조차 이 사건을 감추지 못했다. 왓슨은 자신의 불륜을 마이어에게 고백했고, 마이어는 이를 대학 당국에 즉시 전하며 왓슨의 해고를 촉구했다. "이 문제에 대해 명확하고 단호한 원칙이 없다면, 우리는 남녀공학 기관을 운영할 수 없으며, 명예와 존경을 받을 자격도 없을 것입니다." 왓슨은 고백한 후 6일 만에 사직을 받아들였다.

왓슨이 해임된 후로, 마이어는 박사 학위를 마치지 않은 젊은 연구자 리히터를 후임으로 임명했다. 1920년, 리히터는 왓슨의 실험실과 주요 연구 주제였던 쥐를 물려받아 새로운 연구의 장을 열었다.

마이어가 주도한 핍스클리닉에서는 행동 연구 대신 생리학적 연구가 우세했다. 그러나 왓슨은 심리학을 프로이트식의 신비주의에서 벗어나 체계적이고 방법론적으로 투명한 학문으로 전환시키는 데 중요한 역할을 했다. 학문에 환멸을 느낀 왓슨은 다른 대학에 가는 대신, 그해 말부터 맨해튼의 매디슨애비뉴에 있는 광고회사 월터톰슨에 들어갔다. 행동 예측과 통제가 환영받는 광고계에서 그는 이론을 실용적으로 활용하며 은퇴할 때까지 활약했다.

내부의 균형, 생리적 자기 조절

리히터가 처음으로 쥐를 접한 것은 왓슨의 불명예스러운 퇴직 1년 전, 박사 논문 주제를 탐색하던 시기였다. 그는 지도 교수가 선물로 보낸 12마리의 쥐를 받았다. "왓슨이 논문 주제에 대한 아이디어를 주기 위해서였는지, 아니면 결정을 내리는 동안 말동무라도 삼으라고 보냈는지는 알 수 없었다"라고 그는 회고했다. 무엇을 해야 할지 몰랐던 리히터는 우리 안에서 쥐가 자유롭게 돌아다니는 모습을 관찰했다. 이내 그는 흥미를 느꼈다. 쥐가 우리 안에서 벽을 오르내리는 모습을 보다가, 간단하지만 중요한 질문을 떠올렸던 것이다. "왜 쥐는 아무것도 하지 않는 대신 뭐든 하는 걸까?"

왓슨이 쥐를 훈련하고 조건 형성을 통해 행동을 통제하려는 행동주의적 접근 방식을 취했다면, 리히터는 정반대였다. "내 관심은 동물이 무엇을 하도록 배운 것이 아니라, 스스로 무엇을 하는지로 쏠렸다." 리히터는 쥐의 활동을 시간 단위로 측정하며 활동과 휴식 사이에 규칙이 있다는 것을 발견했다. 생체시계 연구의 시초가 된 것이다. 이후, 쥐가 환경에 적응하는 방식을 관찰했고, 변수를 바꿔가며 다양한 실험을 진행했다.

그는 쥐가 식단을 선택할 수 있도록 실험을 설계했다. '카페테리아'를 제공한 실험에서, 특정 영양소가 부족한 쥐는 스스로 그 영양소를 보충할 음식을 선택한다는 것을 발견했다. 그는 "쥐의 식욕은 필요한 영양소를 정확히 반영한다"라고 기록했다.

1921년, 〈쥐의 행동〉이라는 제목의 박사 논문을 제출했고, 이후 수십 년 동안 쥐의 영양 조절 능력을 조사하는 실험을 했다. 실험 결과, 쥐는 철저한 식단 전문가였다. 그는 쥐에게 알코올을 제공하고, 그 섭취량을 측정하는 실험 장비도 개발했다. 쥐는 물보다는 5%의 에탄올을 선호했는데, 인간과 달리 쥐는 섭취한 알코올의 칼로리만큼 음식 섭취를 줄이는 경향이 있었다. 마치 칼로리를 계산할 수 있는 것 같았다. 생리적 자기 조절로 칼로리 섭취를 조절한 것이다.

당시 생리적 자기 조절 개념, 즉 유기체가 외부 변화에 직면하여 스스로를 안정시키는 능력이 활발히 연구되고 있었다. 19세기 중반, 프랑스 생리학자 클로드 베르나르 *Claude Bernard*는 유기체가 생존하기 위해 내부 환경을 일정하게 유지해야 한다는 사실을 발견했다. 외부 환경은 매우 가변적일 수 있지만, 생화학적 반응이 작동하려면 내부 환경이 안정적으로 유지되어야 한다고 강조했다. 이 균형은 매우 섬세하며, 유기체의 지속적인 생존은 내부 환경이 기본적으로 외부 환경과 단절되어 있기 때문에 가능하다고 설명했다. 그의 연구는 생물이 외부 세계에서 스스로 생존한다기보다, 내부의 유체 환경 속에서 보호받으며 살아간다는 새로운 관점을 제시했다. 이후, 베르나르의 내부 환경 이론은 생명체가 어떻게 생화학적 자기 조절을 수행하는지 밝히는 후속 연구들을 촉진하는 계기가 되었다.

신체의 지혜

새로운 과학 연구 분야를 탐구한 하버드 대학의 생

리학자 월터 캐넌*Walter Bradford Cannon*은 지속적으로 미세하게 조절되는 화학 정보 교환을 설명하기 위해 항상성 *homeostasis*이라는 용어를 도입했다. 1914년 유럽에서 전쟁이 발발했을 때 캐넌은 이미 저명했는데, 국립과학원 회원이자 하버드 의과대학의 생리학과장, 미국 생리학회의 회장을 맡고 있었다. 유럽에서의 전쟁이 크리스마스까지 끝나지 않을 것이 분명해지자, 캐넌은 잔인하고 장기화된 원정의 결과와 그로 인한 실험 기회에 대비하기 위해 관심을 돌렸던 것으로 보인다. 원래 그는 소화 시스템 조절에 대한 획기적인 연구를 발표하며 명성을 얻었는데, 이제는 감정 상태의 생리적 상관관계라는 더 폭넓은 문제로 연구 방향을 전환한 것이다. 그리고 신장의 상단에 위치한 소형 신경세포 마디인 부신 속질이 분비하는 아드레날린의 기능을 조사했다.

아드레날린 또는 에피네프린은 1901년 일본계 미국인 다카미네 조키치 高峰讓吉가 처음으로 분리해냈다. 아드레날린은 그가 다니던 파크데이비스 제약사*Parke-Davis Pharmaceuticals*에서 천식 완화제로 광고하던 대표 상품이었다. 다카미네는 로열티로 상당한 재산을 축적했고, 상표 이름 사용을 두고 저작권 분쟁이 뒤따르자 미국 약사들은 일반 용어인 에피네프린을 대신 사용했다.

신경 활동은 전기적이라는 것이 정설이었던 시기에, 캐넌은 호르몬이 화학적 신경전달물질로 작용할 수 있다는 가능성을 탐구했다. 내장 깊숙이 자리 잡은 호르몬 샘이 감정과 행동에 영향을 미칠 수 있다는 개념은 중세의 4체액설을 떠올리게 했고, '본능적 직감gut instincts'이 뇌의 심리적 역할에 반하는 것처럼 보이기도 했다. 하지만 캐넌은 소화 시스템을 연구하여, 공포를 느낀 동물의 장이 움직이지 않는다는 사실을 통해 이를 실험적으로 입증했다. 그는 동물이 두려움을 느낄 때 간에서 혈액으로 당이 방출되고, 소화가 중단되며, 혈액이 복부에서 심장, 폐, 사지로 이동하고, 상처가 더 빨리 응고되는 등 다양한 생리적 반응을 관찰했다. 이러한 효과가 신경 활동이 중단된 후에도 지속된다는 점에 주목한 캐넌은 아드레날린이 환경적 위협에 반응하여 무의식적으로 응급 상황을 활성화한다는 가설을 세웠다.

1915년, 캐넌은 "스트레스를 받을 때 부신이 특별한 활동을 한다는 것이 사실이라면, 이는 매우 중요한 문제다"라고 썼다. 그러나 강렬한 감정적 흥분 상태에 있는 실험 대상을 찾기는 어려워서 대체 실험 대상을 찾는 데 만족해야 했다. 1913년 하버드와 예일의 풋볼 경기에서 그는 경기를 마친 선수들에게서 샘플을 얻기 위해 로커룸을 찾았다. 그는 선수들의 소변 샘플에서 포도당 수치가 높다는 것을 발견했으나, 그 외의 특이점은 찾지 못했다.

제1차 세계대전의 발발은 캐넌의 연구에 큰 전환점이었다. 1917년 4월, 미국이 전쟁에 참전한 지 2주 후, 캐넌은 군의관으로 입대했다. 같은 해 5월, 당시 45세였던 그는 군대 경험도 없고 임상 경험도 제한적인 상태에서 유럽으로 떠났다. 프랑스의 야전병원에 배치된 캐넌은 심각한 부상, 출혈, 충격이 신체에 미치는 영향을 직접 연구할 기회를 얻었다. 이론가로서 뛰어난 역량을 지닌 그는 현장에서 부상당한 병사를 치료하는 의료진에게 연구 결과를 실시간으로 전달해서, 새로운 이론적 가설이 임상 실습에 바로 적용되도록 했다.

전장에서의 경험을 통해, 캐넌은 아드레날린이 혈액으로 분비되면서 감정 상태를 변화시키고 신체를 행동 준비 상태로 만드는 생리적 변화를 일으킨다는 것을 증명했다. 그는 "두려움은 도주 본능과 연관되어 있으며, 분노 또는 격노는 공격 본능과 연관되어 있다"라고 설명하면서 '투쟁/도피 반응'이라 이름 붙였다.

캐넌의 발견은 호르몬 분비 시스템이 항상성을 유지하는 생리적 메커니즘에서 어떻게 작동하는지 구체화했다. 감각기관이 외부 환경에서 수집한 정보는 내부 환경의 안정성을 유지하기 위해 자동적으로 조정되었고, 내분비선에서 분비된 호르몬은 여러 장기에 화학적 신호를 전달하며 인체를 조율했다. 이 과정에서 호르몬은 혈압을 높이고, 산소가 풍부한 혈액을 팔다리로 보내며, 땀샘을 자극해 체온을 조절하고, 간에서 당분을 방출하게끔 신호를 전달하는 등 다양한 생리 반응을 유도했다. 이런 조정 작용은 의식적인 통제 없이 자율적으로 이루어졌으며, 캐넌은 이를 '신체의 지혜'라고 불렀다.

이후에, 생체 시스템의 회복력이 오히려 그것이 지닌 취약점에서 비롯된다고 말했다. 그는 "불규칙성과 불안정성을 특징으로 하는 물질로 이루어진 유기체는 불안정한 환경에서도 안정성을 유지하는 방법을 알고 있다"라고 썼다. 항상성은 유기체가 다양한 조정을 통해 평형 상태를 유지하려는 지속적인 노력을 의미하며, 이는 거친 환경에서도 유기체가 균형을 유지하려 한다는 점을 보여준다. 전쟁과 같은 극한의 상황에서도 신체는 고통을 감추려는 듯 가능한 한 정상 상태를 유지하려 애썼다.

행동학적 평형 상태

질문과 이를 해결할 도구는 이미 갖춰졌다. 파블로프

의 실험은 왓슨에게 조건 형성의 심리적 메커니즘을 탐구하도록 영감을 주었고, 이는 곧 행동주의 심리학의 출발점이 되었다. 한편, 베르나르의 내부 환경 이론과 캐넌의 충격 및 아드레날린에 대한 연구는 호르몬이 생물학적 평형 상태를 유지하는 핵심 메커니즘임을 밝혀냈다. 리히터는 독창적으로 이 두 흐름, 즉 캐넌의 생리학과 왓슨의 심리학을 모두 수용했으며, 쥐를 대상으로 한 그의 실험은 이질적인 두 사유 체계를 하나의 연구 틀로 통합하는 데 기여했다. 생리학적 요소와 심리적 요소가 융합된 이런 접근 방식을 바탕으로, 리히터는 마이어의 영향을 받아 스스로를 '생물심리학자 *psychobiologist*'라고 불렀다.

리히터의 혁신은 항상성 개념을 행동으로 확장하는 것이었다. 베르나르와 캐넌이 생리적 자기 조절 과정을 탐구하는 동안, 리히터는 동물의 행동을 환경 조건에 대한 반응으로 이해했다. 그는 신체 온도나 심박수를 조절하는 내부 생리 과정과 마찬가지로, 동물의 행동 또한 항상성을 유지하려는 시도로 보았다.

잭 칼훈:
거북이 농장
(1917~1934)

1917년, 테네시 엘크턴에서 교사인 아버지와 가정주부인 어머니 사이에서 태어난 존 범패스 칼훈 John Bumpass Calhoun (사람들은 그를 잭이라고 불렀다)은 어린 시절에 작은 마을을 옮겨 다니며 살았다. 어린 시절을 넓은 하늘 아래 펼쳐진 목화밭, 사암층이 깎여 흐르는 시냇물, 소나무와 참나무 숲에서 보냈다. 어머니는 그가 고독하고 사색적인 아이였으며, 호기심이 많고, 자기 통제력이 강해서 비정상적으로 인내심이 강한 아이라고 묘사했다. 그는 말에서 떨어져 입은 뇌진탕에서 회복하는 동안 어머니가 "주의 깊은 기다림"이라고 부른, 움직이지 않는 습관을 들였다. 그는 항상 야외에서 시간을 보냈다. 낚시, 스케이트를 비롯해서, "연못부터 퀘이크 호수, 흙탕물 강에 이르기까지, 어디에서든 수영했다"라고 회상했다.

그가 태어난 후로 미국 인구는 빠르게 증가하고 도시화가 진행됐다. 태어났을 당시에는 시골 인구수와 도시 인구수가 균형을 이루고 있었지만 그가 사망할 때쯤에는 80%의 인구가 도시에 거주했다. 도시는 테네시의 시골에까지 영향을 미쳤다. 도시끼리 연결되어야 한다는 필요가 시골에도 영향을 미친 것이다. 1926년, 아홉 살의 잭은 도시 가장자리에 있는 오래된 참나무 숲이 연방 고속도로를 내느라 벌목되는 것을 무력하게 지켜봐야 했다. 도로들은 도시의 보철물로, 미국의 시골을 가로질러 뻗어나가며 파괴적인 성장을 위한 양분을 찾았다. 도시는 암처럼 커졌다.

그에게 자연은 놀이터이자 도서관이었다. 그는 자연 세계에 대한 호기심을 사냥, 재배, 관찰로 채웠다. 열한 살에 그는 소구경 산탄총을 받았다. 그는 새 알과 거북이를 열정적으로 수집했다. 그리고 채소를 재배하여 이웃에 팔고, 그 수익으로 암퇘지를 사서 번식시켰다. 뒷마당에는 '거북이 농장'을 지었다. 이 건물은 작은 다이아몬드거북의 서식지로, 시냇물을 우회시켜서 물을 공급했다. 그는 수조에 테라리움을 만들고, 뱀을 잡아서 넣기도 했다. 또 새를 관찰하기 위해 쌍안경을 구입했다. 테네시주는 생물 다양성이 풍부한 내륙이어서, 동물은 수없이 많았다.

1930년, 이번에는 도시로 이사했다. 그들은 내슈빌에 있는 밴더빌트 대학 캠퍼스 근처에 살았다. 아버지는 그를 테네시 조류학회Tennessee Ornithological Society에 가입하게 했다. 그들의 지도 아래 잭은 더욱 구조적이고 정교하게 현장 관찰field observation, 유인luring, 덫 설치trapping, 조류표지법birdbanding을 해낼 수 있었다. 그는 표본을 전시용으로 처리하는 법을 배웠고, 연구실을 돕기도 했다. 현장 연구는 개체 수와 패턴의 숫자와 경험적 증거에 중점을 두었지만, 그는 점차 종의 행동적 특이성에 끌렸다. 그는 "가장 중요한 것은 많은 새가 나름의 개성을 가지고 있다는 사실을 알았다는 점이다"라고 회상했다.

그는 체력이 좋아서 작고 탄탄한 체격에 맞게 체조 선수가 되었다. 덕분에, 조류학회가 굴뚝칼새chimney swifts의 겨울철 이동 경로를 추적하기 위해 굴뚝칼새에게 띠를 두르는 프로젝트를 시작했을 때, 잭은 굴뚝칼새의 둥지를 찾기 위해 굴뚝에 올랐다. 그는 학교 친구들에게 '머슬muscle'이라는 별명을 얻었고, 중학교를 졸업할 때는 가장 성공할 가능성이 높은 친구로 뽑히기도 했다.

근육질 잭, 곡예사 잭, 칼새를 찾아 굴뚝을 기어오르는 잭.
뒷마당에서 암퇘지를 기르던 잭, 거북이를 키우던 잭.
새에게 띠를 채우고, 불어난 강과 지진으로 생긴 호수에서 수영하던 잭.
자그마한 소구경 산탄총을 가진 열한 살의 시골 소년 잭.
외로운 시골길 위, 홀로 서 있던 잭.

3장 볼티모어

맛볼 것인가, 말 것인가

커트 리히터는 완벽하게 쥐를 죽이는 약을 만들고 싶진 않았지만, 쉬지 않고 실험을 계속했다. 쥐에게는 안된 일이지만, 그는 "쥐가 유익한 음식을 선택하고 해로운 음식을 피하는 데 놀라운 능력을 가지고 있다면, 어떻게 쥐를 독살할 수 있을까?"라는 질문을 떠올렸다. 그래서 비소, 모르핀, 수은을 사용한 화합물로 실험을 시작했고, 쥐가 매우 용량이 낮은 독도 피한다는 사실을 발견했다. 그리고 그는 페닐 티오우레아 *phenyl thiourea, PTU* 라는 화학 물질의 흥미로운 특성을 들었다.

1931년, 듀퐁 사의 화학자인 아서 폭스 Arthur L. Fox가 PTU분말을 병으로 옮기다가 그 가루가 실험실 공중에 흩날렸다. 그는 이렇게 기록했다. "같은 실험실에 있던 C. R. 놀러 박사는 흩날린 먼지에서 쓴맛을 느꼈지만, 더 가까이 있던 나는 아무 맛도 느끼지 못했다. 나는 맛이 없다고 말했지만, 놀러 박사는 매우 쓴맛을 느꼈다고 했다. 그래서 열띤 논쟁을 벌였다."

PTU가 인간에게 비교적 무해하다는 사실을 알고 있었기에, 폭스는 먼저 가족과 친구에게 이 물질의 맛을 느낄 수 있는지 실험했고, 나중에는 체계적으로 테스트하기 시작했다. 그 결과, 실험 대상자 중 약 40%만이 PTU의 쓴맛을 감지할 수 있다는 것을 발견했다. 폭스는 가족 테스트를 통해 이 특성이 유전적으로 전달된다는 사실도 밝혀냈다.

폭스의 논문을 읽은 리히터는 흥미로운 의문을 품었다. "그렇다면 쥐도 이 물질을 맛보는 능력이 개체마다 다를까?" 그는 실험실에서 6마리의 쥐를 선택하여 PTU 분말을 먹이고는, 쥐가 쓴맛을 느끼고 혀와 발로 닦아내는지 관찰했다. 그러나 아무런 반응을 보이지 않았고, 리히터는 쥐들이 이 물질의 맛을 느낄 수 없다고 결론지었다.

그런데 다음 날 아침, 실험실에 도착한 리히터는 예상치 못한 장면을 목격했다. 6마리의 쥐가 모두 죽어 있었던 것이다. 부검 결과, 쥐의 폐가 부풀어 있었고 액체로 가득 차 있었다. PTU는 쥐는 맛을 느끼지 못했지만, 극히 낮은 용량으로도 쥐에게 치명적인 독성을 가진 물질이었다.

쥐 방제 사업

1942년 1월, 리히터는 볼티모어 쥐 방제 사업의 책임자로 임명된 후 새로운 독을 현장에서 테스트했다. 초기 결과는 실망스러웠다. PTU와 빵가루를 섞어 쥐들이 밀집된 지역에 두었는데 야생 쥐들이 경계하며 미끼를 먹지 않았던 것이다.

인간의 소화기관 중 위 내벽의 세포는 잠재적 독성을 찾기 위해 섭취한 음식의 표본을 끊임없이 추출한다. 유해한 것이 감지되면, 신호는 중추신경계로 전달되어 구토 반사가 유발되고 위 내용물을 배출한다. 하지만 쥐는 그런 기능이 없다. 말과 토끼처럼, 쥐는 구토할 수 없기에 새로운 음식은 매우 신중하게 대한다. 그래서 쓰레기통에서 음식을 먹어도 무분별하게 먹지 않는다. 그리고 야생 쥐는 PTU의 맛을 조금은 느꼈을지도 모른다.

리히터는 병원 주변의 골목과 주택에서 쥐 표본을 모았고, 존스홉킨스 의과대학에 '야생 쥐 실험실*Wild Rat Laboratory*'을 설립했다. 표본 수집을 맡은 사람은 펜실베이니아 출신의 조류학자이자 동물학자인 존 엠렌 주니어 *John T. Emlen Jr.*였다. 엠렌은 구제업자가 되고 싶진 않았지만, 전쟁은 예상치 못한 일을 하게끔 사람들을 몰아갔다. 양심적 병역 거부자로 등록된 엠렌은 새로운 민간 공공서비스 계획에 따라 리히터의 쥐 방제 사업에 배치되었다. 엠렌과 같은 유능한 동물학자는 프로젝트에 큰 도움이 되었다. 리히터는 엠렌을 "인구 동역학의 전문가"라고 불렀다. 쥐를 죽이기보다는 쥐 자체에 대해 더 많이 연구했지만, 그의 기술은 포획한 표본을 함정에 빠뜨리고 다루는 데 매우 중요했다.

리히터의 이전 연구는 쥐가 건강을 유지하기 위해 스스로 식단을 조정하는 방식을 조사했다. 그러나 이번에는 쥐를 죽일 수 있는 물질을 먹도록 유도할 화합물을 찾는 데 몰두했다. 그는 듀퐁 사에서 약 200종의 티오우레아 화합물 샘플을 제공받아 야생 쥐를 대상으로 실험을 시작했다. 결국, 야생 쥐가 맛을 느끼지 못하면서도 치명적인 효과를 발휘하는 화합물을 발견했다. 바로 알파나프틸 티오우레아*alpha-naphthyl thiourea, ANTU*였다.

ANTU의 합성은 빠르게 진행됐지만, 전쟁 중 첩보 활동에 대비해 화합물의 정확한 성분은 철저히 비밀에 부쳐졌다. 1942년 중반까지 ANTU를 활용한 쥐 독살 프로젝트의 첫 단계가 준비됐다. 당시 전시 노동력 부족 문제를 해결하기 위해 보이스카우트가 모집되었고, 대학병원 주변의 8블록에 ANTU가 섞인 옥수수 가루를 배포했다. 이후 범위는 점점 확장되어 10월에는 200블록에 이르렀다.

쥐 방제 사업은 도시 개선을 위해 진행하던 볼티모어 계획과 연계되어 있었기 때문에, 리히터의 구제업자들은 경찰의 도움을 받았다. 경찰은 지정된 위생학자들과 함께 슬럼 지역을 순찰하며 관리되지 않은 지역을 중심으로 이들을 배치했다.

도시 전역엔 '당신은 쥐와 싸울 수 있다'는 팸플릿 20만 부가 배포되었고, 그들을 막으라는 거창한 교육 영화를 통해 주민들에게 지식을 이용해 쥐와 싸우게끔 촉구했다. 쉽게 이해할 수 있도록 당시 유행하는 군사 용어로 표현된 이 영화는 존스홉킨스 과학자들이 쥐의 행동에 대해 알아낸 지식을 활용하여 볼티모어 시민을 쥐와의 전쟁에 동참시키려 했다.

영화는 "싸움을 하려면 적을 알아야 한다. 쥐의 습관과 욕구를 연구함으로써, 쥐의 약점을 발견하고 가장 효과적으로 타격할 수 있다"라고 강조한다. 또한, 건물주들이 건물 수리를 소홀히 하여 "쥐에게 현관 매트만 빼고 모든 것을 제공하고 있다"라며 비판했다. 설치류 박멸을 위한 3단계 과정도 제시되었다. "건물에 들어가지 못하게 막아라. 숨은 공간을 없애라. 잡아서 죽여라."

이 과제는 모든 시민이 참여해야 한다고 강조하며, "쥐 통제는 당신에게 달려 있다"라는 메시지를 전달했다. 주민들과 집주인들은 재산을 쥐에게서 지키려 노력했다. 한편, 리히터의 설치류 통제 팀은 위생학자들을 따라가며 많은 양의 ANTU로 무장한 채 블록별로 이동하며 작업했다.

1943년까지 도시의 위생학자들이 적극적으로 협력하면서 쥐 방제 사업은 활발히 진행되었다. 6월, 볼티모어 시장인 시어도어 맥켈딘_Theodore McKeldin_은 리히터에게 시청에 사무실을 제공하고, 무조건적인 보조금 지급을 승인했다. "당신에게 25,000달러를 줄 테니, 25,000달러어치의 쥐를 죽이시오."

쥐 방제 사업은 1,360개 도시 블록에 걸쳐 ANTU를 확산시키며 진행되었다. 주민들은 사업을 돕기 위해 문과 지하실 문을 열게끔 지시받았고, 협조하지 않으면 벌금이 부과되었다. 일부 블록에서는 쥐가 완전히 제거되었으며, 그 외의 지역에서도 90%가 제거되었다. 독의 효능에 자신감을 가졌던 리히터는 이 차이를 두고 "현명한 사람과 그렇지 않은 사람들이 섞인 모임"의 차이 때문이라고 설명했다. 이 모임에는 많은 자원봉사자가 포함되어 있었으며, 이들은 공장과 창고 같은 주요 지역을 목표로 삼았다.

렉싱턴마켓에서는 단 하룻밤 만에 900마리 이상의 쥐가 제거되었다. 1946년까지 ANTU는 5,500개 이상의 도시 블록에서 사용되었고, 리히터의 추정에 따르면 100만 마리가 넘는 쥐가 죽었다. 시장 맥켈딘의 말처럼, 그가 지불한 만큼의 쥐가 제거된 셈이었다.

전쟁이 끝난 후, 쥐 박멸 운동의 핵심이었던 ANTU의 상용화가 허용되었다. 과학연구개발국*Office for Scientific Research and Development*은 쥐 방제 사업을 지원하며 1945년에 ANTU의 상업 특허를 냈고, 1946년에는 이 독약을 일반 판매용으로 출시했다. 광고는 "전쟁 중 비밀이 밝혀졌다!"라는 문구와 함께 '기적의 쥐약'이라며 ANTU의 등장을 대대적으로 홍보했다.

쥐의 식욕이 안정적인 신진대사를 유지하는 방식을 연구하다가 ANTU의 효과를 발견했다는 점에서, ANTU가 동물의 내부 환경을 스스로 파괴하도록 작용한다는 광고 문구는 잔인한 아이러니였다. 광고는 이렇게 설명했다. "그들은 문자 그대로 자기 체액에 빠져 죽습니다!"

그러나 초기의 고무적인 분위기와 달리, ANTU를 이용한 쥐 방제 효과가 줄기 시작했다. 치사량에 가까운 독에 노출된 어린 쥐들은 점차 '미끼 기피성'을 보이며 독약을 회피하기 시작했다. 따라서 사용 주기도 점차 늘어났다. 또한 ANTU는 시궁쥐에게는 치명적이었지만, 다른 설치류 종에는 효과가 없었다. 더 큰 문제는 쥐가 아니라 개가 독약의 영향을 받는 일이 발생했다는 점이었다. 미끼를 배치할 때 반려동물을 실내에 두라는 지시가 있었지만, 사고사를 막을 수는 없었다.

리히터의 기적의 쥐 학살자가 출시된 지 불과 2년 만에, 와파린 warfarin이라는 새로운 독약이 등장했다. 와파린은 기본적으로 항응고제로, 내부 출혈이 멈추지 않아서 죽게 했다. 이 약은 맛과 냄새가 없어 쥐는 독약이 섞인 미끼를 인지하지 못했으며, 효과가 느려서 경계심 없이 반복적으로 미끼를 섭취했다.

쥐는 천천히 와파린이 축적됐고, 몇 주에 걸쳐 내장에서 출혈이 발생하면서 결국 죽음에 이르렀다. 와파린의 탁월한 효과가 입증되면서, ANTU는 설치류 살충제로서의 입지를 잃었고, 1970년대 초에 이르러서는 사용되지 않았다.

회복된 쥐 인구, 새로운 접근법의 필요성

1944년, 리히터가 '억지 쥐잡이' 역할에서 물러나자, 설치류 방제 프로젝트의 임시 책임은 엠렌에게 넘어갔다. 엠렌은 자연학자이자 생태학자로서 야생 쥐를 산 채로 포획하는 데 중요한 역할을 했으며, 그의 승진은 프로젝트의 방향에 중요한 의미가 있었다. 독살만으로는 쥐 문제를 영구적으로 해결할 수 없다는 점이 명확해졌기 때문이다.

도시 재건 프로젝트가 점차 확대되고 있었지만, 볼티모어 중심부의 대부분 지역은 여전히 쥐에게 유리한 환경이었다. 식량 창고와 창고는 쉽게 접근할 수 있었고, 다락방과 좁은 층간 공간은 둥지를 틀기에 적합했으며, 골목마다 쓰레기가 넘쳐났다. 이러한 서식지에서 쥐의 높은 번식률은 리히터 팀이 독살로 줄인 개체 수를 빠르게 보충했다. 도시가 쥐에게 매력적인 환경인 한, 쥐는 돌아올 것이었다. 새로운 접근법이 절실했다.

1945년, 록펠러재단 국제 보건 부문의 연구비 지원을 받아 '설치류 생태 프로젝트 Rodent Ecology Project'로 명칭이 변경되었고, 존스홉킨스 의과대학에서 공중보건 및 위생학부로 연구가 넘어갔다. 인구생태학자인 데이비드 E. 데이비스 David E. Davis 가 프로젝트의 상임 책임자가 되었다.

볼티모어 연립주택 구역의 골목. 존스홉킨스 대학 설치류 생태 프로젝트 참고용 사진. 1946년경.

록펠러재단은 전 세계적으로 공중보건을 개선하려는 사명을 띠고 1940년대 초 브라질에서 황열병의 숙주 종을 찾아내기 위해 데이비스를 고용한 적이 있었다. 그 덕분에 존스홉킨스 프로젝트는 지원을 받았다.

데이비스의 지휘 아래, 프로젝트는 독살에서 환경 압

력을 이용한 설치류 박멸로 관점을 전환했다. 이는 쥐의 생리학에서 생태학으로 관점이 옮겨 간 것이다. 리히터가 기술적 해결책을 찾고 각 쥐 개체의 내적 생리학을 이해하려 했다면, 새로운 접근법은 개체군 차원에서 집단 내부 및 집단 간의 상호작용과 서식지와의 관계를 연구하는 데 초점을 맞췄다. 연구진은 행동이 환경에 의해 영향을 받으며, 환경을 통제하면 행동도 통제할 수 있다고 생각했다.

엠렌의 현장 작업으로 볼티모어의 쥐를 추적하고 포획하면서, 리히터의 연구팀은 쥐가 도로를 건너는 것을 꺼리며 태어난 블록에서 벗어나지 않는다는 흥미로운 사실을 발견했다. 이 점은 독살 프로그램의 성공 여부를 더 쉽게 예측하게 해주었다. 설치류 생태학 프로젝트는 이 관찰을 시작점으로 삼아 집중적으로 조사했다. 데이비스의 표현에 따르면, 각 도시 블록은 "사실상 섬처럼 작용하며, 한 블록의 쥐는 이민과 이주가 없는 독립적인 개체군을 형성했다".

그렇다면, 개체군을 나누는 보이지 않는 경계는 무엇이며, 이들을 분리시키는 메커니즘은 무엇일까? 데이비스는 대학원생 존 J. 크리스천 *John J. Christian*과 이를 주제로 연구하기 시작했고, 막 노스웨스턴 대학에서 시궁쥐의 행동을 주제로 박사학위를 딴 28세의 칼훈을 팀에 합류시켰다.

잭 칼훈:
새가 가득한 첨탑
(1935~1946)

잭 칼훈의 학문적 여정은 1935년 테네시 조류학회에서 굴뚝칼새를 연구하는 프로젝트에 참여하면서 시작되었다. 테네시 조류학회는 굴뚝칼새의 겨울 서식지를 밝히기 위해 많은 개체에 띠를 달아 추적하려 했다. 당시 굴뚝칼새는 여름에 굴뚝에서 둥지를 짓고 번식한 후 겨울이 오면 남쪽으로 이동했지만, 정확히 어디로 가는지는 알려지지 않았다.

18세였던 잭은 이 프로젝트의 견습생으로 참여했다. 그의 멘토였던 아멜리아 래스키는 잭에게 새를 잡는 그물 사용법과 띠를 다는 기술을 가르쳤다. 래스키는 경험 많은 조류학자였지만, 나이가 들어 굴뚝을 오르내리는 위험한 작업을 할 수 없었기 때문에 잭이 대신 작업했다. 테네시에서 27,000마리가 넘는 굴뚝칼새에게 띠를 달았는데, 그중 내슈빌 지부가 15,876마리로 가장 많았다.

잭은 굴뚝 내부에서 수천 마리의 굴뚝칼새가 몰려드는 광경에 매료되었다. 자연 상태에서는 빈 나무에만 둥지를 틀던 제비가 굴뚝이라는 인간이 만든 구조물에서 둥지를 틀었다. 잭은 "수십 마리 단위로 움직이는 동물이 어떻게 수천 마리가 모이는 환경에 적응할 수 있을까?"라는 질문을 떠올리며 깊은 생각에 잠겼다.

당시 새의 개체 수는 먹이가 아니라, 번식과 휴식에 적절한 서식지의 가용성에 의해 제한되었다. 굴뚝칼새는 인간이 제공한 새로운 기반 시설 덕분에 생존과 번식 방식을 바꾸고 있었다. 이는 인간 환경이 동물 행동에 미치는 영향을 그가 처음으로 체감한 순간이었다.

굴뚝칼새에 대한 초기 연구는 아이오와의 조류학자 알테어 셔먼Althea Sherman에 의해 이루어졌다. 여성이라는 이유로 전문 기관에서 배제되었던 셔먼은 혼자서 연구했다. 그녀는 1915년에 굴뚝칼새를 연구하기 위해 8.5미터 높이의 탑을 설계했다. 이 탑은 굴뚝을 모방한 구조물로, 중앙 통로와 계단, 작은 관측창을 갖추고 있었다.

셔먼은 탑에서 18년간 굴뚝칼새의 생활 주기를 관찰하며 400쪽에 달하는 방대한 노트를 작성했다. 그녀의 연구는 굴뚝칼새가 자연과 인간의 인공 환경에 어떻게 적응했는지 체계적으로 기록한 최초의 사례였다. 셔먼의 탑은 과학적 관찰을 위해 설계된 최초의 인공 서식지로 평가받는다.

1935년 여름, 잭은 내슈빌에서 굴뚝칼새에게 띠를 다는 작업을 진행했다. 그는 밤이 되자 새들이 굴뚝으로 모여드는 장면을 관찰하며 그 수를 기록했다. 이 작업을 통해 그는 굴뚝이라는 인공 구조물이 어떻게 동물의 생존과 번식에 영향을 미치는지에 대한 통찰을 얻었다.

1938년, 잭은 테네시 조류학회의 잡지인 《철새 저널》에 첫 번째 과학 논문을 발표했다. 그는 하루 저녁에만 4,467마리의 새가 굴뚝으로 들어갔다고 보고하면서, 자연 서식지가 아닌 인공 구조물에 의존하는 모습을 상세히 설명했다. 이 논문은 잭의 학문적 가능성을 증명하며, 그가 생태학 연구에 더 깊이 매진하는 계기가 되었다.

1935년 여름, 잭은 친구 잭 헤이즈 Jack Hayes와 함께 버지니아를 방문했다. 그는 당시 대학 학장이자 유명한 조류학자인 아이비 포먼 루이스 Ivey Foreman Lewis와 만나 새에 대한 이야기를 나누었다. 루이스는 잭의 열정과 기술을 높이 평가하고, 대학 연구 보조로 그를 임명했다. 이 경험은 잭이 조류학뿐만 아니라 생태학 전반에 대한 열정을 키우는 계기가 되었다.

이후 잭은 노스웨스턴 대학에 진학했다. 그는 시카고 생태학파의 중심에서 다양한 동물 집단의 행동과 생태를 연구하며 학문적 기초를 다졌다. 시카고 생태학파는 동물의 상호작용과 환경 변화에 따른 생물학적 영향을 연구하며, 잭의 연구에 큰 영향을 미쳤다.

1944년, 미국 어류 및 야생동물관리국United States Fish and Wildlife Service, FWS은 잭이 1938년 테네시에서 띠를 달아준 굴뚝칼새 2마리가 남미의 페루에서 발견되었다고 보고했다. 이를 통해 굴뚝칼새가 겨울 서식지를 찾아 4,800킬로미터 넘게 이동한다는 사실이 처음으로 밝혀졌다. 이 발견은 동물 집단의 행동과 환경 간의 상호작용에 대한 잭의 흥미를 더욱 키웠다.

잭은 굴뚝칼새 연구를 통해 환경이 동물의 행동과 생애 주기에 미치는 영향을 체계적으로 이해하려고 했다. 그는 굴뚝칼새와 같이 인간의 환경 변화에 적응하는 동물이 새로운 서식지에서 어떤 생태적 변화를 겪는지 탐구하는 데 집중했다.

4장 쥐 방제 사업

쥐 방제의 생태학적 전환

볼티모어의 쥐 문제를 해결하기 위해 기존의 접근 방식에서 벗어나 생태학자들이 주도하는 새로운 방향으로 전환했다. 쥐 방제 프로젝트는 도시의 설치류 문제를 통제하고, 실험실에서는 쥐를 관리하는 체계적인 노력을 포함했다. 이를 위해 존스홉킨스 대학에 위치한 리히터의 실험실은 청결을 철저히 유지했다. 바닥에서 천장까지 똑같은 우리가 가지런히 놓인 실험실은 현대식 사무실 건물의 아트리움을 연상시켰다. 병원을 떠올릴 만큼 깔끔한 환경은 체계적이고 질서 있는 연구를 가능하게 했으며, 이곳에서 쥐는 통제되고 표준화된 방식으로 연구되었다. 덕분에 실험 결과는 정확히 측정되어 표로 정리됐다.

1945년, 설치류 생태 프로젝트 책임자인 데이비스가 존스홉킨스에 도착했을 때, 그는 리히터가 왓슨의 실험실을 관리하는 모습을 보고 만족스러워했다. 데이비스는 생태학자의 귀납적 방법론을 선호했지만, 당시에는 수리생태학자들이 사용하는 수리적 인구동역학 *mathematical population dynamics*을 통한 인구 예측 모델이 유행하고 있었다. 이 접근법은 인구의 이동을 생화학적, 생물리적 힘으로 설명하며, 개체 간 상호작용을 주요 요인으로 보았다.

기존의 현상을 설명하는 데는 적합하지만 새로운 현상을 이해하는 데는 한계가 있는 수리적 접근 방식에 대해 데이비스는 회의적이었다. 대신, 현장생태학자의 귀납적 접근 방식을 선호했다. 이 방법은 개체군의 이동, 사망률, 번식률에 대한 방대한 경험적 데이터를 수집하고 이를 환경 조건에 따라 철저히 교차 검증하는 것이다. 그는 이러한 데이터가 "통제되지 않고 완전히 이해되지 않는" 경우가 많다는 점을 인정했지만, "복잡한 자연 조건에서 실제로 일어나는 일을 오차 범위 내에서 포착하여 새로운 진실을 드러낼 수 있다"라는 점을 강조했다.

특히 데이비스는 엠렌의 현장 연구에 주목했다. 엠렌은 블록 내 또는 블록 간 쥐의 이동을 관찰하며, 보이지 않는 끈에 묶인 듯 쥐가 특정 구역에 머무르는 패턴을 발견했다. 이에 데이비스는 엠렌의 덫 설치와 조사 기법을 활용해, 쥐의 이동 거리와 방향에 대한 데이터를 수집하도록 지시했다. 또한 그는 도시를 쥐의 자연 서식지로 여겼고, 리히터가 도시 환경을 실험실처럼 구성하려는 시도를 적극적으로 뒷받침했다.

도시는 쥐와 인간이 공생해온 복잡한 생태계였다. 데이비스는 도시 환경에서 쥐와 인간의 공생 관계를 연구하는 데 생태학적 현장 연구 기법을 최초로 적용한 선구자로 평가받는다.

쥐의 행동권(圈)

그들과 함께한 사람은 잭 칼훈과 존 J. 크리스천이었다. 두 사람은 비슷한 연배로, 크리스천이 칼훈보다 생일이 4개월 빨랐다. 크리스천은 9살 때 칼훈과 마찬가지로 심각한 질병을 앓아 몇 달 동안 침대에 누워 지내야 했다. 그는 집 밖 단풍나무에서 새를 관찰하며 고요한 나날을 보냈고, 이 과정에서 자연에 대한 사랑을 키웠다. 이후 프린스턴 대학에서 생물학을 전공했으며, 1941년 진주만 공격 당시에는 컬럼비아 의과대학에서 의사가 되기 위해 수련 중이었다.

그러나 그는 항공공학으로 전공을 바꾸고 해군에 입대했고, 필리핀에서 초계정 임무를 수행했다. 여가 시간에는 남태평양의 물고기와 새의 행동을 연구하며 그림을 그리기도 했다. 전쟁이 끝난 뒤 크리스천은 동물과 더불어 일하는 것을 더 좋아하게 되었고, 펜실베이니아 야생동물 위원회Pennsylvania Game Commission, PGC에서 작은 포유류의 개체군을 조사하는 직책을 맡으며 척추동물 생태학으로 전환했다. 결국 그는 데이비스 팀의 일원이 되었다.

크리스천이 데이비스와의 면담에서 새와 포유류 중 어느 쪽 연구가 더 중요한지 묻자, 데이비스는 망설임 없이 대답했다. "둘 다 아니다. 내 관심은 인구population다." 데이비스는 설치류 생태 프로젝트의 전반적인 분위기를 주도하며 팀의 방향성을 명확히 했다. 그는 탁월한 연구 책임자로서, 연구가 체계적이고 철저히 통제된 방식으로 진행되도록 팀을 이끌었다. 도시 환경은 혼란스러워도, 작업만큼은 철저히 질서를 유지했다.

설치류 생태 프로젝트에서 가장 먼저 시도된 일은 야생 쥐에 표식을 부여한 뒤 다시 거리로 방사하는 것이었다. 초기에는 페인트를 사용해 표식을 남기기도 했지만, 시간이 지나면 지워질 가능성이 있었다. 그래서 영구적인 방법으로 쥐의 발가락을 잘라 개체를 구분하기도 했다. 쥐는 대부분 포획된 블록에 다시 방사되었고, 이후 동일한 개체가 다시 포획되는지 확인함으로써 방사 지점에서 이동한 거리와 경로를 추적했다. 이처럼 '포획-방사-재포획' 방식을 통해 쥐의 이동 범위와 공간 활용 패턴을 정량적으로 측정했다.

한 실험에서는 6일 동안 128마리의 쥐에 표식을 새기고 방출했으며, 이 중 62마리가 총 186번 다시 잡혔다. 실험 결과는 쥐가 자신의 '동네'에 머무는 경향이 있다는 것을 보여주었다. 대부분의 쥐는 포획 지점에서 30~40미터 이상 떨어진 곳에서는 발견되지 않았으며, 단 3마리만 25미터 이상 떨어진 곳에서 발견되었다.

이 연구는 블록별로 쥐를 포획하고 방출하며, 개체 수, 발견된 죽은 쥐의 수, 태어난 새끼의 수를 기록하는 방식으로 진행되었다. 눈이 내린 날에는 쥐의 발자국 경로를 추적하여 이를 지도에 정밀하게 기록했다. 건조한 계절에는 쥐의 경로를 파악하기 위해 대변을 파랗게 만드는 염료가 포함된 먹이를 배포했다. 이를 통해 쥐들이 가장 많이 이용하는 경로를 파란 배설물의 흔적으로 추적할 수 있었다.

이처럼 데이비스와 엠렌은 시궁쥐의 '행동권'을 지도화하는 작업을 수행했다. 그 결과, 시궁쥐의 행동권이 고작 약 813제곱미터에 불과하다는 사실을 밝혀냈다. 여기서 행동권이란 한 개체가 먹이를 구하거나 일상적인 활동을 수행하는 공간 범위를 의미하며, 종마다 그 넓이가 크게 다르다. 예를 들어, 사자의 행동권은 약 380제곱킬로미터에 이르며, 다람쥐도 1제곱킬로미터에 달한다. 이에 비해 시궁쥐의 행동권은 다람쥐의 1,000분의 1 수준에 지나지 않는다. 이처럼 시궁쥐는 극도로 좁은 공간에서 살아가며, 사실상 '자신의 영역에 갇힌 채' 존재한다고 해석할 수 있다.

행동권과 영토의 개념은 동물학자 윌리엄 헨리 버트 *William Henry Burt*가 1943년에 발표한 논문 〈포유류에 적용된 영토성 및 행동권 개념 *Territoriality and Home Range Concepts as Applied to Mammals*〉에서 처음으로 제시되었다. 버트에 따르면, 영역은 행동권보다 좁은 개념으로, 침입자를 방어하기 위해 싸우는 구역을 의미한다. 특히 시궁쥐의 경우, 행동권과 영역이 거의 일치한다는 특징이 있다.

데이비스와 엠렌은 이러한 현상이 도시 환경에서만 나타나는 특이한 현상인지 확인하기 위해 시골 농장에서 현장 조사를 진행했다. 그 결과, 시골에서도 쥐는 제한된 영역에서 행동권을 유지한다는 사실이 밝혀졌다. 또한 쥐는 10~15마리의 작은 군집을 이루며 생활하며, 도시에서는 한 블록당 10~12개의 군집이 있고 블록 내 총 개체수는 약 150마리로 일정하게 유지됐다.

특히, 독살이나 덫으로 인해 쥐의 개체수가 감소해도 빠르게 원래 수준으로 회복된다는 사실은 주목할 만하다. 이는 쥐가 도로를 건너지 않는 이유를 설명해주었다. 쥐들의 행동권은 한 블록보다 작아서 도로를 건널 필요가 없었던 것이다.

쥐 개체 수의 회복력

연구팀은 블록당 150마리로 유지되는 쥐 개체수가 놀라울 정도로 강한 회복력을 지닌다는 사실을 확인했다. 이미 볼티모어 프로젝트에서 독살이 쥐 개체수를 줄이는 데 일시적으로만 효과가 있다는 점을 파악했다. 이번에는 고양이나 개와 같은 포식자를 도입하여 개체 수 안정성을 탐구했다. 연구 결과, 열정적으로 사냥하는 고양이도 연간 약 30마리 정도만 잡을 수 있었으며, 이는 쥐가 연간 30~40마리의 새끼를 낳기에 금세 보충되었다.

흥미롭게도, 고양이나 개 같은 포식자는 병들거나 나이가 많은 쥐를 제거해 군집의 안정성을 오히려 강화했다. 질병 역시 쥐 개체수에 큰 영향을 미치지 않았다. 포획된 쥐 표본 중 상당수가 기생충이나 렙토스피라를 가지고 있었지만, 이로 인해 질병이 발병하는 사례는 없었다. 마치 병원체들이 숙주와 '공생의 거래'를 한 것처럼 보였다.

반면, 장내 세균인 살모넬라는 쥐 개체수에 영향을 미칠 수 있음이 관찰되었다. 그래서 포획된 쥐를 살모넬라에 감염시킨 뒤 다시 방출하는 실험을 진행했다. 그러나 개체수 감소 효과는 일시적이었고, 블록 내 쥐 개체수는 빠르게 원래 수준을 회복되었다.

강제 이민 정책이 초래한 사회적 붕괴

쥐 개체수를 줄이는 방법에만 집중하다가, 칼훈은 정반대의 질문을 던졌다. "블록 내 쥐 개체수를 줄이는 게 어렵다면, 반대로 늘릴 수는 없을까?" 쥐들은 블록 사이를 자발적으로 이동하지 않았지만, 블록 안에는 사용되지 않는 공간이 많고 음식도 충분했다. 그래서 연구팀은 주변 지역에서 쥐를 포획해 실험용 블록에 추가했다. 칼훈은 "외부에서 많은 수의 쥐를 투입하면, 이들이 기존 쥐 사회의 두 번째 계층을 형성할지도 모른다"라는 가설을 세웠다.

그러나 실험 결과는 기대와는 달랐다. 새로운 쥐는 모두 사라졌고, 사회적 계층이 형성되기는커녕 블록 내 개체수가 크게 감소했다. 크리스천은 실험을 통해, 개체수가 안정된 군집에 20% 더 많은 쥐를 추가하면 전체 개체수가 60% 감소한다는 결론을 도출했다. 이 결과는 연구팀에 큰 충격을 주었다. 역설적이게도, 가장 효과적인 쥐 퇴치 방법은 더 많은 쥐를 추가하는 것이었다.

크리스천과 칼훈은 이러한 결과의 원인을 새로운 쥐들이 만들어내는 사회적 갈등 *social strife*에서 찾았다. 칼훈은 그 당시를 회상하며, "낯선 쥐 간의 갈등, 낯선 쥐와 기존 거주 쥐 간의 갈등, 그리고 기존 거주 쥐 간의 갈등으로 쥐 사회가 엉망진창이 되었다"라고 말했다. 데이비스 역시 "기존 거주 개체군은 누가 누구와 짝짓기했고 누구의 자식인지 모두 알고 있는 안정된 사회였다. 그러나 외부 쥐의 도입은 이 사회에 심각한 심리적 혼란 *psychological turmoil*을 일으켰다"라고 기술했다. 연구팀은 이러한 결과를 통해 강제적인 이민 정책이 독살, 포식, 질병보다도 쥐 사회의 붕괴를 초래한다는 사실을 확인했다.

그렇지만 실험에서 무슨 일이 일어나는지는 아무도

확신할 수 없었다. 의학자인 크리스천은 생리학적 접근을 제안했다. 그는 컬럼비아 대학 해부학과에서 실험 조교로 일하며 내분비학 선구자들과 함께 코르티코스테로이드의 약리학을 연구한 경험이 있었다.

크리스천은 강제적인 이민으로 인해 영향을 받은 블록 내 기존 거주 개체군을 부검했다. 그는 이들의 사체에서 부신의 부종, 림프계의 위축, 위와 십이지장의 소화성 궤양을 발견했다. 이 결과를 본 크리스천은 곧바로 한스 셀리에*Hans Selye*의 1936년 논문 〈다양한 유해 요인에 의해 유발되는 증후군*A Syndrome produced by diverse nocuous agents*〉을 떠올렸다.

환경 스트레스를 이용한 쥐 번식 억제

맥길 대학에서 교수로 재직하던 셀리에는 모든 환자가 공통적으로 보이는 증상에 매료되었다. 각기 다른 질병으로 병원을 찾은 환자인데, 모두 무기력하고 무관심한 태도를 보였다. 식욕이 없고, 아무것도 하고 싶어 하지 않았으며, '기분이 좋지 않은' 상태였다. 셀리에는 이를 "그냥 아프다고만 느끼는 증후군*the syndrome of just being sick*"이라고 부르면서, 환자가 아픔을 느낄 때 신체에서 일어나는 생리적 변화를 밝혀내려 했다.

셀리에는 신체가 새로운 상황에 적응하려 할 때 반응을 보인다는 가정하에 초기 연구를 시작했다. 이를 검증하기 위해 그는 쥐를 대상으로 다양한 스트레스 실험을 진행했다. 일부는 포름알데히드나 모르핀 같은 화학 물질을 주입했고, 일부는 극한의 추위에 노출시켜 혼수상태에 빠뜨렸다. 어떤 쥐는 전동 휠에 고정되어 근육 피로를 유발하거나, 척수를 절단당하기도 했다.

이 실험에서, 스트레스 요인과 상관없이 모든 쥐는 세 가지 공통적인 생리적 반응을 보였다. 부신의 부종, 림프계 위축, 위와 십이지장의 소화성 궤양이었다. 셀리에는 세 가지 증상이 본질적으로 신체가 고통에 대응하기 위해 나타내는 공통적인 반응이라고 주장했다.

1936년 7월 4일, 셀리에는 이 발견을 〈네이처 Nature〉에 발표하며 "특정 증후군은 부상의 원인이나 사용된 약물의 성질과는 무관하게, 부상 자체에 대한 신체 반응을 나타낸다"라고 설명했다. 그는 이러한 생리적 반응을 '스트레스'라고 명명하고, 이를 유발하는 모든 자극을 '스트레스 요인'으로 정의했다.

당시에도 스트레스라는 용어는 존재했지만, 셀리에는 스트레스 반응이 세 가지 단계를 거친다고 새롭게 주장했다. 첫 번째 단계는 '일반적인 경고 반응'으로, 신체가 갑작스러운 위기에 직면했을 때 호르몬 분비와 신진대사의 급격한 변화로 나타난다. 두 번째 단계는 '저항 단계' 또는 '범적응증후군'으로, 약 이틀 후 신체가 위협에 적응하기 위해 내부 환경을 재조정하는 시기다. 이 단계에서 신체는 불편함에 익숙해지며, 장기와 호르몬의 기능이 거의 정상으로 돌아온다. 그러나 스트레스가 계속되면 세 번째 단계인 '고갈 단계'에 이른다. 이 단계에서는 신체의 저항이 점차 사라지고, 결국 항상성을 유지하지 못해 붕괴하거나 사망에 이를 수 있다.

이후 셀리에는 장기적인 스트레스가 신체에 미치는 영향을 설명하며, 현대 의학에서 스트레스 연구의 기틀을 마련했다. 1956년 그는 《삶의 스트레스 *The Stress of Life*》를 출간하며 스트레스라는 개념을 대중에게 널리 알렸다. 스트레스를 유해한 스트레스인 '디스트레스 *distress*'와 유익할 수도 있는 '유스트레스 *eustress*'로 구분했다.

유스트레스는 신체가 행동에 대비하도록 준비시키며, 메스꺼움, 성욕 감소, 불안과 같은 신체적 신호를 통해 생활 방식을 변화시키도록 촉진한다. 셀리에는 스트레스를 단순히 불편함을 넘어 고통의 존재론적 동등체로 보았다. 이를 신체가 문제를 알리는 지혜의 신호로 해석하며, 스트레스 개념을 신체적, 정신적 건강을 이해하는 중요한 틀로 확립했다.

크리스천은 강제적인 인구 유입이 기존 거주 개체군에 스트레스를 유발했다고 보았다. 기존 거주 개체군은 행동권에 침입한 이주자 쥐로 인해 원치 않는 사회적 상호작용을 경험했고, 이는 불안을 일으켰다. 이는 즉각적이거나 직접적으로 치명적이지는 않지만, 번식 행동의 우선순위를 교란시켰다. 번식은 생존에 중요한 행위이지만, 먹고 마시는 것과 달리 생존에 즉각적으로 필수적이지는 않다. 따라서 스트레스가 높은 환경에서는 번식의 우선순위가 낮아지며, 결과적으로 출산율이 감소했다. 또한 스트레스로 인해 번식 행동이 억제된 쥐는 환경이 안정된 후에도 정상적인 번식 행동으로 돌아오지 못했다. 이는 이주자 쥐가 모두 사망한 후에도 기존 거주 개체군이 번식을 재개하지 않은 이유를 설명해주었다.

쥐가 이주자로 인해 스트레스를 받아 번식을 피한다는 설명은 인간 사회의 현상을 억지로 쥐에 투영한 것처럼 보일 수도 있다. 그러나 스트레스라는 개념은 셀리에가 쥐를 대상으로 한 생리학적 분석에서 도출한 것으로, 인간에게도 적용되는 보편적인 개념이다. 이러한 이유로 크리스천은 스트레스가 생태적 맥락에서 사회적, 생리적 영향을 해석하는 데 중요한 역할을 한다고 주장했다.

리히터는 스트레스가 심한 환경에서 쥐가 번식을 중단하는 현상을 항상성의 관점에서 설명했다. 그는 항상성 개념을 신체적 수준에 국한하지 않고 행동적 차원으로 확장한 선구자였다. 리히터는 쥐가 섭취 칼로리를 계산하며 섭식 활동을 조절한다는 사실을 밝혔고, 더 나아가 스스로 개체 수를 통제한다는 가설을 제시했다.

이러한 통찰을 바탕으로, 연구팀은 쥐의 스트레스를 증가시키고 번식을 억제하는 방법을 실험했다. 그들은 서식지를 축소하고 음식 접근을 제한함으로써 쥐에게 스트레스를 유발했는데, 이 접근법은 볼티모어에서 놀라운 성과를 거두어 쥐의 개체수를 1945년에 40만 마리에서 1948년에는 4만 마리로 줄이는 데 성공했다.

그러나 사회적 붕괴가 출산율 저하로 이어지는 구체적인 경로는 여전히 밝혀지지 않았다. 이에 칼훈은 도시 블록을 모사한 구조를 설계해야 한다며, 쥐가 실제 환경에서 어떻게 살아가는지 직접 관찰할 수 있는 모의 생태계 구축을 제안했다.

5장 | 타우슨

랫 시티의 탄생

1946년 12월, 차가운 날씨에도 메릴랜드 타우슨 외곽의 요크로드 근처를 거닐던 존 오도노반 *John O'Donovan*은 자신의 대저택 부지를 산책하고 있었다. 세터종 개 두 마리와 함께 걸으며 발걸음은 평소처럼 느긋했지만, 이날의 산책은 평범하지 않았다.

몇 달 전, 그는 중서부에서 막 이사 온 젊은 부부인 잭과 이디스 칼훈에게 집을 빌려주었다. 칼훈 부부는 도시 생활을 피하고 싶어 했다. 칼훈은 훗날 이렇게 회상했다.

타우슨의 전망대. 1948년경. 사진 위 X 표시는 원본 인쇄물에 사진작가가 그어놓은 것임.

"볼티모어의 연립주택은 피해야 할 곳처럼 느껴졌다." 다행히 타우슨은 볼티모어 도심에서 약 13킬로미터 떨어져 있었지만, 분위기가 전혀 달랐다. 특히 오도노반의 부지는 숲이 우거진 언덕 가장자리에 있어서, 칼훈 부부에게 이상적인 피난처가 되어주었다.

그날 산책 중, 오도노반은 마당에서 칼훈을 발견했다. 그는 호기심에 칼훈에게 다가가 직업이 무엇인지 물었다. 잭은 볼티모어에서 쥐 행동을 연구하는 팀의 일원이라고 설명하며, 실험에 한계를 느끼고 있다고 털어놓았다. "쥐 몇 마리를 수용할 우리를 설치할 공간이 필요합니다"라며, 언덕 뒤의 공터를 가리켰다. 오도노반은 잠시 생각하더니 느긋하게 말했다. "그렇게 하세요."

두 달 후, 오도노반이 다시 그 공터를 지날 때는 거대한 구조물이 세워져 있었다. "감옥인가?" 순간 그렇게 생각할 정도로 놀랐다. 각 변이 30미터에 달하는 정사각형 형태의 구조물은 둥근 울타리와 높은 관측탑까지 갖추고 있었다. 칼훈은 이곳을 '인공 도시 블록 *artificial city block*'이라고 불렀다.

랫 시티 설계에 담긴 디테일

타운슨 우리라 불린 이 구조물은 약 1,000제곱미터로, 쥐가 철망을 넘거나 아래로 파고들 수 없도록 철저히 설계되었다. 철망벽은 높이 1.2미터에 땅 아래로 0.6미터나 박혀 있었고, 그 주위에는 보강된 판자가 설치되었다. 내부에는 번호가 매겨진 36개의 보금자리 상자가 있었으며, 관찰을 위한 6미터 높이의 탑이 남서쪽에 자리 잡았다. 그리고 울타리에는 전기 울타리까지 설치돼 마치 쥐를 위한 요새처럼 보였다.

칼훈은 이 구조물이 볼티모어 연립주택 블록의 축소판이라고 설명했다. 실제 도시 블록은 훨씬 컸지만, 쥐가 실제로 탐색할 수 있는 공간은 제한적이었다. 이를 반영해 구조물 내부 공간은 쥐들이 탐험 가능하도록 실제 규모와 유사하게 설계되었다.

도시 골목에서 쥐가 특정 경로를 공유해야 했던 점에 착안해, 칼훈은 실험장 내부에 관목과 덤불을 배치해 도시의 좁은 골목길을 모방했다. 먹이통은 울타리 뒤쪽 중앙에 설치됐고, 출입구는 네 곳으로 제한했다. 이 출입구는 쥐가 음식을 찾기 위해 자신의 영역을 벗어나야 할 때 반드시 지나야 하는 통로로, 라이벌 집단과의 충돌이 가장 쉽게 발생하는 병목지점 역할을 했다.

오도노반은 처음 우리를 보았을 때 다소 당황스러웠다. 내부는 아직 완공되지 않았고, 쥐도 보이지 않았다. 하지만 칼훈은 "곧 이곳에서 새로운 대륙의 정착이 시작될 겁니다"라고 자신 있게 선언했다. 타우슨 언덕 위에 랫 시티가 탄생했다.

랫 시티의 첫 번째 정착인

1947년, 잭 칼훈은 타우슨 실험을 위한 첫 번째 식민지 주민을 찾기 위해 메릴랜드 동부 해안으로 향했다. 아나폴리스에서 체서피크만을 가로질러 켄트섬까지 페리를 타고, 현재 I-50 고속도로가 베이브리지를 따라가는 길로 갔다. 칼훈의 목적지는 켄트 내로 남쪽에 위치한 파슨스섬이었다.

파슨스 포인트로 알려졌던 이 땅은 19세기에 해안 침식이 일어나 본토와 분리되어 섬이 되었다. 1947년, 파슨스섬은 100여 년 동안 본토와 격리된 상태였다. 칼훈은 이 섬에 쥐 개체군이 있다는 것을 알고 있었다. 그 전해에 데이비스와 엠렌이 볼티모어의 맥코믹*McCormick* 향신료 회사의 의뢰를 받아 섬의 쥐를 독살했던 것이다. 당시 700마리였던 쥐는 200마리로 줄었다.

맥코믹 사는 1944년에 파슨스섬을 구입해 전쟁 중에 수입이 제한된 향신료를 재배하려 했다. 그러나 이 실험은 실패했고 결국 땅은 묵혀졌다. 대신 클럽하우스를 짓고,

섬을 기업 행사용 휴양지로 두었다. 그러면서 야생 쥐에게 안전한 피난처가 되었다.

파슨스섬의 쥐는 외부 번식 기회가 제한되고, 독살로 인해 개체 수가 감소하면서 유전적 다양성이 극도로 낮아졌다. 이 점은 칼훈에게 매우 매력적인 조건이었다. 그는 야생 쥐가 가능한 한 같은 형질을 지니길 원했다. 유전적 다양성이 낮으면 새로운 환경에서 관찰되는 행동 변화나 성장의 원인을 유전적 요인 대신 환경적 요인으로 해석할 수 있기 때문이다.

1947년 2월, 칼훈은 파슨스섬에서 쥐 5쌍을 포획해 타우슨으로 돌아왔다. 이 쥐들은 곧 타우슨 실험에서 새로운 대륙을 개척할 첫 번째 정착민이 될 것이었다.

쥐 시민 관리 시스템

당시 인구 연구는 대부분 소규모로 이루어졌다. 병 속에 갇힌 과일파리나 제한적으로 관찰할 수 있는 현장 연구가 전부였다. 포유류를 대상으로 대규모로 통제된 환경에서 인구 연구를 시도한 적이 없었다. 잭 칼훈은 바로 그 길을 열었다.

"쥐들이 인공 섬에서 방해받지 않고 자신만의 제국을

세울 수 있는 닫힌 유니버스를 계획했다." 칼훈은 훗날 이렇게 회상했다. 초기 실험에서 그는 암수 쥐 몇 쌍을 방사한 뒤, 관측탑에 올라 새롭게 형성되는 사회에 최대한 간섭하지 않으려 애썼다. "서식지의 변화는 연구자가 아닌 쥐의 활동에 의해 이루어져야 한다"라는 게 그의 생각이었다. 리히터는 이 실험에 깊은 관심을 가지고, 군용 야간 투시경을 빌려주어 밤에도 관찰할 수 있게 했다. 칼훈은 리히터를 연구 프로젝트의 '대부'라고 불렀다.

칼훈의 기록 방식은 이전의 연구자들과는 차원이 달랐다. 데이비스와 엠렌이 블록 안팎의 쥐에 표식을 그리는 데 그쳤다면, 칼훈은 쥐에게 번호를 부여했다. 쥐 한 마리마다 탄생부터 죽음까지, 이동 경로와 생애의 주요 사건을 정밀하게 기록할 수 있었다.

싸움이 발생하면 싸운 개체와 나이, 체중, 사회 계층이 상세히 기록되었다. 쥐가 죽으면 해부를 통해 사망 원인을 조사했고, 특히 암컷의 경우 자궁에 남은 흉터를 조사해 출산 기록과 비교해서 배아 생식력을 분석했다.

칼훈은 이 방식을 굴뚝칼새 표식 작업을 하던 10대 시절의 경험에서 배웠다고 말했다. "표식을 해놓은 새 한 마리 한 마리를 알았듯이, 이번에는 쥐를 개별적으로 이해하려 했다." 타우슨 우리에서는 이를 극단적인 수준으로 확장했다. 칼훈은 쥐를 시민처럼 관리하며, 모든 쥐를 번호로 기록하고, 모든 굴을 지도에 표시했으며, 모든 출산과 사망을 등록했다. 시간이 지날수록 새끼가 태어나고 유아 사망은 감소했으며, 사망 원인은 가능한 한 상세히 기록되었다.

원형 굴과 선형 굴

도시 블록처럼, 쥐는 타운슨 우리에서도 울타리 전체에 분포된 각자의 서식지에 자리 잡았다. 하지만 시간이 지날수록 연구팀은 쥐의 서식지 설계와 그 사회적 의미에 관심을 가졌다.

쥐는 독특한 방식의 두 가지 굴을 설계했다. 하나는 중앙에 허브가 있고 방이 배열되어 원형을 이뤘고, 다른 하나는 직선의 복도 양쪽으로 방이 발달한 선형이었다. 칼훈은 이 두 가지 디자인이 쥐의 사회 생활에 깊은 영향을 미친다는 사실을 발견했다.

칼훈은 원형 굴에 대해 이렇게 설명했다. "원형 굴의 거주자는 모든 거주자와 빈번하고 동등하게 접촉한다." 반면, 선형 굴에서는 한쪽 끝에 사는 쥐가 반대쪽 끝까지 이동하는 일이 거의 없어서 "두 거주자 사이의 거리가 멀수록 접촉 빈도는 그만큼 줄어든다".

선형은 더 많은 프라이버시를 제공했다. 그와 동시에 사회성을 억제하고 고립을 촉진했다. 선형 굴에 사는 쥐는 매일 같은 경로를 반복하며 습관적이고 예측 가능한 일상생활을 살았다.

반대로 원형 굴은 더 많은 선택지를 제공했다. 선택은 복잡성을 만들었고, 복잡성은 사회적 상호작용을 더 풍부하게 했다. 칼훈은 원형 굴에 사는 쥐를 '작은 존재론적 철학자'라고 하면서, "가능한 행동양식을 개념화"하고 복잡한 사회적 관계를 발전시킬 수 있는 능력을 보여준다고 말했다.

칼훈은 생활 공간 설계가 편리함의 문제를 넘어서 쥐의 행동과 사회적 정체성을 형성한다고 주장했다. "굴의 설계는 어떤 종류의 사회적 개인이 될지 결정한다." 원형 굴은 더 풍부한 사회성을, 선형 굴은 더 단순하고 고립된 행동을 이끌어냈다.

유전적으로 동일하고 음식 자원에 대한 접근성도 비슷했지만, 선형 굴에서 자란 쥐는 원형 굴에서 자란 쥐보다 덩치가 작았고, 질병과 감염에 취약했으며, 수명도 짧았다. 이들은 암컷과의 접촉이 없었고, 번식도 하지 않았다.

칼훈은 쥐가 왜 사회적으로 불리한 선형 굴을 선택했

는지 의문을 품었다. 그는 쥐의 성격과 행동이 굴의 설계에 미치는 영향을 탐구하는 동시에, 굴의 구조가 쥐의 본성과 환경에 어떤 변화를 일으키는지 연구하기 시작했다.

추방자의 굴

타운슨 울타리에는 총 11개의 서식지가 있었다. 칼훈은 서식지를 A~K로 구분하고, 각 서식지의 구성과 거주자의 건강 상태를 관찰했다. 흥미롭게도 서식지의 상태는 크게 달랐다. 건강한 서식지일수록 암컷의 수가 수컷보다 많았고, 이주가 없으며, 번식 성공률이 높고, 상처나 흉터가 적었다.

가장 성공적인 서식지 A는 복잡한 사회적 통합 네트워크를 형성했다. 이곳의 중심에는 49번이 붙은 지배적인 수컷이 있었다. 수컷 49번은 울타리에서 가장 강력한 쥐였다. 그는 울타리 전체를 자유롭게 돌아다니며 행동권이 가장 넓었고, 수백 번의 싸움에서 모두 승리하며 독보적인 지위를 구축했다. 그는 13마리의 암컷과 독점적으로 교배하며 튼튼한 새끼를 낳게 했다. 암컷은 대부분 건강하고 체중이 무겁고 수명이 길었다. 서식지 A는 랫 시티의 번식과 안정의 중심지였으나, 외부 서식지의 쥐들이 이곳으로 이주하지는 않았다. 성공적인 집단은 A를 포함해 주로 원형 굴에 머물렀다.

서식지의 계층은 먹이통에서의 거리로 극명하게 나뉘었다. 상위 서식지는 안정적이고 번영했지만, 하위 서식지는 상황이 급격히 악화되었다. 먹이통에서 멀리 떨어진 하위 서식지는 주로 선형 굴이었고, 구성원의 건강과 사회적 결속력은 눈에 띄게 약했다.

칼훈은 선형 굴이 사회적 붕괴의 결과가 아니라, 그 원인이라고 보았다. 선형 굴은 공간이 제한되었을 때, 즉 울타리가 확장을 가로막을 때 형성됐기 때문이다. 선형 구조는 정상적인 사회적 상호작용을 방해했다. 그룹의 결속력은 약해졌고, 번식률은 급격히 떨어졌다.

야생과 마찬가지로 지배적인 수컷이 등장하면 낮은 순위의 수컷은 추방된다. 추방당한 쥐는 먹이와 암컷을 찾아 울타리 안을 떠돌며 새로운 거처를 찾아야 한다. 그러나 어디를 가든 지배적인 수컷에게 공격당할 뿐이었다. 결국, 쫓겨난 수컷들은 '사회적 추방자 social outcasts'라고 불리는 무리를 형성했다. 그들은 버려진 굴에서 지냈지만, 굴이라 할 수 없을 만큼 황폐했다.

칼훈은 황폐한 굴을 이렇게 묘사했다. "굴이 썩기 시작하고, 터널과 둥지 공간은 악취 나는 진창으로 변했다."

추방자들은 무기력하고 지친 상태였다. 패배한 싸움에서 입은 상처가 몸을 뒤덮었고, 가족 관계나 공통된 배경이 없어서 서로 연결되지 못했다. 굴은 임시적인 거처에 불과했다. 그들은 협력하지 않았고, 공통의 목표도 없었다. 굴은 금세 무너졌고, 무리는 점점 더 고립되고 몰락했다.

선형 굴은 공간적 구조를 넘어 제한된 환경과 사회적 혼란의 상징이었다. 성비의 불균형, 결속력의 약화, 번식 실패로 이어지는 악순환은 쫓겨난 수컷이 형성한 추방자 무리에서 가장 극명하게 드러났다. 낮은 사회적 지위는 발달을 저해하고 수명을 단축시켰다. 그 결과, 적합성에 따라 군집이 체계적으로 그룹화되었다. 칼훈은 이를 계층 구조라고 불렀다.

칼훈의 관찰은 서식지의 물리적 구조가 거주 환경을 넘어, 쥐의 행동과 사회적 조직에 얼마나 파괴적인 영향을 미치는지 보여주었다. 선형 굴은 그 자체로 고립과 몰락의 서사를 담은 비극적 상징이었다.

쥐 사회의 피라미드와 인구 조절

칼훈이 타우슨 실험에서 발견한 또 다른 현상은 인구 규모에 자연적인 상한선이 있다는 것이었다. 이는 지속적인 현상이었다. 계층 구조가 확립된 후, 우리의 총 개체 수는 150마리선에서 안정되었고, 200마리를 넘지 않았다. 이 수치는 타우슨 울타리가 모델로 한 볼티모어 연립주택 블록에서 발견된 자연적인 인구와 일치했다. 그런데 기하급수적 증식에 따른 인구 기대 값보다는 훨씬 낮았다. 쥐는 두 달마다 평균 8마리의 새끼를 낳는다. 단순 계산에 따르면 실험 기간 동안 쥐의 수는 5만 마리로 늘어나야 했다. 게다가 실험실 기준으로 한 마리당 약 18제곱센티미터의 공간만 필요하다고 가정하면, 타우슨 우리는 최소 5,000마리를 수용할 수 있다.

그러나 현실은 달랐다. 타우슨 우리 안의 쥐 개체 수는 예상치의 25분의 1에도 못 미쳤다. 볼티모어 연립주택 블록과 달리 타우슨 실험에서는 자원 부족, 포식, 질병과 같은 외부 요인이 모두 제거된 상태였다. 남은 변수는 하나뿐이었다. 내부 경쟁, 즉 거주자 간의 사회적 분쟁이었다.

타우슨 우리에는 총 11개의 서식지가 있었지만, 새끼가 성공적으로 성년까지 자란 것은 상위 두 서식지뿐이었다. 두 서식지의 암컷들은 지배적인 수컷의 보호를 받으며 안정적인 환경에서 번식을 이어갔다. 지배적 수컷은 먹이와 번식 활동이 방해받지 않도록 암컷을 적극적으로 보호했고, 이는 높은 번식 성공률과 건강한 새끼의 생존으로 이어졌다.

반면, 나머지 서식지의 암컷들은 수십 마리 수컷의 지속적인 성적 접근에 시달려야 했다. 먹이 구역으로 가는 것도 수컷의 방해로 어려웠고, 암컷은 극심한 스트레스를 겪었다. 임신하더라도 태어난 새끼는 방치되거나 버려졌으며, 대부분 성년까지 살지 못했다. 하위 서식지에서의 번식 실패는 상위 서식지와의 격차를 더욱 심화시켰다.

수컷의 삶도 혼란스러웠다. 암컷과 교배하지 못한 수컷은 좌절감을 폭력으로 전환했다. 이들은 먹이통 근처에 온 어린 수컷을 무차별적으로 공격해서 불만을 표출했다. 이로 인해 어린 수컷의 생존율이 급격히 떨어졌고, 유아 사망률은 치솟았다. 결국 추가적인 인구 증가는 완전히 멈췄다.

타우슨 울타리 안의 쥐 사회는 한두 곳의 성공적인 서식지가 군림하는 피라미드 구조를 형성했다. 이는 우연이 아니라 쥐의 번식과 생존 전략에서 핵심적인 역할을 하는 것으로 보였다. 지배적인 서식지는 끊임없는 경쟁과 싸움을 통해 피라미드 정상에 올랐고, 번식은 대부분 이곳에서 이루어졌다. 강한 수컷은 가임기 암컷에 접근할 권한을 독점하고, 자신의 유전자를 성공적으로 다음 세대에 물려주었다. 이 과정은 강력한 특성을 선택하고 약한 특성을 제거하는 자가 조직적 우생학 프로그램처럼 작동했다. 하위 서식지의 번식 실패는 하위 서식지의 불안정성을 더욱 심화시켰고, 지배적 수컷이 번식 기회를 독점하면서 약한 개체는 점차 배제되었다.

칼훈은 이런 계층 구조를 다원주의적 적응의 결과로 보았다. 지배적 수컷만이 번식 기회를 얻는 경쟁 시스템은 강한 개체가 살아남게 했다. 만약 모든 쥐가 평등한 기회를 누린다면, 약한 특성이 계승되어 종 전체의 경쟁력이 약화됐을 것이다. "쥐가 계층 구조 사회를 형성하지 못했다면, 종으로서 오래 살아남지 못했을 것이다."

칼훈은 울타리 안의 불평등이 수정할 문제가 아니라, 세대 간 발전을 가능하게 하는 필수 조건이라고 결론지었다. 피라미드형 사회는 강력한 특성을 가진 개체를 선별하고 사회적 행동이 진화하도록 이끄는 자연적 메커니즘이었다. 불평등은 결핍이 아니라, 종의 생존을 위해 설계된 복잡한 전략이었다.

타우슨 실험의 의미

타우슨 실험은 예기치 못한 결과와 함께, 볼티모어 프로젝트의 흔적을 강하게 드러냈다. 이는 실험의 설계뿐만 아니라 그 결과에서도 분명했다. 인공적인 도시 블록은 도시 전체의 사회적 계층 구조를 반영했고, 강력하고 사회적 이동성이 높은 수컷은 도시 가장자리의 서식지에 정착했다. 반면, 사회적 이동성이 낮고 건강이 악화된 노숙자와 소외된 외부인은 버려진 구조물에서 힘겹게 살아갔다.

이러한 관찰은 칼훈이 설치류를 설명하는 방식에서도 뚜렷이 드러났다. 그는 '쥐'라고 부르는 대신, '개인', '어린 수컷', '그룹'이라는 용어로 인간 사회와 쥐 사회의 연결성을 암시했다. 이러한 용어 선택은 비유라기보다는, 종의 경계를 넘어 관찰된 행동을 인간 사회에 적용하려는 의도를 담고 있었다.

칼훈은 타운슨 실험 결과를 담은 연구를 《시궁쥐의 생태학과 사회학》으로 발간했다. 학문적 발행물 같은 제목은 우아하진 않지만 실용적이고 직설적이었다. '기본 조직학', '개와 고양이 심장학', '세포의 분자생물학', '티타늄의 스트레스 골절' 같은 제목의 학술 서적과 나란히 놓여도 될 정도다.

그러나 제목을 음미해보면, 전통적인 학문적 저서와는 사뭇 다르다는 점이 드러난다. 동물 행동 연구에서는 흔히 동물행동학ethology이라는 용어를 사용하지만, 칼훈은 대신 사회학sociology을 선택했다. 여기서 사회학은 전통적으로 인간의 사회적 관계를 연구하는 학문을 의미한다.

이런 제목은 용어의 차원에서 이해할 것이 아니라, 쥐의 사회적 행동과 인간의 사회적 행동 사이에 동등성이 있음을 보여준다. 칼훈은 쥐의 사회 구조와 행동을 동물 연구로 한정하지 않고, 인간 사회를 이해하는 데도 유효한 단서라고 제시한다. 이러한 시도는 그의 연구가 과학적 탐구를 넘어 사회적 의제를 반영하고 있음을 보여준다.

칼훈의 생각을 웃어넘길 수도 있다. 정말로 쥐의 '사회학'을 논할 수 있을까? 그의 질문은 조롱이 아니며, 생태학자의 관점에서 흥미로운 논점을 던진다. 포유류인 호모 사피엔스의 행동을 연구하는 학자들은 왜 사회적 상호작용이 어떻게 영향을 미치는지 사회학자처럼 더 깊이 탐구하지 않는가?

월터 캐넌은 제1차 세계대전의 참호에서 갑작스러운 공포와 위협에 대응하는 아드레날린 부신 시스템을 규명해내는 선구적인 연구를 진행했다. 이후 한스 셀리에는 캐넌의 급성 스트레스 연구를 일상생활에서 겪는 낮은 수준의 긴장 상태로 확장하여, 만성 스트레스가 누적되면 탈진과 건강 악화로 이어진다고 설명했다. 칼훈은 이들의 연구를 기반으로, 쥐의 행동과 사회적 지위, 생식 능력이 어떻게 굴의 구조와 분포에 의해 형성되고 영향을 받는지 살펴보았다. 그는 사회적 상호작용과 공간의 역할, 정신적 스트레스로 인해 신체 건강이 악화되는 과정을 동물이 처한 물리적 환경의 결과로 이해하려 했다.

데이비스가 생물체의 연구는 환경과의 상호작용과 분리할 수 없다고 주장했듯, 칼훈도 '사회 행동의 물리적 결정 요인'에 주목했다. 그는 쥐를 언급하면서도, 이 결과가 특정 종에만 국한되지 않음을 암시했다. 쥐에 대한 연구를 넘어, 공간과 환경이 인간을 포함한 모든 사회적 동물의 행동과 관계에 얼마나 큰 영향을 미치는지 물었던 것이다. 실험의 마지막 단계에서 그는 이렇게 썼다. "한 가지 질문이 남았다. 각 종에 최적의 상태를 제공하기 위한 구성 및 공간의 제한성은 무엇인가?"

이 탐구는 계속 이어질 수는 없었다. 록펠러재단의 지원금은 바닥났고, 존스홉킨스 대학과의 계약도 끝나가고 있었다. 데이비스가 이끌던 설치류 생태 프로젝트가 막을 내리면서, 타우슨의 실험 우리도 해체됐다. 번식 주기를 더 많이 관찰하지 못한 점이 아쉬웠지만, 그는 자신의 성과에 크게 만족했다. "이전에는 이렇게 복잡한 사회 시스템을 그 시작부터 연구할 기회가 없었죠." 칼훈은 이 경험이 "심리학, 정신의학, 사회학 같은 학문과 융합하는 새로운 경로를 열어주었다"라고 적었다.

타우슨의 전망대에서 본 우리의 중심부 풍경, 1948년경. 뒷부분에 외부 울타리가 보인다.

그렇다고 해도 이 실험의 끝은 다소 무심하고 갑작스러웠다. 1949년 5월 말의 한 기록에는 짧고 단순하게 이렇게 적혀 있었다. "모든 쥐를 포획하여 안락사했다." 죽은 쥐는 무게를 재고, 해부하고, 상처의 개수를 세어 표로 정리했다. 마지막 순간까지 살아남았던 수컷 49번은 끝까지 강력한 지위를 유지했다. 그의 몸에는 26개의 상처가 남아 있었고, 그가 낳은 새끼 중 무려 56마리가 살아남았다.

이는 당시 전체 쥐 개체수의 3분의 1에 해당했다.

    그 후 모든 것이 흔적도 없이 사라졌다. 언덕은 정리되고, 관측탑과 울타리는 철거되었으며, 실험 흔적이 남은 땅은 갈아엎었다. 1958년, 요크로드는 볼티모어 외곽 순환도로에 의해 타우슨 시내와 단절되었고, 고급 교외 주택가로 변모해 넓은 잔디밭과 개인 주택이 자리 잡았다. 1961년에는 카멜 교단의 수도원이 세워졌고, 1980년대에는 골프장이 들어섰다. 한때 실험 쥐의 제국이 있었던 땅은 평범한 주차장이 되었고, 그들의 흔적은 완전히 묻혀버렸다.

6장 | 최대 인간 원형질

최대 인간 원형질 maximum human protoplasm

1949년 5월 말, 칼훈이 타우슨에서 짐을 정리하던 중에 〈뉴욕타임스〉의 기사가 눈길을 끌었다. 바로 전주에 뉴어크에서 열린 미국화학회 *American Chemical Society, ACS* 시상식에서 수상자인 플라스틱 전문가 유진 라코우 *Eugene Rochow*의 시상 연설이었다. 기사의 내용은 다음과 같다.

라코우는 인간 생명을 "지구상에서 가장 가치 있는 것"으로 가정하고, 인구 증가와 자원의 문제에 접근했다. 그의 접근법은 철저히 실용적이었다. 그는 인간 생명을 화학적 복합물로 보고, 인간이 생리학적으로 필요로 하는 것과 환경 내 자원의 가용성을 조화시키는 방안을 논의했다. 핵심은 자원의 적절한 공급이 인구 증가 속도를 제한한다는 점이었다. 화학자들은 점점 더 복잡한 분자와 화합물을 합성할 수 있었기에, 문제는 자원 공급을 유지하는 것뿐이었다.

그는 지구를 "거대한 식량 추출 장소"로 여기고, 최대 칼로리를 뽑아내기 위한 실용적이고 건조한 미래를 그렸다. 이를 위해 일부를 희생할 수밖에 없었다. 그는 핫도그와 아이스크림 같은 식단은 더 이상 불가능하다고 지적했다. 대신, 미국 사람들은 식물 단백질을 더 많이 섭취하고, 나무줄기에서 얻은 가공 셀룰로스를 첨가한 식단으로 전환해야 한다고 주장했다.

식용 지방 또한 석탄에서 추출할 수 있다고 했다. 전쟁 중 독일 과학자들이 개발한 기술로 만들어진 '석탄 버터'는 일종의 마가린으로, 라코우는 이를 "만족스러운 제품"이라고 평가했다. 이러한 접근은 자원의 최적 활용을 목표로 하면서도, 인간의 식량 체계가 극단적으로 효율 중심으로 변모할 수 있음을 예고했다.

대규모 식량 생산을 방해하는 요인으로 라코우는 탄소 순환을 꼽았다. 당시 '탄소 문제'란 충분한 CO_2(이산

화탄소)를 확보하는 것이었다. 1949년 기준으로 대기 중에는 농업에 필요한 CO_2가 충분하지 않았다. 그는 "많은 CO_2가 알칼리성 해양에 흡수되어 탄산칼슘 점액으로 침전되면서 사용 가능한 양이 줄어들고 있다"라고 설명하며, 이를 보충하기 위해 석회석이나 돌로마이트 같은 탄산염 암석을 분해할 수는 있지만 그것만으로 탄소를 확보하기는 힘들다고 덧붙였다.

그는 대기 중 CO_2를 늘려 모든 작물을 재배할 수 있는 방법을 찾는다고 가정할 때, 수용 가능 인구를 추정했다. 그리고 "미국은 약 10억 명의 인구를 먹여 살릴 수 있을 것이며, 세계 인구 150억 명도 비현실적인 목표가 아니다"라고 전망했다. 이러한 비전은 공상이 아니라, 지구 자원과 생태계를 최대한 활용하여 인류 생존을 보장하려는 극단적 실용주의의 상징이었다.

〈뉴욕타임스〉는 라코우의 연설을 "자극적인 연설"이라고 묘사하며, 그의 관점이 인구 증가와 자원의 관계를 비관적으로 보는 맬서스주의자들에게는 "충격적일 정도"라고 평가했다. 특히 라코우의 유토피아적 비전이 요구하는 엄청난 수준의 중앙집중적 통제에 주목하며, "진정한 민주주의와 생활의 기계화가 얼마나 양립할 수 있는지 밝혀낼 연구자가 필요하다"라고 경고했다.

칼훈은 라코우의 방식을 매우 걱정스러워했다. 타우슨 우리에서 관찰했듯, 인류 또한 지구상 인구 수에는 상한선이 있을 것이었다. 칼훈이 보기에, 라코우의 접근 방식은 생명을 유지하는 데 필요한 최소한의 영양만을 가정하고, 상한선을 초과했을 때 인류가 치러야 할 대가는 간과했다.

타우슨 실험에서, 칼훈의 쥐에게는 식량 공급에 전혀 문제가 없었다. 충분한 칼로리와 자원이 제공되었는데도, 쥐들의 개체 수는 이론적으로 환경이 수용할 수 있는 최대치보다 훨씬 낮은 수준에 머물렀다. 볼티모어 연립주택 블록에서 쥐 인구를 제한한 요인은 칼로리 부족이 아니었다. 칼훈이 보기엔, 사회적 상호작용과 환경적 스트레스가 생태적 한계를 정의하는 더 중요한 요인이었다.

라코우의 아이디어는 윌리엄 보그트William Vogt의 《생존의 길Road to Survival》과 페어필드 오즈번Henry Fairfield Osborn의 《약탈당한 지구Our Plundered Planet》에서 영감을 받았을 것이다. 이 두 권의 책은 당시 대중에게 강렬한 경고를 던졌다. 무한한 자원을 제공할 것이라는 낙관적 가정을 깨뜨리고, 지구의 생태적 취약성을 강조했던 것이다. 저자들은 지구상의 생명체를 불모의 바위 표면 위에 얇게 펼쳐진 유기물질의 가느다란 층이라고 설명했고, 인간 역시 이 제한된 자원 위에서 생존을 이어가고 있다고 강조했다. 이러한 관점에서 특정 동물 종, 특히 인류의 최대 인구수를 논할 때 칼로리 공급이 핵심 변수로 등장하는 것은 자연스러운 일이었다.

1940년대 후반, 미국은 1930년대 대공황의 여파에서 벗어나고 있었다. 그러나 이 시기에는 생태적 위기가 증폭되기도 했다. 중서부 대초원에서의 경작은 표토를 붙잡고 있던 뿌리 구조를 파괴했고, 그 결과 네브래스카에서 뉴멕시코까지 수백만 톤의 비옥한 흙이 검은 먼지가 되어 하늘로 날아갔다. 라코우가 제안한 대로, 인구 증가를 뒷받침하기 위한 집중적인 농업은 이러한 침식 문제를 가속화했다.

당시 세계 인구는 이미 25억 명에 육박하고 있었다. 과학자들은 현 상태가 지속되면 세기말에는 인구가 30억 명에 이를 것이라고 경고했다. 실제로 세계 인구는 예측보다 더 빠르게 증가해 1960년에 30억 명을 넘어섰고, 2000년에는 60억 명을 돌파했다. 과잉 인구는 환경의 수용 능력을 초과하며 생태계를 파괴했고, 자원을 둘러싼 경쟁은 갈등과 위기를 불러일으킬 위험이 컸다.

통제되지 않은 인구 증가는 지구의 수용 능력을 초과할 것이라는 경고가 끊이지 않았다. 이는 생태계가 붕괴하거나, 생태적 조화를 유지하며 지속될 수 있다는 두 가지 시나리오를 암시한다. 라코우는 후자를 상상했다. 그는 인구가 점점 더 늘어나는 상황에서도 생태계가 무너지지 않는 미래를 그렸다. 하지만 칼훈의 시각에서 이는 또 다른 악몽이었다.

칼훈은 생태계 붕괴와 인구 증가의 공존은 모두 끔찍하다고 여겼는데, 라코우의 시나리오처럼 생태계가 유지되는 미래가 더 끔찍하다고 느꼈다. 그는 이렇게 말했다. "농학자와 생화학자가 점점 늘어나는 인구를 지원하기 위해 더 많은 식량을 생산해내리라는 데는 의심의 여지가 없다. 문제는 인류의 최대 인구수라는 목표를 향해 나아갈 때, 개인의 삶과 집단의 구조에 어떤 영향을 미칠까 하는 것이다."

칼훈에게 정말 중요한 질문은 인구를 부양할 수 있는지 여부가 아니었다. 그가 주목한 것은 인간 집단 내에서 삶의 질, 사회적 관계의 구조를 비롯해 개인이 어떤 방식으로 형성되고 유지되는가 하는 문제였다. 라코우가 제시한 생태계 유지 방식은 칼훈의 눈에는 단지 생명을 연장하는 데 그치는, 인간 존재를 최소한의 생존으로 환원하는 암울한 미래로 비춰졌다.

의도된 고립

칼훈은 라코우에게 편지를 보내 이렇게 물었다. "이 수준의 인구 밀도에 따른 심리적, 사회적 결과를 고려한 적이 있는가? 모두 어디에 살 것인지, 더 중요한 것은 어떻게 살 것인가?" 이에 라코우는 "주된 어려움은 10억 명의 미국인을 먹이는 일이며, 이를 위해 도시 내 인구 밀도를 높여야 할 것"이라고 설명했다. 또한 대도시의 높은 인구 밀도가 "많은 사람의 의도적인 고립"을 통해 일부 완화될 것이라고 덧붙였다.

그러나 칼훈은 '의도적인 고립' 자체가 또 다른 문제가 되리라고 보았다. 타운슨 우리의 면적은 이론적으로 5,000마리의 쥐를 수용할 수 있다. 이는 쥐를 우리에 각각 격리시켰을 때 가능한 수치였다. 고립된 쥐는 경쟁이나 스트레스에서 자유로웠다. 암컷은 원치 않는 교배 시도에서 벗어나고, 수컷도 다른 수컷과의 싸움을 피할 수 있었다. 고립된 환경에서는 쥐의 삶이 질서정연하게 유지되었지만, 동시에 행동은 극도로 단조로워지고 제한되었다. 칼훈은 고립이 스트레스를 제거하는 데 머물지 않고, 생명체의 본질적 행동 가능성을 크게 축소시킬 것을 우려했다.

1948년 크리스마스에, 잭은 〈하우스 뷰티풀〉 잡지를 넘기다가 눈에 띄는 기사를 발견했다. 제목은 '개인 영지를 갖는 법'이었다. 흥미롭게도, 이 영지의 크기가 타우슨 우리와 거의 같았다. 기사는 캘리포니아 팜스프링스에 위치한 타키츠 리버 에스테이트*Tahquitz River Estates*를 소개했는데, 이곳은 당시 각광받던 개발업자 폴 트루즈데일*Paul Trousdale*의 작품으로, 나중에 로스앤젤레스 트루즈데일 에스테이트*Los Angeles Trousdale Estates*라는 미국에서 가장 비싼 주택지를 만들었다.

타키츠 리버 에스테이트의 핵심은 프라이버시였다. 기사에서는 "프라이버시는 좋은 삶의 주춧돌"이라며, 이웃과의 상호작용을 최소화한 새로운 주거 방식을 제안했다. 6개의 주택이 격자 형태로 배치되어 있었는데, 각각의 주택은 벽으로 둘러싸여 있었다. 타우슨 우리의 설계 철학과 같았다.

중앙에는 수영장을 배치하고, 넓은 처마와 판유리 벽으로 이루어진 세련된 캘리포니아 스타일을 자랑하는 주택이었다. 각 부지에는 독립된 수영장이 있었고, 차고에서 바로 집으로 들어갈 수 있게끔 설계되어 이웃과 마주칠 필요가 없었다. 이 개인 영지는 볼티모어의 연립주택 블록과는 대조적이었다. 볼티모어의 한 블록은 26가구를 수용한 반면, 이곳에는 단 6가구만 살았다. 모든 것이 분리된 이곳은 이상화된 타운슨 우리처럼 고립된 삶의 편안함을 담아내고 있었다.

칼훈에게 타키츠 리버 에스테이트는 우울한 미래를 상징했다. 그는 이렇게 기록했다. "블록에는 골목이 없고, 주택은 높은 울타리로 완전히 차단되어 이웃 간의 교류가 단절된다. 프라이버시를 추구한 결과는 결국 사회적 고립이다." 광고 문구는 칼훈의 불안을 더욱 자극했다. "집은 땅 안쪽으로 배치되고, 울타리가 모든 공간을 완벽히 둘러싼다. 이곳에서는 아이들이 이웃집 잔디밭에서 뛰어노는 모습을 볼 수 없다." 칼훈은 좁은 굴에서 자라 왜소하고 사회적 기술이 결핍된 채 성장한 쥐를 떠올렸다.

칼훈은 고립된 고급 주택이 과밀한 도시 빈민가보다 나쁘다고 느꼈다. "이곳 아이들이 겪을 사회적 고립은 빈민가에서 아이나 성인이 경험하는 극단적 스트레스만큼이나 해롭다." 칼훈에게 프라이버시를 향한 집착은 결국 공동체의 붕괴를 의미할 뿐이었다.

기능성과 인간성의 충돌

타키츠 리버 에스테이트가 코첼라 밸리에서 프라이버시 중심의 주거지로 설계되던 시기, 대륙 반대편에서는 완전히 다른 형태로 개발이 진행됐다. 1939년 뉴욕 플러싱 매도즈_Flushing Meadows_에서 열린 세계 박람회에서 메트라이프 사는 미래 도시 생활의 정교한 축소 모델을 공개했다. 이 모델은 8~12층짜리 51개의 거대한 건물이 52만 제곱미터 넓이의 부지에 배치되어 최대 4만 명의 주민을 수용할 참이었다. 전시용이 아닌 실제 건설 계획이었다.

당시 메트라이프는 미국 최대 보험사로, 대공황 시대에 안정적인 투자처를 찾고 있었다. 정부 채권과 주식 시장의 불안정성이 커지자 회사는 부동산 개발로 눈을 돌렸고, 엠파이어스테이트 빌딩의 건설에도 자금을 지원했다. 도시 인구의 3분의 1에게 서비스를 제공하던 거대 기업이 이번에는 대형 주택 단지를 통해 새로운 도시 생활 모델을 제안한 것이다.

맨해튼의 도시계획가 로버트 모지스_Robert Moses_는 공공 건축 프로젝트를 추진하기 위해 메트라이프와 손잡았다. 그는 정부 규제를 조정해 메트라이프가 뉴욕의 도시 재개발 프로젝트에 자금을 투자할 길을 열었고, 이에 대한 보상으로 25년간 세금을 면제해주고 안정적인 수익을 보장했다. 기존 주민들이 저항할 경우, 시 당국은 강제 철거와 퇴거 권한을 메트라이프에 부여하기로 했다. 이는 볼티모어의 소유자 주도 재산 유지 프로그램과는 달리, 정부와 민간 자본의 협력을 통해 대규모 도시 재개발을 가능하게 한 야심 찬 접근이었다.

이 협력의 결과물인 스타이브선트 타운 Stuyvesant Town 은 가스하우스 지역의 18개 블록을 재개발해 35개의 고층 타워와 8,773개의 아파트를 제공했다. 교회, 학교, 공공 도로를 포함한 도시 생활 공간으로 설계되었고, 북쪽의 피터 쿠퍼 빌리지 Peter Cooper Village 도 유사한 설계로 지어져 총 56개의 아파트 건물이 들어섰다. 이 프로젝트는 "정부 권한과 대규모 금융 자원을 결합해 도시의 주거 문제를 해결하려는 최초의 대규모 노력"으로 평가받았다.

스타이브선트 타운은 뉴욕의 일반적인 도시 풍경과는 확연히 달랐다. 맨해튼의 정형화된 구역과는 어울리지 않는 방사형 배열은 단지 중심부에 위치한 공원을 중심으로 펼쳐졌다(대한민국의 아파트 단지와 매우 흡사하다—옮긴이). 외부에서는 단지 내부가 보이지 않았고, 단지가 뉴욕시를 등지고 스스로를 닫아버린 듯한 인상을 주었다. 비평가들은 이를 "벽으로 둘러싸인 도시" 또는 "중세 성곽"에 비유하며 비판했다. 이는 타키츠 리버 에스테이트 단지처럼, 외부와의 연결보다는 스스로에게만 집중하는 구조였다.

저명한 비평가 루이스 멈포드 Lewis Mumford 는 모지스의 접근 방식을 "경찰 국가의 건축"이라 불렀고, 사람들이 살 집이라기보다는 "사람을 저장하기 위한 창고"로 설계됐다고 혹평했다. 특히, 인구 수용을 극대화하려는 목표로 한 설계가 필연적으로 인간적인 요소를 배제했다고 지적했다. 멈포드는 "한 부지에 24,000명을 수용하겠다고 결정한 순간, 모든 결함이 자동적으로 뒤따를 수밖에 없다"라고 경고했다. "현실 세계에서의 경험이 없는 종이 계획자"라는 모지스의 반격은 당시 도시 설계에서 기능성과 인간성을 둘러싸고 철학적 가치가 충돌했음을 보여준다. 이러한 저명인사들의 의견 충돌로 칼훈은 사회과학과 자연과학이 상호보완해야 한다고 생각했다.

인구 중력과 지프의 법칙

1948년 5월, 〈사이언티픽 아메리칸 Scientific American〉에 실린 한 기사가 칼훈의 머릿속에서 퍼즐 조각처럼 맞아떨어졌다. '사회물리학에 관하여 Concerning Social Physics'라는 제목의 이 글은 프린스턴 대학교의 천체물리학자 존 퀸시 스튜어트 John Quincy Stewart가 쓴 것이었다. 스튜어트는 인간 사회를 물리학자가 입자를 다루는 방식처럼 다루는 것을 탐구했다.

물리학에서는 개별 입자의 행동이 무작위적이고 예측 불가능할 수 있다. 하지만 충분히 많은 입자가 모이면, 그 집합체는 물리법칙에 따라 움직이며 예측 가능한 패턴을 보인다. 스튜어트는 인간 사회도 마찬가지라고 주장했다. 사회는 자유롭게 사고하는 개인들로 구성되어 있지만, 집합체 수준에서는 질서와 규칙성이 나타날 가능성이 있었다.

스튜어트의 사회물리학이라는 개념은 하버드 대학의 언어학자 조지 지프*George Zipf*가 제시한 독특한 발견에서 출발했다. 지프는 텍스트에서 단어의 분포를 연구하다가 흥미로운 패턴을 발견했다. 충분히 큰 텍스트 샘플에서 단어를 빈도순으로 나열했더니 일종의 법칙이 드러났다. 가장 많이 사용된 단어(예: the)는 두 번째로 많이 사용된 단어(예: of)의 2배 빈도로 나타났고, 세 번째 단어(예: and)의 3배, 네 번째 단어의 4배였다. 이 패턴은 모든 언어에서 일관되게 나타났으며, 이를 지프의 법칙이라 불렀다.

놀라운 점은 이 법칙이 텍스트뿐만 아니라 전혀 다른 분야에서도 동일하게 적용된다는 것이다. 예를 들어, 도시 인구 데이터에서도 유사한 패턴이 반복됐다. 1950년 뉴욕의 인구는 약 790만 명으로, 뉴욕은 미국에서 가장 큰 도시였다. 두 번째인 시카고(360만 명)의 약 2배, 세 번째인 필라델피아(200만 명)의 3배에 달했다. 이후로도 도시 간 인구 격차는 순위에 따라 일정한 비례 관계를 유지했으며, 이러한 현상은 미국에만 국한된 것이 아니었다. 여러 국가의 100년에 걸친 도시 인구 데이터를 분석한 결과, 대부분 멱법칙*power's law*이라는 수학적 분포를 따르는 경향을 보였다.

칼훈은 이런 패턴이 외부의 계획이나 규제가 아니라 구성원들의 자발적인 행동을 통해 자연스럽게 형성된다는 점에 주목했다. 인간 사회가 겉으로는 복잡하고 자유로워 보이더라도, 일정 규모 이상의 집단에서는 질서와 구조에 자생적인 규칙성이 있다는 사실은 그에게 새로운 영감을 주었다.

스튜어트가 제시한 이론은 과학적 추측을 넘어 인간 사회를 물리학의 언어로 설명하려는 대담한 시도였다. 그는 지프의 법칙을 통해, 인간 행동이 충분히 평균화될 경우 가스와 유체처럼 특정한 법칙을 따를 수 있다는 가능성을 탐구했다. 개별 분자가 자신이 더 큰 연못이나 소용돌이의 일부라는 사실을 알지 못하듯, 사회적 패턴과 경향도 개인 행위자 차원에서는 보이지 않았다. 그러나 대규모 집합체에서는 패턴이 분명히 있었고, 이를 살펴보려면 사회에 거리를 두고 바라보아야 했다.

스튜어트는 도시의 형성과 인구 밀도를 물리적 개념으로 재구성했다. 그는 도시 형성을 인구 중력demographic gravitation, 인구 밀도를 인간 가스의 농도concentrations of human gas, 개인 공간의 필요성을 팽창력expansive force에 비유했다. 한편, 각 개인이 다른 개인에게 미치는 영향은 전위potential라는 전기적 용어로 설명했다. 그의 논리에 따르면, 모든 개인은 중력장처럼 서로 영향을 미치며 그 영향력은 거리의 제곱에 반비례한다. "인간 가스의 팽창력, 즉 개인적인 공간의 필요성이 없다면, 중심으로 향하는 중력의 힘은 결국 모든 사람을 한곳에 쌓이게 했을 것이다." 이 가설은 3쪽짜리 짧은 글에서 제시된 것이었지만, 그 개념적 우아함과 대담함은 칼훈에게 깊은 인상을 남겼다. 그는 이 아이디어를 멋지다고 평가하며, 인간 사회를 이해하는 새로운 관점을 제시했다며 감탄했다.

스튜어트의 '사회물리학에 관하여'는 칼훈에게 영감을 주는 글 이상이었다. 이는 그의 연구가 학문적 경계를 넘어설 수 있다는 암묵적 허가처럼 느껴졌다. 칼훈은 이 글을 통해 수학적 모델로 인구 성장 곡선을 설명하는 수준을 넘어서, 집합체 내에서 개인 행동을 지배하는 근본적인 원칙을 탐구할 수 있다는 가능성을 보았다.

왜 사회적 집합체가 발생하는지, 왜 인구가 특정 시점

에서 안정화되는지에 대한 질문은 칼훈에게 매력적이었다. 특히, 스튜어트의 아이디어는 사회 집단이 개인으로 구성되어 있다는 점을 잊지 않으면서도, 이 집단이 개인 위에 작용하는 더 큰 힘과 조화를 이룰 수 있다는 가능성을 제시했다. 대규모 집합체는 개별 구성원의 수준에서는 보이지 않는 독특한 특성을 나타낼 수 있었다. 칼훈은 이를 이렇게 요약했다. "입자의 집합체 운동을 설명하는 유체역학이 있다면, 개인의 집합체 운동을 설명하는 인구역학이라는 과학도 가능하지 않을까?"

이런 관점은 칼훈이 쥐 연구를 보편적인 문제에 연결할 수 있는 실마리를 제공했다. 물리적 환경 내에서 물체의 공간 배열처럼, 인구 밀도가 인간의 움직임과 사회적 행동에 미치는 영향을 이해하는 데 초점을 맞췄다. 칼훈은 사회적 행동을 물리적 활동과 밀접하게 연관짓기 시작했다. 그는 결론적으로 이렇게 말했다. "시간과 거리는 사회적 행동을 설명하는 모든 공식에서 주요 변수가 되어야 한다."

무계획적인 행동에서도 규칙이 나타날 수 있다는 발견은 관찰 이상의 의미를 지닌다. 이는 1920년대 리히터가 왓슨의 실험 쥐를 보며 직감했던 "적절한 시공간의 프레임이 주어지면, 동물의 무작위적 행동에서도 일정한 패턴과 법칙이 창발할 수 있다"라는 통찰과 연결된다.

칼훈은 데이비스와 엠렌과 함께 볼티모어에서 쥐의 활동을 추적할 때, 그리고 타우슨에서 혼자 실험을 진행하며 이를 체감했다. 쥐는 자유롭게 돌아다니기보다는, 같은 먹이 원천을 향하거나 같은 굴로 돌아가는 경로가 엄격히 정해져 있었다. 둥지의 위치, 굴의 형태, 특정 경로의 선택은 공간적 배치일 뿐 아니라, '사회적 매트릭스가 형성되는 물리적 틀'로 작용했다.

더 흥미로운 점은 이 과정이 세대를 넘어 연속적으로 이루어졌다는 사실이다. 젊은 쥐는 완전히 새로운 굴 시스템을 만들기보다는, 자신이 태어난 굴을 재사용하고 선대가 정한 경로를 따랐다. 초기 세대의 결정이 후대의 행동과 사회적 구조에 영향을 미친 것이다.

이런 현상은 칼훈이 정의한 '문화'의 개념과 맞닿아 있다. "한 세대의 습관과 사회적 행동은 앞선 세대의 활동으로 설명될 수 있으며, 이는 문화적 과정으로 볼 수 있다. 인간의 문화와 다른 척추동물의 문화 사이에는 놀라운 유사성이 존재한다. 인공물이 만들어지고 학습된 사회적 행동 패턴이 개발되는데, 이 두 가지는 후대의 삶에 전달되어 영향을 미친다." 칼훈의 발견은 동물 행동의 기록을 넘어, 세대를 초월해 지속되는 문화적 전달의 메커니즘을 엿볼 수 있게 했다.

무엇을 짓고 누구를 위함인가?

데이비스는 연구팀에게 도시를 실험실로 활용하라고 강조했지만, 칼훈의 눈에는 도시가 실험실에서 사용하는 장치처럼 보였다. 그는 도시 쥐가 야생에서 사는 것처럼 보였지만, 실제로는 자유롭지 않다고 느꼈다. "볼티모어에서 쥐는 사실상 닫힌 케이지, 즉 연립주택으로 둘러싸인 커다란 상자 안에서 살고 있었다. 이 닫힌 공간은 높은 판자 울타리에 의해 더 작은 구역으로 나뉘었다."

칼훈의 관점에서 연립주택은 인간이 설계한 거대한 우리였고, 그 안에서 쥐는 서식지를 만들고 경로와 굴을 형성했다. 그는 타우슨 우리를 설계할 때 이러한 도시의 구조를 모방했다. 울타리와 장벽은 연립주택 블록처럼 쥐 군집을 분리하는 역할을 했다. 존스홉킨스에서 리히터는 신발 상자 크기의 용기에 쥐를 보관해 깔끔하게 정렬했다. 칼훈이 볼티모어의 뒷마당을 떠올릴 때, 그것도 '열린 신발 상자'처럼 보였다. "두 줄로 평행하게 배열된 블록은 양쪽 끝에 연결된 집으로 막혔고, 중간의 골목이 약간 열려 있었다. 이렇게 형성된 상자는 더 큰, 거의 닫힌 격자 시스템의 일부였다."

칼훈이 보기엔, 리히터의 카네기실험실에 갇힌 야생 쥐나, 타우슨 우리에 갇힌 파슨스섬의 쥐나, 도시 블록에 갇힌 도시 쥐는 본질적으로 같은 운명을 공유하고 있었다. 그는 자연도 울타리를 만들고, 이러한 격자 구조를 형성한다고 믿었다. 도시와 실험실, 자연은 결국 본질적으로 동일한 틀 안에서 작동하는 것처럼 보였다.

쥐가 선대가 판 굴을 재사용하듯, 도시도 이미 준비된 형태로 존재했다. 도시란 지어진 것이 아니라 점령된 것이었다. 기존 구조가 다시 사용되었고, 새로운 이야기가 과거의 오래된 틀 위에 쌓여갔다. 칼훈은 도시의 건축을 물리적 공간을 넘어선 문화적 유산으로 여겼다. 볼티모어가 공식적인 인종 분리 정책을 철회한 후에도, 도시의 블록은 여전히 공간적 구조를 통해 무언의 통제를 지속했다.

칼훈에게 스타이브선트 타운과 타키츠 리버 에스테이트의 건축은 건축적 선택일 뿐 아니라, 미래를 결정짓는 사회적 매트릭스의 틀이었다. 볼티모어의 포플턴 지역 시민들의 현재 삶에 공간적 유산을 남긴 것처럼, 새로운 개발이 다음 세대의 사회적 관계와 행동에 깊은 영향을 미칠 것임을 그는 직감했다.

전후 시기의 미국은 새로운 주택 건설이 긴급히 필요

했다. 1940년대 동안 미국 인구는 15% 늘어 1950년에는 1억 5천만 명에 이르렀다. 이는 1900년의 2배에 달하는 숫자였다. 이민자들도 대거 유입되었는데, 전쟁으로 인해 유럽에서 추방된 100만 명 이상의 이민자들과 150만 명의 흑인 남부인들이 디트로이트, 시카고, 뉴욕, 필라델피아, 볼티모어 등으로 이동하는 두 번째 대이동이 발생했다.

외부와 내부에서 유입된 이민자는 대부분 도시로 향했다. 20세기로 넘어갈 때는 미국인의 약 3분의 1이 도시에 살았지만, 1950년까지 3분의 2로 증가했다. 이와 함께 미국은 멱법칙을 따르며 점점 더 도시화된 국가로 변했다.

스튜어트의 인구 중력 개념, 즉 인구가 점점 더 밀집된 집합체로 뭉친다는 아이디어는 실제 데이터와 맞아떨어지는 듯했다. 도시는 강력한 자석처럼 사람들을 끌어당겼다. 뉴욕의 스타이브선트 타운은 세인트루이스의 프루이트아이고 *Pruitt-Igoe*, 시카고의 카브리니그린 *Cabrini-Green* 등 미국 전역의 주택 단지에서 반복되며 원형처럼 자리 잡았다. 도시는 붐비는 한편, 교외는 끝없이 확장되었다. 롱아일랜드에서는 레빗앤드선즈 *Levitt & Sons*가 포드식 대량생산 방식을 적용하여 하루에 30채까지 건설하며 2,000채의 새 집을 완성했다. 레빗타운은 펜실베이니아, 뉴저지, 메릴랜드로 퍼져나가며 미국의 교외 풍경을 재편했다.

칼훈에게는 주택 단지와 실험실 케이지, 고층 타워, 교외 주택은 하나의 거대한 건설 프로젝트로 보였다. "고층 건물, 저학력 학교, 교외, 공장…… 삶의 질, 성취, 술주정뱅이, 정신병원의 연속체." 이 배경 속에서, 모든 퍼즐이 연결되기 시작했다. 사생활이라는 약속이 어떻게 사회적 고립으로 변질되는지, 인구 밀도가 증가하며 갈등과 분열이 어떻게 심화되는지 그는 직감했다. 그리고 이렇게 자문했다. "우리는 대체 어떤 상자를 짓고 있는가? 그리고 누구를 위해서?"

7장

바 하버, 월터 리드

종의 생존에서 개체의 생존으로

메인주 북부 해안은 수천 개의 섬이 흩어져 있다. 후퇴하는 빙하가 화강암과 슬레이트를 깎고 긁어낸 덕분이다. 그중 가장 큰 섬의 마운트데저트섬의 남쪽에는 아카디아 국립공원이 있다. 하지만 이곳의 자연은 한때 엄청난 위기를 맞았다.

1947년, 몇 달간 이어진 극심한 가뭄 끝에 바 하버 *Bar Harbor*를 포함한 마운트데저트섬 북동부 지역이 거대한 화재에 휩싸였다. 무려 66제곱킬로미터의 숲이 불타고,

16명이 사망했으며, 인근의 8개 도시와 마을도 피해를 입었다. 불길은 자연만 집어삼킨 것이 아니었다. 1926년에 설립된 비영리 생물학 연구소인 잭슨연구소 *Roscoe B. Jackson Memorial Laboratory* 역시 화염으로 사라졌다. 이 화재로 연구소가 보유한 9만 마리의 쥐도 전부 소실됐다.

하지만 희망의 불씨는 남아 있었다. 잭슨연구소의 해밀턴 분소 *Hamilton Station* 는 섬에서 멀리 떨어진 마운트데저트 수로에 위치해 무사했던 것이다. 그리고 행동 연구 부서가 막 설립되어 운영 중이었다. 이 부서의 책임자가 존 폴 스콧 *John Paul Scott* 이었다.

스콧은 생태학자 W. C. 앨리 *W. C. Allee* 의 제자로, 개체군 밀도와 생존 가능성 간의 상관관계를 밝힌 앨리 효과 *Allee Effect* 에 영향을 받았다. 앨리처럼 스콧도 생태계에서 사회적 상호작용이 얼마나 중요한지 이해하려 했다. 그는 해밀턴 분소에서 개의 행동을 연구하는 장기 프로젝트를 시작했다. 스콧은 '개 학교 *A School for Dogs*' 프로젝트라고 불렀지만, 이름과는 달리 목표는 복종 훈련이 아니었다. 그는 개의 자연스러운 행동을 관찰했다.

스콧은 인간과 개가 가까운 관계를 맺은 덕분에, 역설적으로 개에 대해 제대로 알지 못한다고 생각했다. 개는 '털 코트를 입은 다리를 네 개 지닌 어린 인간'이라는 애정 어린 이미지로 포장되어 있지만, 스콧은 이 이미지를 벗겨내고 더 본질적인 질문을 던졌다. "개는 어떤 종류의 동물인가?"

그의 시각은 리히터가 제시한 방식과 닮아 있었다. 행동주의의 틀을 벗어나, 동물에게 '무엇을 가르칠 수 있는지'가 아니라 동물이 '스스로 무엇을 하는지'에 집중해야 한다는 관점이었다. 스콧은 인간의 틀에서 벗어나 개의 삶을 관찰하며, 우리가 놓친 개의 진짜 본성을 찾으려 했다.

존 L. 풀러 John L. Fuller 와 함께한 스콧의 연구는 행동유전학 분야에서 획기적인 진전을 이뤄냈다. 해밀턴 분소에서 13년간 500마리가 넘는 개의 성장과 발달 과정을 세밀히 관찰했다. 실험은 넓게 트인 울타리 안에서 진행되었으며, 인간의 간섭을 최소화하여 자연스럽게 행동하도록 환경을 조성했다. 스콧은 타우슨 우리에서 쥐를 몰래 관찰했던 방식을 적용해, 개를 작은 창문이나 울타리 너머로 관찰했다. 그러나 개는 쥐와 달리 인간에 친근해서 관찰하기가 쉽지 않았다. 카메라를 들이대면 꼬리를 흔들며 쳐다봐서 자연스러운 행동 관찰이 어려웠다. 스콧은 이런 상황 때문에 반쯤 성공했다고 말했다.

이 연구는 품종과 교배종 간의 유전적 변이가 외모뿐 아니라 행동에 어떤 영향을 미치는지 탐구하는 중요한 기반이 되었다. 스콧과 풀러는 연구 결과를 정리하여 《개의 유전과 행동 *Genetics and Social Behaviors of the Dog*》(1965)이라는 책을 출간했다. 이 책은 행동유전학의 기틀을 잡은 대표적인 업적으로 평가받는다. 그들의 연구는 각 종이 타고난 유전적 레퍼토리에 따라 고유한 행동 특성과 표현 방식을 가진다는 가정에서 출발했다. 그리고 특정 행동의 빈도가 선택적 번식을 통해 조정될 수 있음을 증명하며, 행동 또한 유전적으로 조절 가능하다는 점을 제시했다.

그러나 이 연구는 정치적 갈등을 피하기 어려웠다. 행동의 유전적 기원을 탐구한다는 아이디어는 우생학과 연관되었고, 20세기 중반에 나치 독일의 인종주의적 이념과 맞물리며 민감한 주제가 되었다. 1945년 이후, 유전자 연구는 사회적으로 강한 비판을 받았다. 우생학이 인류학과 유전학의 극단적 주장으로 오염되면서, 인간 행동이 유전적 영향을 받는다는 논의는 정치적, 과학적 논란을 불러일으켰다. 스콧은 훗날 그 시기를 "우생학의 오명"으로 회상하며, 해밀턴 분소의 연찬회 때를 떠올렸다. "그 당시 우리는 유전이 인간 행동에 아무런 영향을 미치지 않는다고 선언해야 했습니다. 그것이 정치적으로 올바른 입장이었기 때문입니다."

이 시기의 정치적 분위기 속에서, 잭슨연구소의 창립

자이자 유전학의 선구자인 C. C. 리틀Clarence Cook Little은 정치적 논란으로 인해 중요한 과학적 질문이 무시받는다고 느꼈다. 그는 유전이 행동에 미치는 영향을 제대로 연구하기 위해 행동연구소를 설립했고, 스콧을 고용해 동물 행동 연구를 강화했다. 리틀은 이러한 논란 속에서도 행동유전학의 중요성을 믿었고, 스콧을 독려해 이 분야의 과학자를 체계적으로 불러모았다.

1948년, 뉴욕동물학회에서 열린 '동물 사회 연구Study of Animal Society' 회의를 통해, 당시 NIMH와 계약이 끝나가던 칼훈은 스콧의 연구를 알았다. 이후 그는 스콧에게 편지를 보내며 동물 행동 연구의 방향에 대해 다음과 같이 언급했다.

"동물의 행동은 본질적으로 유전적 기반을 가지고 있습니다. 유전적으로 결정된 기본 행동 패턴은 환경 내 문화적 과정이나 조건 형성 현상에 의해 바뀔 수 있습니다. 대부분의 동물 행동은 특정 환경 조건에서 종의 생존을 보장하는 것이며, 이때 '개체의 생존'이 아닌 '종의 생존'에 초점을 둡니다."

이어서 행동 연구의 궁극적인 목적에 대해 설명을 덧

붙였다.

> "행동의 문제를 연구하는 이유는, 현대 산업 사회라는 사회적 환경에서 개인이 최소한의 '감정적' 스트레스를 경험하며 살아갈 수 있도록 행동의 발달, 수정, 표현을 통제하는 방법을 찾기 위해서입니다. 또한 인간이라는 풍부하고 지배적인 종이 자연의 균형을 무너뜨리지 않으면서 자신의 필요를 충족시킬 수 있도록 지구 환경을 조정하는 방법을 배우기 위해서입니다."

개체의 경계를 넘어

록펠러재단의 지원이 끝나갈 무렵, 칼훈의 아내 에디스는 워싱턴 D.C. 외곽 베세즈다에 위치한 아동연구 클리닉에서 과학 보고서를 색인하는 일을 하고 있었다. 이 클리닉은 곧 NIMH로 재편될 예정이었다. 에디스는 NIMH가 특별 장학금을 지원할 자금이 있다는 사실을 알고, 칼훈에게 신청하길 권했다. 칼훈은 스콧과의 협력을 기반으로 제안서를 작성했지만, 이미 NIMH는 그의 연구를 잘 알고 있었다.

1947년, 칼훈은 존스홉킨스에서 열린 세미나에서 타

우슨 실험을 발표하며 일부 청중에게 현장을 공개한 적이 있었다. 이로 인해 그는 "숲속에 랫 시티를 만든 연구자"라는 명성을 얻었다. 이후 미군은 그의 실험을 바탕으로 유해조수 방제 교육용 영화를 제작하기 위해 촬영팀을 파견했다. 칼훈은 촬영 과정에서 영화에 사용되지 않은 장면을 모아, 쥐가 싸우고 교미하는 행동을 프레임별로 분석했다. 이 연구는 1948년 〈볼티모어 이브닝 선〉에 소개되었고, 1년 후 프로젝트 종료를 알리는 후속 기사로 이어지며 대중적인 관심을 받았다.

타우슨 우리가 폐쇄되기 직전, 칼훈은 NIMH 본부에서 온 3명의 방문객을 맞이했다. 이들은 연구 방향에 관해 질문을 던졌고, 칼훈은 더 큰 우리와 장기적인 실험 주기에 대한 계획을 열정적으로 설명했다. 방문객들은 그의 아이디어에 관심을 보였지만, 연방정부가 이 연구에 자금을 지원할 가능성은 낮다고 말했다. 대신, 국립보건원*NIH*에서 실험 동물 시설로 사용하는 록빌 파이크의 오래된 유제품 창고를 추천했다. 칼훈은 이 정보를 듣고 감사를 표했지만, 그들이 어떻게 알고 찾아왔는지는 끝내 알 수 없었다.

얼마 지나지 않아, 칼훈은 NIMH 특별 장학금에 선정되었다는 소식을 들었다. 그는 베세즈다 방문객들이 그의 제안서를 평가하기 위해 찾아왔다고 추측할 뿐이었다. 당시 에디스가 임신했다는 소식까지 더해지며, 이 장학금은 칼훈에게 개인적·직업적으로 큰 안도감을 주었다.

메인주로 떠나기 전, 칼훈은 스콧에게 자신이 탐구할 수 있다고 생각하는 길다란 연구 주제 목록을 편지로 보냈다. 목록에는 유아 의존 기간, 사회적 집합과 분열의 원인, 동물이 환경을 수정하는 방식 등이 포함되어 있었다. 하지만 스콧은 먼저 행동권 연구에 집중하라고 조언했다. 이는 짧은 장학금 기간 동안 연구하기에 좋은 주제일 것이라 여겼다.

행동권 연구는 볼티모어에서 데이비스와 엠렌이 수행했던 연구의 연장선이었다. 그러나 칼훈이 타우슨 우리에서 쥐의 개별 이동을 측정하여 얻은 경험과 사회물리학에 대한 관심은 이 연구에 새로운 차원을 더했다. 그는 물리적 울타리가 없는 상황에서 서로 다른 동물 집단이 어떻게 영역을 설정하고 유지하는지 고민했다. 안정된 영토는 어떻게 형성되고, 보이지 않는 경계는 어떻게 작동하며, 공간 사용은 어떻게 결정되는가? 이러한 질문이 새롭게 도전할 과제로 떠오르고 있었다.

신호의 공백

볼티모어의 쥐는 도시의 격자 구조에 따라 행동권이 자연스럽게 형성되었다. 도로는 울타리처럼 작용해 개체를 분리했고, 사회적 상호작용은 블록 내부의 경쟁으로 제한되었다. 반면, 타운슨 우리의 쥐는 스스로 행동권을 결정했지만, 결국에는 갇힌 울타리 안에서 이루어진 실험이었다. 칼훈은 이 한계를 넘어 자연 생태계처럼 열린 환경에서 동물의 행동권이 어떻게 형성되는지 알고 싶었다.

잭슨연구소는 화재 이후에도 연구를 지속할 수 있는 자원을 간신히 유지하고 있었다. 화마를 피해 살아남은 다양한 실험 동물은 대부분 쥐였고, 개, 토끼, 햄스터, 심지어 도롱뇽까지 있었다. 칼훈은 연구소에 남아 있던 근친교배된 실험 쥐를 활용해 몇 가지 실험을 진행하는 동시에, 주변 숲에서 서식하는 사슴쥐, 붉은등들쥐, 땃쥐 같은 야생 포유류의 행동과 행동권을 관찰했다.

바 하버에서의 새로운 연구 환경은 어린 시절의 순수한 열정을 되살려주었다. 도시의 빽빽한 연립주택 대신, 칼훈은 사시나무와 얼룩진 오리나무, 노란 자작나무와 붉은 참나무로 둘러싸인 숲으로 들어갔다. 그의 곁에는 하버드에서 온 인턴이자 열정적인 자연 관찰가 올든 힌클리*Alden Hinckley*가 함께했다.

이들은 작은 포유류를 포획하여 종의 구성과 밀도를 측정하고, 서식지와 생물다양성의 패턴을 밝혀내는 임무를 맡았다. 1950년 7월, 숲 곳곳에 덫을 설치하며 연구를 본격적으로 시작한 두 사람은, 엠렌과 데이비스에게 자문을 얻어 설치 범위와 위치를 조정했다. 결과적으로, 약 32만 제곱미터의 숲에 8개의 트랩라인을 배치하고 총 480개의 덫을 설치했다. 이들은 숲속 생태계의 숨겨진 이야기를 찾아내기 위해 작은 퍼즐 조각을 하나씩 맞춰가고 있었다.

힌클리와 칼훈은 숲의 작은 포유류 행동을 관찰하며 예상치 못한 결과에 직면했다. 당시의 표준 방법이었던 고갈 포획*depletion trapping*은 구역 내의 모든 동물을 포획하고 제거하여 영토 내 개체 수를 추정하는 방식이었다. 예상대로라면 포획 수는 점차 줄어들어야 했지만, 이상하게도 힌클리가 보고한 포획 수는 시간이 지날수록 늘었다. 첫날에 비해 마지막 날 포획량은 무려 3배로 증가했다. 이는 상식적으로는 설명할 수 없는 결과였다.

그 후 몇 달 동안, 칼훈은 이 현상을 설명할 수 있는 그럴듯한 가설을 개발했다. 사회적 접촉은 갈등이나 자원에 대한 불필요한 경쟁으로 이어질 위험이 있기 때문에,

각 동물은 일종의 완충 구역, 즉 개인 공간의 경계를 두고 있다. 동물은 소리나 냄새 표시와 같은 신호를 통해 서로의 존재를 원격으로 감지해서 원치 않는 접촉을 피할 수 있다. 반대로 발정기에는 향 표시를 남기거나 짝짓기를 알리는 울음소리로 접촉을 유도할 수도 있다.

이러한 신호 조정은 종끼리만이 아니라 종 간에도 이루어지며, 지배 체계에 따라 배치된다. 예를 들어, 숲에서는 작은 땃쥐가 더 큰 사슴쥐를 피하고, 사슴쥐는 더 큰 붉은등들쥐를 피한다. 각 개체는 자신의 행동권 안에 머무르기로 암묵적으로 동의하면서 영토에 대한 암묵적 협정이 이루어진다. 그 결과, 인구 밀도는 지역 전역에 고르게 분포된다. 음식 자원의 가용성과 더불어, 사회적 접촉을 통제하려는 필요성이 행동권을 결정짓는 주요 요인 중 하나다.

하지만 힌클리와 칼훈의 포획 작업은 이 섬세한 균형을 불안정하게 만들었다. 포획 구역 내의 개체 수가 줄어들자, 그 경계에 서식하던 동물은 신호 공백 *signal void*을 감지했다. 그들은 더 이상 주위에서 다른 들쥐나 땃쥐의 냄새를 맡거나 소리를 들을 수 없었다. 동물은 자신의 행동권이 이웃의 행동권과 겹치기를 원하지 않으므로 인구 밀도가 낮아진 지역으로 이동했다. 이로 인해 비워진 포획 구역으로 이주가 발생했고, 그곳에서 다시 포획이 일어났다.

동물이 막 비워둔 포획 구역 주변의 행동권은 인구 밀도가 감소했고, 이는 더 넓은 범위에 있는 새로운 동물이 비워진 지역으로 이동하도록 유도했다. 이러한 현상은 반복되며 연쇄반응처럼 외부로 퍼졌고, 점점 더 먼 곳에서 새로운 개체를 끌어들였다. 마치 모래시계의 모래가 가운데로 빠져나가는 모습과 같았다. 그 결과 이주 현상은 점점 가속화되었다. 그리고 군집을 형성하는 개체는 공황에 빠졌다.

칼훈은 초기에 인구 감소가 급격히 발생하면, 최초로 비워진 지역에 개체가 몰려드는 군집 현상이 나타날 수 있다고 추측했다. 그의 가설이 옳다면, 설치류 제거 행위가 오히려 외부로부터 더 심각한 2차 감염을 초래할 가능성이 있었다. 이는 세면대의 마개를 뽑아 물이 통제할 수 없이 중심으로 몰려드는 것과 같았다. 동물이 모두 좁은 공간으로 몰려들고 있었다.

이 현상은 스튜어트가 제시한 인구 중력 개념을 떠올리게 했다. 도시가 점점 더 밀집된 집합체로 사람을 끌어들이는 것처럼, 이 현상도 비슷한 메커니즘을 따르고 있었다. 칼훈은 이를 '유도된 침입 *induced invasion*'이라고 명명했다.

군집 효과

역사적으로 기록된 설치류의 군집 행동은 북극 지역에서 레밍의 집단 이동, 흔히 '집단 자살'로 불리는 현상이다. 이들은 주기적으로 모여 바다를 향해 돌진한다. 호주에서는 생쥐가 주기적으로 곡물 창고를 목표로 집단적으로 이동하며, 유럽에서도 들쥐가 집단 이동을 반복한다. 이 현상을 이해하기 위해 영국의 생태학자 찰스 엘턴 Charles Elton은 설치류 개체 수의 폭발적 증감 주기에 주목했다. 그는 레밍의 개체수를 이들의 주요 포식자인 북극여우와 스라소니(링스 고양이)의 개체 수 변화와 연결지었다.

엘턴은 캐나다 허드슨베이 모피 회사의 데이터를 활용하여 스라소니 가죽의 수확량을 분석했는데, 10년 주기로 규칙적인 변동이 있다는 사실을 발견했다. 이를 통해 레밍 개체수의 변화 주기를 추정할 수 있었다. 그의 연구는 《들쥐, 쥐, 레밍 Voles, Mice, and Lemmings》(1942)에 수록되었지만, 왜 설치류가 특정 시기에 대규모로 이동하는지, 왜 새로운 목초지에 도착한 후에도 이동을 멈추지 않는지라는 근본적인 질문에는 답하지 못했다. 엘턴은 이 현상이 태양 흑점 주기와 관련이 있을 가능성을 제시했지만, 레밍 개체수 주기(약 10년)와 태양 흑점 주기(평균 11년)

에는 차이가 있어서 확신할 수 없었다.

칼훈은 바 하버 숲에서 관찰한 유도된 침입 현상이 설치류의 군집 행동과 관련이 있다고 생각했다. 또한 유도된 침입 현상이 군집 효과의 일종일 가능성도 제기했다. 이 질문에 답하기 위해 좀 더 방대한 데이터를 수집할 필요성을 느낀 칼훈은 전국의 생태학자에게 편지를 보냈다. 그리고 그들과 서신을 주고받으며 설치류 개체 수 주기에 관한 데이터를 수집했다.

이 프로젝트는 '북미 소형 포유류 개체 수 조사_North American Census of Small Mammals_'로, 약 200명의 생물학자가 각 지역의 설치류를 조사해 그 결과를 칼훈에게 보내주었다. 칼훈은 이 데이터를 통해 설치류 개체수의 주기적 변동을 연구했고, 고갈 포획 방식을 다른 생태학자에게도 권장하며 이 현상을 체계적으로 연구하려 했다.

이 프로젝트에 예상치 못하게 관심을 보인 인물이 육군 의무부대의 신경정신과 전문의 데이비드 리오크_David Rioch_였다. 그는 군인들이 극심한 스트레스 상황에서 나타내는 행동을 연구하고 있었다. 특히, 군대에서의 공황 상태는 심각한 문제였다.

군대는 전통적으로 행동 조건화를 통해 병사들을 훈련하는데, 이는 집단 규율을 강압하여 개인의 본능적 반응을 통제하는 방식이었다. 그러나 공황 상태에 빠지면 훈련받은 행동과는 완전히 반대되는 반응을 유발하는 한계가 있었다.

리오크는 칼훈이 발견한 유도된 침입 행동에 깊은 관심을 보였다. 공황 상태에서 군중이 혼란스러운 무리로 변모하는 현상은, 군대에서 병사들이 공황 상태에 빠질 때 보이는 행동과 매우 흡사했다. 따라서 그는 공황 상태가 유도하는 군집 효과 혹은 군집 대이동 상태가 유도하는 공황을 연구함으로써 군대 내 공황 발생 메커니즘을 이해할 수 있다고 판단했다.

이에 리오크는 칼훈에게 NIMH 장학금이 끝나면 메릴랜드에서 연구를 이어갈 것을 제안하며, 그의 연구를 더욱 발전시키고 군사적 관점에서 활용할 가능성을 탐색하려 했다.

전쟁과 공황

제2차 세계대전 후, 군 의학의 초점이 변화했다. 전쟁 전만 해도 군 의료는 부상을 치료하고 신체 건강을 유지하는 데 중점을 두었다. 베세즈다에 위치한 육군 의료원 연구 및 대학원*Army Medical Center Research and Graduate School*

도 초기에는 감염병, 치과 치료, 물리 치료와 같은 신체적 문제를 연구하는 데 주력했다. 하지만 제2차 세계대전 동안 발생한 전장 부상자의 약 25%가 정신건강에 문제가 있었으므로 군 의료에서 더 이상 정신건강을 간과할 수 없었다.

이 시점에서 스트레스 개념이 신체적 건강과 정신적 건강을 연결하는 중요한 매개체로 등장했다. 스트레스는 신체적 용어로 포장되어 심리적 문제를 더 쉽게 논의할 수 있는 언어를 제공했다. 한스 셀리에의 범적응증후군은 스트레스가 신체와 정신에 미치는 영향을 설명하는 데 사용되었고, 군은 이를 주제로 새로운 정보 영화를 제작하기도 했다. 1949년 육군 의료원 연구 및 대학원의 안내서에는 정신건강과 관련된 연구 주제로는 '만성 스트레스가 저항력에 미치는 영향'이라는 항목이 유일하게 포함되어 있었다. 과거에는 '사기(또는 의욕)'라는 애매한 표현 아래 뭉뚱그려졌던 심리적 문제가 체계적으로 연구될 것을 시사했다.

제2차 세계대전 전에는 전투 중의 정신적 붕괴는 이미 정신적으로 취약한 개인에게만 발생한다고 믿었다. 1943년, 정신과 의사 로이 그린커 *Roy Grinker*와 존 스피겔 *John Spiegel*이 집필한 《전쟁 신경증 *War Neuroses*》에서는 "평소 안정적인 환경에서 잘 지내던 분열적 성향의 사람도 전쟁터라는 극도로 적대적인 환경에 처하면 편집증 반응을 보이기 쉽다"라고 주장했다. 다시 말해, 전투는 기존의 잠재적인 문제를 악화시키는 촉매제에 불과하다는 관점이었다.

하지만 시간이 지나면서 "아주 믿을 만한" 군인이나 장교조차 급성 정신적 외상을 겪는 사례가 보고됐다. 이는 정신건강이 취약하지 않아도 전장의 스트레스에 무너질 수 있음을 보여주었다. 결국, 1944년에 이르러 그린커와 스피겔은 기존의 입장을 수정해서 "전쟁 신경증은 전쟁이 원인이다. 아무리 강하고 안정적인 사람이라도 전쟁 신경증에 걸릴 수 있다"라고 선언했다.

이러한 심리학적 전환의 중심에는 리오크가 있었다. 리오크는 군대 내 행동 연구의 필요성을 꾸준히 강조해왔고, 1951년 육군의료원이 월터리드센터 Walter Reed Center로 재편되는 과정에서 실험심리학 부서가 신설되었다. 이는 군이 행동 연구를 본격적으로 체계화하겠다는 의지를 보여주는 상징적인 변화였다.

리오크는 월터리드센터의 실험심리학 부서를 이끌 적임자로 29세의 젊은 대위, 조 브래디 Joe Brady를 선택했다. 그의 이력은 평범함과는 거리가 멀었다. 브래디는 유럽 전장에서 보병 소대장을 지낸 후, 전투가 끝나자 독일공군병원에 배치되었다. 놀랍게도 그는 임상 경험이 전무했는데 임상심리학 책임자로 임명되었다.

전쟁 후 미국으로 돌아온 브래디는 시카고 대학에서 심리학 연구를 이어갔다. 그는 쥐를 이용한 행동주의 실험을 통해 전기 충격 요법이 스트레스와 불안에 미치는 영향을 연구하며 박사 학위를 받았다. 특히, 고혈압 치료제 레서핀reserpine의 부작용으로 불안 완화와 진정 효과가 있다는 점을 발견하며, 심리학과 약리학을 연결하는 새로운 길을 열었다. 브래디는 이 발견을 바탕으로 정신약리학psychopharmacology 분야를 개척하는 데 핵심적인 역할을 했다.

브래디의 연구는 NASA에서도 주목을 받았다. 그는 원숭이와 쥐를 대상으로 한 불안 관리 실험에서 성공적인 성과를 거두었고, 이를 계기로 NASA는 머큐리 로켓Mercury rocket 프로젝트에 그를 초청했다. 브래디는 우주 비행에 적합한 원숭이를 훈련하고 평가하는 임무를 맡아, 심리학적 접근이 우주 탐사에 어떻게 활용될 수 있는지 보여주었다.

리오크가 브래디를 고용했을 당시, 그는 월터리드센터에서 로르샤흐 테스트를 수행하는 단조로운 업무에 묶여 있었다. 하지만 리오크의 제안으로, 브래디는 다시 연구 현장으로 돌아갈 수 있었다. 그는 그 순간을 이렇게 표현했다.

"쥐를 전기회로에 연결하는 사람도 군대에서 자리를 얻을 수 있다니, 정말 놀랍지 않습니까?"

군사적 기법

처음에 리오크와 브래디는 칼훈의 쥐 행동 연구가 그들의 실험적 접근 방식과 맞아떨어진다고 생각했다. 리오크는 칼훈에게 군을 위한 연구 계획서를 요청했고, 칼훈은 존스홉킨스에서 구상했던 연구를 기반으로, 쥐 집단이 다양한 환경에서 소통, 집단 역학, 사회 질서를 어떻게 형성하거나 방해받는지 탐구하는 아이디어를 제시했다. 이와 함께, 바 하버에서 관찰한 유도된 침입을 재현하고 공황 상태를 분석하라는 군의 요구를 반영해 7쪽 분량의 야심 찬 연구 계획을 작성했다. 이를 본 브래디는 웃으며 "존, 이 정도면 리오크의 자리까지 노릴 수 있겠네요"라고 농담했지만, 정작 그의 연구 방식은 칼훈과 극명하게 달랐다.

브래디는 스키너 상자*Skinner Box*라고 불리는 금속 상자를 사용해 공포 조건화*fear conditioning* 실험을 수행했다.

이 실험은 의도적으로 1차원적으로 설계되었다. 하나의 변수를 고립시키고, 다른 변수는 최대한 배제해 신호에서 잡음을 걸러내는 데 초점을 맞췄다. 이는 군대식 규율을 연상시켰다. 좁고 차가운 스키너 상자에 갇힌 동물은 정확하고 예측 가능한 데이터를 생성했다. 표준화된 상자와 표준화된 실험쥐, 레버를 누를 때 자동으로 기록되는 데이터, 이 모든 것이 하나의 기계처럼 작동했다.

하지만 칼훈은 스키너 상자에 대해 '불쾌'하다고까지 표현하며 거부감을 느꼈다. 동물에 대한 연민 때문만이 아니라, 이런 방식의 실험이 진정한 발견을 가져다줄 수 있을지 의문을 품었기 때문이다. 칼훈이 보기에 이러한 실험은 "쥐가 전기 충격을 멈추기 위해 레버를 누르는 법을 학습할 수 있을까?"와 같은 미리 설정된 가설을 확인하는 데만 용이했다. 연구자가 "알고 싶어 하는 답"을 얻는 데는 적합했지만, 그 이상의 "예기치 못한 발견"은 기대하기 어려웠다. 칼훈은 이를 두고 "정밀성을 얻는 대신 발견의 기회를 포기하는 것"이라며 비판했다.

칼훈은 실험실 연구가 '관찰 가능성'과 '자연스러운 행동의 표현' 사이에서 균형을 찾아야 한다고 믿었다. 야외 실험에서는 통제되지 않은 변수가 많아 어려움이 있지만, 지나치게 인위적인 환경에서는 동물의 행동이 왜곡될 가능성이 높았다. 쥐는 본래 사회적 동물로, 다른 쥐와의 상호작용에 따라 행동이 변화한다는 점에 주목했다. 또한 쥐의 지배 순위에 따라 생리적 성장, 면역 체계, 번식력이 달라질 수 있었다. "이미 스트레스와 불안으로 가득 찬 동물에게서 불안과 스트레스를 측정하는 것이 과연 무슨 의미가 있는가?"

브래디는 스키너 상자를 사용하는 이유가 "실험심리학자가 그렇게 하기 때문"이라고 답하며, 이는 전통적인 학문적 방식이라고 설명했다. 하지만 칼훈의 눈에는 이런 방식이 "학문적 관습에 얽매인 결과"로 보였다. 브래디가 쥐를 '기계의 구성 요소'로 본 반면, 칼훈은 쥐를 사회적 존재로 보고 그 행동의 맥락과 과정을 이해하려 했다.

결국 칼훈은 기존의 방식에 얽매이지 않고 동물의 본능적 행동을 최대한 반영할 수 있는 새로운 유형의 실험실을 설계하기로 했다. 그는 이를 근자연적 울타리 *seminaturalistic enclosure*라고 불렀다. 이 공간은 과학자가 동물을 방해하지 않고 은밀히 관찰하며 데이터를 수집할 수 있도록 설계되었다. 이전과 같은 고정된 철창 환경이 아니라, 동물이 더 다양하고 자연스럽게 행동할 수 있는 공간에서 복합 연구 *compound studies*를 진행하고 싶었다. 그러나 이런 방식은 단기간에 성과를 창출하는 군의 방식과 거리가 있었다.

칼훈을 군으로 부른 이유였던 유도된 침입 연구는 월터리드센터에서 진행하지 않고 뉴욕 북부의 생태학자 윌리엄 웹William Webb에게 하청을 주어 대규모로 진행했다. 웹은 뉴컴의 헌팅턴 숲 보호구역에서 93,000제곱미터의 면적에 900개 이상의 덫을 설치하고, 3년간 사슴쥐, 붉은등들쥐, 땃쥐를 포획하며 칼훈의 바 하버 연구를 대규모로 진행했다.

웹이 칼훈을 대신해 유도된 침입 연구를 재현하는 동안, 칼훈은 타우슨, 바 하버, 소형 포유류 개체 수 조사에서 수집한 데이터를 정리하려 했지만, 무작위적인 자료, 끝이 보이지 않는 실험, 다양한 학문적 파편이 혼재되면서 연구는 더디게 나아갔다.

리오크는 칼훈의 연구가 지나치게 산만하고 체계적이지 못하다고 지적했다. 또한 방대한 데이터를 축적하고도 발표된 논문이 적다는 걸 걱정하며, 칼훈에게 명확한 질문을 설정하고 확실한 답을 도출할 수 있는 체계적인 방법론을 따르도록 지도했다.

리오크의 지도 아래, 칼훈은 웹의 헌팅턴 숲 연구, 바 하버 실험, 북미 소형 포유류 개체 수 조사에서 얻은 데이터를 종합하여 설치류 이동을 시간과 거리의 함수로 설명하는 공식을 찾는 데 집중했다. 운 좋게도 그는 MIT 출신 수학자이자 전기공학자인 제임스 캐스비*James Casby*의 도움을 받아, 쥐를 행동권 내에서 무작위로 움직이는 분자처럼 다루어 스튜어트의 사회물리학적 개념을 도입할 수 있었다.

이를 통해 칼훈은 작은 포유류의 행동권와 밀도에 관한 수식과 공식을 개발했고, 이후 《시궁쥐의 생태학과 사회학》에서 쥐의 개체 수 밀도를 체계적으로 기술할 수 있었다.

경쟁과 공존

한편 웹과 칼훈은 헌팅턴 숲 연구 결과를 바탕으로 〈사이언스〉에 짧은 보고서를 몇 차례 발표했지만, 리오크가 기대했던 유도된 침입과 군대의 공황 상태 간의 관련성은 점점 희미해졌다. 헌팅턴 숲 연구에서는 동물을 포획할수록 같은 장소에서 더 많은 동물이 포획되는 경향이 관찰되긴 했지만, 이는 2주 정도만 지속되었고, 칼훈과 힌클리가 바 하버에서 관찰했던 극적인 대규모 이동 현상은 재현되지 않았다.

그런데도 웹의 연구는 새로운 통찰을 제공했다. 초반

에는 사슴쥐와 붉은등들쥐만 포획되었으나, 몇 달이 지나자 땃쥐의 포획 수가 급증했다. 이 현상은 수수께끼처럼 보였으나, 면밀한 관찰 결과 땃쥐는 사슴쥐와 붉은등들쥐 같은 경쟁자가 근처에 있을 때 위협을 느껴 주로 낙엽층 아래 얕은 굴에서 이동하며 생활한다는 사실이 밝혀졌다. 이로 인해 표면에 설치된 덫에는 잘 잡히지 않았다. 그러나 더 우세한 사슴쥐와 붉은등들쥐가 덫에 포획되어 제거되면서, 땃쥐도 땅 위로 올라와 이동 범위를 넓히다가 덫에 걸렸다. 이는 땃쥐의 행동이 지역 종 구성에 따라 변화할 수 있다는 것이었다.

이 결과는 당시 생태학에서 기본 원리로 받아들여지던 경쟁 배타성 competitive exclusion이 항상 성립하지 않을 수 있다는 증거였다. 경쟁 배타성이란 두 종이 동일한 자원을 두고 경쟁할 때, 한 종만이 살아남는다는 원칙이다. 대표적인 사례로는 시궁쥐가 유럽과 미국에서 검은쥐를 몰아낸 현상이었는데, 찰스 다윈조차 이렇게 기록했다. "한 종의 쥐가 완전히 다른 기후에서도 다른 종의 쥐를 대체하는 사례를 우리는 얼마나 자주 보는가!" 이는 독점금지법 antitrust legislation이 없는 시장에서 기업이 독점으로 치닫듯이, 생태적 지위의 점유도 결국 독점으로 향하는 경향이 있다는 점을 설명한다.

하지만 경쟁 배타성 원칙이 옳다면, 같은 장소에서 동일한 행동을 하는 두 종은 공존할 수 없어야 했다. 그러나 웹은 경쟁에서 밀린 종이 새로운 행동을 발전시켜 서식지를 겹치게 할 수 있다고 주장했다. 이는 기존에 2차원적으로 설명되던 서식지에 대한 생태학적 관점을 3차원으로 확장시키는 계기가 되었다. 또한 칼훈이 관찰하기에 '침략'처럼 보였던 현상도 실제로는 재분배였음이 드러났다. 이는 서식지의 항상성이 작동한 결과였다.

매카시즘의 그림자

이 시점에서 칼훈의 연구는 새로운 국면을 맞이했다. 1953년 6월, 칼훈은 리오크가 최근 연구를 "매우 부정적으로" 보고 있다고 웹에게 경고하는 편지를 보냈다. 몇 주 후, 웹은 군사 보조금이 종료될 것이라는 통보를 받았다. 더 나아가, 군과 계약을 연장하려던 칼훈의 시도는 예상치 못한 장애물에 부딪혔다. 문제는 과학이 아니라 정치였다.

1953년, 칼훈은 '사회 행동 문제에 접근하는 이론적 틀'이라는 내부 문건을 작성했다. 하지만 '사회'라는 단어는 '그룹'으로 대체되었고, "이 문제가 모든 사회적 종에 적용될 수 있도록 일반 생물학적 용어로 진술되었지만, 인구가 더 밀집되고 도시화됨에 따라 인간 수준에서 특히 중요해지고 있다"라는 문장은 삭제 표시되었다. 문서 전반에 걸쳐 비슷한 패턴이 나타났다. "이러한 원칙은 사회적 행동의 '예방 의학'을 형성할 것이다", 삭제. "집단의 사회적 불안정과 개인의 사회적 기능 장애", 삭제.

칼훈이 인간이 본질적으로 사회적 존재라고 가정한 건 당시 미국 정부에서는 위험한 발언이었다. 이는 1953년, 위스콘신 상원의원 조지프 매카시가 미국 군대에 대한 반공 조사를 시작하던 시기였다. 매카시의 눈에 띨까 두려워한 부대의 예산 담당 대령은 사회적 공간 사용 연구에 대한 자금을 취소했다. "매카시가 뭐라고 할까?" 결국 칼훈의 군대 계약은 갱신되지 않았다.

직업을 잃는 것은 칼훈에게 큰 타격이었다. 그는 리오크와 브래디에게 깊은 동료애를 느끼고 있었고, 리오크 역시 그를 존경했다. 리오크는 칼훈의 승진 신청서에 "정말 뛰어난 사람"이라고 적었고, 월터리드센터에서 그를 계속 고용하지 않는 것을 아쉬워했다. 하지만 리오크조차도 칼훈의 방대한 접근 방식이 군대처럼 결과 중심적인 체계와는 맞지 않는다는 것을 알고 있었다.

칼훈의 불안감은 커졌다. 그는 켄싱턴에 가족과 함께

살 집을 막 구입했고, 아내 에디스는 둘째 아이를 임신 중이었다. 36세의 나이에 가족을 부양하는 상황에서 실직은 큰 부담이었다. 리오크는 급여를 최대한 오래 지급하려 애썼지만, 상황은 불안정했다.

군대에서의 경험은 칼훈에게 실망스러웠다. 군인의 공황 현상을 규명하지 못한 데다, 군대의 명령 체계는 그에게 답답했다. 그는 메인주의 넓고 자유로운 공간에서 쥐와 땃쥐를 관찰하던 시간을 떠올리며, 지금 자신이 작은 우리 안에 갇힌 동물처럼 느껴졌다. 그는 브래디의 "격리된 상자에서 레버를 누르며 끝없는 기록 테이프를 배출하는 실험실"과 자신의 "자연 속에서 자유롭게 움직이는 생태학적 연구"를 비교하며, 자신이 잃어버린 지적 자유를 되새겼다.

1954년 1월, 칼훈은 바 하버의 폴 스콧에게 편지를 써 자신의 학문적 미래에 대한 불안을 털어놓았다. "야생 생물학 분야에서 자리를 잡을 가능성은 희박합니다. 대학의 동물학 부서로 돌아가는 것도 쉽지 않아 보입니다." 반면 그의 동료들은 각자의 길에서 성공을 거둔 듯 보였다. 폴 스콧은 해밀턴에서 동물 행동 연구소를 운영하고 있었고, 윌리엄 웹은 시러큐스 대학에서 생태학 연구를 이어갔다. 존 크리스천은 해군 의학 연구소에서 동물 연구소 책임자로 임명되었고, 데이비드 데이비스가 그의 논문을 지도하고 있었다. 올든 힌클리는 하와이 대학에서 박사 학위를 받고 남태평양에서 열대 곤충을 연구하며 경력을 쌓았다.

그러나 칼훈은 달랐다. 그는 실직할 위기였는데, 새로운 집의 대출금도 갚아야 하고 막 태어난 둘째 딸 셰릴도 돌봐야 했다. 그의 학문적 정체성은 여전히 불안정했다. 그는 자문했다. "내가 학문적 경계를 넘으려던 열정이 잘못된 선택이었나? 너무 많은 분야에 손을 뻗다가 아무것도 이루지 못한 것은 아닐까?" 답답한 마음에, 칼훈은 길을 잃은 것 같았다.

8장 케이시의 헛간

뉴딜 농장 이야기

건설업자 유진 케이시 *Eugene Casey*는 대공황이 만든 '불황의 부자'였다. 1930년대, 조지타운 법대를 다니던 학생 시절에 그는 건설 회사를 세워 뉴딜 *New Deal* 계약을 연달아 따내며 큰 성공을 거두었다. 경제적 성공에는 정치적 기회가 따랐다. 프랭클린 루스벨트 *Franklin Roosevelt*의 주요 기부자가 되면서, 그는 농업신용국 *Farm Credit Administration*의 국장 자리를 맡았다.

당시 미국 남부 평원 지역에서는 '더스트 볼 *Dust Bowl*'

이라는 대가뭄이 발생해 수많은 농민이 사막화된 지역에서 떠났다. 정부는 이들에게 구호 자금을 지원했다. 미국 전역의 주택 부족은 케이시 같은 건설업자에게 새로운 기회를 제공했다. 케이시는 메릴랜드 몽고메리 카운티에 광활한 땅을 사들였고, 2개의 농장을 포함한 부동산 투자로 재산을 불렸다. 이 농장은 '뉴딜 농장'이라는 이름을 얻었다.

1938년, 케이시는 로크빌과 게이더스버그 사이에 위치한 섀디 그로브 Shady Grove 근처에 헛간을 세웠다. 지역 농장에서 가져온 목재로 지은 이 헛간은 그림처럼 아름다워서 지역의 랜드마크가 되었다. 특히, 1940년 대통령 선거운동 때 케이시는 헛간의 지붕에 루스벨트의 3선 지지 문구를 써서 눈길을 끌었다. 루스벨트는 이에 보답하듯, 케이시에게 농업 특별 고문 역할을 맡겼다.

1940년대 중반에 접어들면서, 게이더스버그와 로크빌의 도시화가 진행되며 뉴딜 농장은 점차 도시에 잠식됐다. 케이시는 소를 팔아 목초지를 정리하고, 그 자리에 저렴한 주택을 지었다. 동시에, 농장의 상징인 헛간을 NIH에 기부 형태로 임대했다.

이 헛간은 조너스 소크 Jonas Salk 의 소아마비 백신 개발 과정에서 중요한 역할을 했다. NIH는 이곳을 소아마비 백신 실험에 사용되는 원숭이들을 보관하는 시설로 활용했다. 그러나 1950년대 초반, 백신 개발이 인간을 대상으로 한 임상 실험 단계로 넘어가면서 헛간의 필요성은 사라졌다. 1953년, NIH는 베세즈다 분원에 동물 전용 건물을 열며 원숭이를 그곳으로 옮겼고, 1954년 중반이 되자 케이시의 헛간은 비워졌다.

NIMH 심리학 연구실로

칼훈의 실직 위기는 폴 스콧을 통해 잭슨연구소의 설립자이자 소장이었던 C. C. 리틀에게도 전해졌다. 흥미롭게도, 리틀은 인구 문제에 깊은 관심을 가지고 있었다. 하지만 인구수를 조절하는 것을 넘어, 유전학자로서 선택적 번식을 통해 사회적 건강을 개선하려는 데 초점을 맞췄다.

리틀은 1921년 미국 산아제한연맹 _American Birth Control League_ 을 설립했는데, 이 단체의 목표는 유전적 상태와 선천적 장애를 관리해 공공 자원의 부담을 줄이는 것이었다. 이 과정에서 강제 불임 정책을 주도하며 논란을 낳기도 했다. 그 후 리틀은 메인 주립대학 총장을 거쳐 잭슨연구소를 설립했고, 1929년에는 미국 우생학협회 _American Eugenics Association_ 회장을 역임하기도 했다. 독일 나치 정권이 유전적으로 열등한 집단의 강제 불임을 1933년에 법제화하기 전의 일이었다.

리틀의 산아제한연맹은 1939년 산아제한위원회와 합병했고, 사회적 비난을 피하기 위해 이름을 미국 계획부모연맹 *Planned Parenthood Federation of America*으로 변경했다. 나치의 유전적 '정화' 이념과 관련된 부정적 이미지를 의식했던 것이다. 또한, 리틀은 워싱턴 D.C.에 본부를 둔 인구조회국 *Population Reference Bureau*의 이사를 역임하며 인구 정보의 중추를 담당했다.

리틀은 인구수보다는 유전적 관리를 중시했지만, 칼훈의 실험이 계속되길 바랐다. 그는 칼훈을 잭슨연구소로 초청해 록펠러재단의 부사장에게 소개했고, 재단의 의학분과장인 앨런 그레그 *Allan Gregg*과 워싱턴의 코스모스클럽에서 오찬 자리를 마련했다. 칼훈은 자발적 개체 수 조절에 관한 동물 연구를 장기적으로 지원할 필요성을 강조했다. 그레그는 장기 연구의 중요성에는 동의했지만, 재단의 정책상 대규모 장기 과제를 지원하기는 어렵다고 말했다. 대신, 칼훈의 연구를 간접적으로 지원할 방안을 강구하겠다고 약속했다.

그레그는 칼훈에게 NIMH에 갈 수 있도록 조치하겠다고 약속했고, 칼훈을 NIMH 심리학 연구실 책임자 데이비드 샤코 David Shakow에게 소개했다. 칼훈은 샤코에게 환경 조작을 포함한 다양한 연구 계획을 제시했다. 사회적 마찰을 높이거나 협력을 촉진하는 설계, 예를 들어 육각형 우리나 미로 구조가 포함되어 있었다. 또한 6년 전 타우슨 연구를 확장하는 체계적 계획과 뉴딜 농장에 비어 있는 케이시의 헛간을 실험 장소로 사용하는 아이디어를 제안했다. 연구 기간은 헛간 리모델링을 포함해 최소 5년 이상이었다. 다행히 샤코는 칼훈의 장기 연구 및 케이시의 헛간 사용 계획을 받아들였고, NIMH 심리학 연구실에 그를 합류시키는 데 동의했다.

새로운 실험실, 케이시 헛간

케이시의 헛간은 2년에 걸친 리모델링 끝에 완전히 새롭게 태어났다. 놀랍게도 이 모든 과정은 케이시가 직접 감독했으며, 비용도 그가 부담했다. 리모델링이 끝날 무렵, 칼훈은 그에게 감사 편지를 보냈다.

"의료 발전에 대한 귀하의 독창적 기여를 말로는 다 표현할 수 없습니다. 질병 유기체와 약물 요법의 중요성은 잘 알려져 있지만, 정신적 안녕이 건강의 중요한 요소로 인식된 것은 비교적 최근의 일입니다. 현재 심리 치료와 약물 치료에 연구 자금이 집중되고 있지만, 정신건강과 관련된 '예방 의학' 프로그램은 이제 막 첫걸음을 뗐습니다. 비타민 발견이 쥐 연구에서 비롯된 것처럼, 쥐의 환경이 생리와 정신건강에 미치는 영향을 탐구하는 이 연구는 인간 문제에 귀중한 통찰력을 제공할 가능성이 있기 때문입니다."

1957년 말, 재개장한 케이시의 헛간은 완전히 새롭게 변모했다. 헛간 1층 중앙에는 폭 12미터, 높이 3미터에 이르는 거대한 우리가 자리 잡았다. 우리는 6군데로 공간을 나누어 가로 2.1미터, 세로 1.5미터, 높이 1.8미터의 방 6개를 설치했다. 각각의 방은 우리 바깥쪽의 작은 문으로 출입할 수 있었다.

그는 방 안을 세심하게 설계했다. 먼저 천장은 유리 패널로 지붕을 만들고, 아침 10시부터 밤 10시까지 빛을 비췄다. 각각의 방은 높이 60센티미터 칸막이를 설치해 4개의 공간으로 나눴다. 그는 이를 셀cell이라 불렀다. 나무 위 둥지를 모방하여 2개의 기둥으로 받혀놓은 플랫폼을 설치했다. 플랫폼은 5개의 둥지가 들어갈 정도의 크기였다. 셀 바닥과 둥지에는 깔집을 깔았고, 먹이통과 물통은 셀의 중앙에 놓았다. 이 밖에도 실내 온도는 섭씨 18.3도로 유지되어 쥐들이 안정적으로 생활할 수 있는 환경을 제공했다.

계층 공간 설계

칼훈은 단순한 구조에서 계층별 거주 공간이 자연스레 형성되도록 실험장을 설계했다. 그는 4개의 방에 각각 I, II, III, IV라는 번호를 매기고, I과 IV는 서로 연결되지 않도록 배치했다. I과 II 사이에는 0.9미터, III과 IV 사이에는 1.8미터 높이의 플랫폼을 설치했고, 각 방은 'ㅅ'자 모양의 사다리로만 연결했다. 울타리 위에는 전선을 설치하여 쥐들이 사다리로만 이동할 수 있도록 유도했다. 먹이통과 물통은 모두 바닥에 두었고, 플랫폼의 높이가 낮을수록 둥지를 오르내리는 데 드는 에너지, 즉 '지출$_{cost}$'이 적다는 점에 착안하여 이를 계층 구분의 기준으로 삼았다.

또한 칼훈은 타우슨 실험에서 관찰한 바와 같이 굴 구조가 사회적 상호작용에 영향을 미친다는 개념을 반영했다. 그는 I과 III번 셀은 사회적 접촉을 유도하는 방추형 구조로, II와 IV번 셀은 상호작용을 억제하는 선형 구조로 배치했다. 이론적으로는 지출이 적고 사회적 상호작용이 잘 이루어지는 공간일수록 지배적인 개체가 점유할 것이라 판단했고, 이에 따라 I, II, III, IV번의 순으로 상위 계층이 분포할 것으로 예측했다.

이번 실험에서 칼훈은 인구 밀도라는 변수를 통제하기 위해 각 방의 거주 개체 수의 최대치를 제한했다. 타운슨 실험에서 적정 개체 수로 제시된 48마리의 2배인 96마리를 초과하지 않도록 한 것이다. 그는 자원 접근 비용이 낮고(낮은 플랫폼), 사회적 상호작용이 활발하며(방추형 구조), 외부 침입을 방어하기 쉬운(사다리가 한쪽만 있는 구조) 조건을 갖춘 공간은 강한 개체가 선호할 것이라고 판단했다. 그러나 실험 결과는 그의 예측과는 다른 방향으로 흘러갔다.

자발적 인구 쏠림

1958년 1월 말, 첫 실험이 시작되었다. 칼훈은 케이시 헛간의 6개 방에서 동시에 실험을 진행했다. 실험에 사용된 쥐는 NIMH에서 제공한 오즈번-멘델 계통의 흰쥐였다. 초기 단계에는 각 셀에 사다리를 설치하지 않은 채, 셀마다 임신한 암컷 쥐 한 마리씩을 배치했다. 새끼가 태어나면, 어미가 다른 개체들끼리 새끼를 섞어서 암수로 구성한 4쌍의 새끼를 각 셀에 고르게 분배했다. 젖을 뗄 때가

되면 어미 쥐는 실험에서 제외하고 셀 안에는 토착 쥐만 남겼다. 자손 세대(2세대) 역시 같은 방식으로 사육되어 4쌍의 새끼를 다시 골고루 분배했다.

쥐의 놀라운 번식력 덕분에 실험을 시작하고 4개월도 채 지나지 않아 방마다 64마리의 토착 쥐로 가득찼다. 손자 세대(3세대)가 태어날 시점에는 셀마다 4쌍의 새끼만 남기고 총 96마리가 넘지 않도록 개체 수를 제한했다. 이 시점에는 램프 형태의 사다리를 설치해서 쥐들이 셀 간을 자유롭게 이동하게 했다. 96마리는 볼티모어와 타우슨 실험에서 관찰된 개체 수 상한선인 48마리보다 많은 수치였지만, 케이시 헛간에서는 먹이, 물, 깨끗한 깔짚을 꾸준히 제공했고 온도와 위생 상태 또한 철저히 관리됐기 때문에 쥐들은 개체 밀도가 높아도 비교적 안정적으로 생활할 수 있었다. 그 결과, 사망률은 낮았고 실험은 순조롭게 진행되었다.

1959년 초가 되자, 각 방의 평균 개체 수는 약 80마리로 안정적인 상태를 유지했다. 이 시점에서 칼훈의 개입은 개체 수가 상한선을 넘지 않도록 새끼를 일부 제거하는 것뿐이었다. 그는 전망대에서 쥐의 움직임을 관찰하던 중 흥미로운 공간 사용 패턴을 포착했다. 쥐들은 활동을 마친 후 일정 시간이 지나면 머물던 셀을 떠나 다른 셀로 이동했는데, 이는 일정한 방향성을 띠기 시작했다.

1958년 9월부터 이상행동이 눈에 띄기 시작했다. 쥐들이 점차 중앙에 위치한 II번 셀로 몰리기 시작한 것이다. 칼훈은 쥐가 태어난 셀을 떠나 이웃 셀을 탐색하는 과정에서 특정 요인이 작용하며, 결과적으로 II, III번 셀로 집중된다는 사실을 발견했다. II, III번 셀은 양쪽에 각각 2개의 입구가 있어 접근성이 높았던 반면, I, IV번 셀은 입구가 하나뿐이라 외부 침입자를 방어하기가 쉬웠다.

곧 지배적인 수컷이 나타나 I, IV번 셀을 차지하고 입구를 통제해 다른 수컷이 들어오는 것을 막았다. 이들은 암컷을 끝쪽 셀로 유인해 자신의 영역을 공고히 했다. 반면, 지배적인 수컷에게 쫓겨난 수컷은 중앙에 있는 II, III번 셀로 몰려들었고, 특히 플랫폼 높이가 낮은 II번 셀이 선호되었다. 나중에 IV번 셀의 지배적 수컷이 자신의 영토를 III번 셀까지 확장하면서 III번 셀의 개체는 II번 셀로 밀려났고, 이러한 과정이 반복되며 II번 셀에 개체 수가 과밀해졌다.

II번 셀에서는 쥐들이 공간을 균등하게 사용하지 않고 특정 구역에 몰려 있는 모습이 자주 관찰됐다. 칼훈은 이 현상이 먹이를 먹는 방식과 관련이 있다고 보았다. 셀마다 급여기가 설치되어 있었지만, 먹이를 먹는 데 시간이 걸리다 보니 쥐들은 무리를 지어 급여기를 둘러싸고 먹이를 먹었다. 흥미롭게도, 시간이 지나면서 쥐들은 먹이를 먹는 것과 다른 쥐와의 근접성을 연관 짓기 시작했고, 이 연관성은 점점 긍정적으로 강화되면서 먹이가 없더라도 쥐들은 계속 뭉쳐 있는 현상이 나타났다.

II번 셀의 쥐는 다른 쥐가 있을 때만 먹이를 먹는 경향이 있었고, 한 급여기에 쥐가 몰리면서 다른 급여기는 방치되는 경우가 많았다. 칼훈은 이러한 집중 현상을 '병리적 연대 *pathological togetherness*'라고 불렀다. II번 셀에 형성된 병리적 무리 안에서 쥐들은 점차 방향감각을 잃었고, 개체 수 밀도가 높아지면서 사회적 상호작용을 조절하던 규칙 체계가 붕괴돼 사회적 질서가 무너졌다. 한편, I, IV번 셀에서는 지배적 수컷 한 마리가 열댓 마리의 암컷과 함께 비교적 질서 있는 구조를 유지했다.

병리적 연대는 새끼의 생존율에도 치명적인 영향을 미쳤다. II번 셀의 둥지는 III번 셀보다 낮은 위치에 있었지만, 과밀 상태에서는 종이 조각을 둥지로 운반하기가 어려웠다. 이로 인해 둥지 안에 보온용 종이가 부족해져서 새끼들의 체온을 유지하기가 불가능했다. 결국, 실험 후반기에 태어난 새끼는 빈 둥지에서 태어나는 바람에 대부분 살아남지 못했다.

성적 혼란

대부분의 동물과 마찬가지로, 쥐의 짝짓기에는 정해진 절차가 있다. 야생과 타우슨 실험에서, 수컷 쥐는 짝짓기를 원할 때 굴 입구의 흙더미에서 독특한 춤을 추고 소리를 내며 자신이 건강하고 교미하고 싶어 한다고 암컷에게 알렸다. 이에 호응하면 암컷은 먼저 굴에서 몸을 숨긴 채 자신의 존재를 알린다. 수컷은 굴 입구에서 머리를 넣었다 뺐다 하며 조심스럽게 접근하지만, 예의를 지키며 굴 안으로 들어가지는 않는다. 기다림 끝에 암컷이 굴 밖으로 나오면 '모의 추격전'이 시작된다. 암컷이 도망가면 수컷이 뒤따르고, 수컷이 암컷을 앞지르면 마침내 교미가 이루어진다. 교미 중 수컷은 암컷의 목덜미를 부드럽게 무는 행동을 보이며, 암컷은 등을 아치형으로 구부려 생식 부위를 노출시킨다.

하지만 케이시 헛간에서는 쥐 사회가 붕괴되면서 가장 먼저 사라진 게 짝짓기 의식이었다. 수컷들은 더 이상 예의를 지키지 않았다. 암컷이 관심을 보이지 않아도 여러 수컷이 한꺼번에 따라다니며 교미를 시도했다. 굴 입구에서 암컷이 나올 때까지 기다리던 습성은 사라졌고, 수컷은 참을성을 잃고 무작정 굴 안으로 암컷을 따라 들어갔다. 의례적인 추격전도 사라졌으며, 이제 교미 대상을 발견하면 곧바로 추격과 교미를 진행했다.

교미 중 암컷의 목덜미를 부드럽게 물던 행동도 점점 더 거칠고 공격적으로 변했다. 특히 후속 세대에서 태어난 암컷은 목 주변에 깊은 상처가 수십 개씩 남아 있었고, 이는 과도한 힘과 무리한 교미 시도를 의미했다. 성적 행동은 점점 생식 본능과 분리되었다. 수컷들은 더 이상 암컷만을 대상으로 삼지 않았다.

특히 3세대 수컷 사이에서 동성애적 행동이 빈번해졌다. 수컷은 다른 수컷과 교미하기 시작했고, 이 과정에서 교미당한 수컷들도 목덜미에 상처를 입었다. 심지어 최종 단계에 이르자, 젖을 갓 뗀 어린 쥐까지 성별을 가리지 않고 교미 대상이 되었다. 쥐의 성적 행동이 남녀 구분을 초월한 것을 칼훈은 '범성애 pansexuality'라고 불렀다.

파괴된 모성 본능

둥지 침입 문제는 쥐 사회를 더욱 빠르게 붕괴시켰다. 야생에서 수유하는 어미는 다른 쥐가 둥지에 접근하면 새끼를 더 안전한 장소로 옮긴다. 실험 초기에는 이런 행동이 관찰돼서, 둥지 상자에 다른 쥐가 들어오면 어미는 새끼를 새로운 둥지로 옮기곤 했다. 그러나 실험이 진행되면서 둥지 침입이 만연해지자, 어미 쥐의 모성 행동이 불규칙해졌다. 안전한 장소로 새끼를 옮기려는 행동 자체가 위험해진 것이다.

특히 후반 단계에서는 어미 쥐가 둥지에서 새끼를 데리고 나와 바닥으로 가려 했지만, 그 과정에서 새끼를 떨어뜨리는 일이 잦아졌다. 바닥에 떨어진 새끼를 다시 줍지 않는 바람에 새끼가 그 자리에서 죽거나 죽기 전에 다른 쥐에게 먹히는 끔찍한 일이 벌어졌다. 이런 현상은 쥐 사회의 복잡한 문제와 함께 모성 본능마저 파괴된 것을 보여주었다.

폭력 확산

실험이 후반으로 진행되면서 쥐들의 공격성은 눈에 띄게 증가했다. 정상적인 상황에서 싸움은 주로 상징적이다. 쥐는 뒷다리로 일어서서 서로를 때리며, 대체로 심각한 신체 손상을 피한다. 무는 힘은 강력하지만, 대부분 상대를 다치게 하기보다는 쫓고 쫓기는 과정에서 승패가 갈린다. 패배한 쥐는 서열에서 밀려나고, 지배적 위치를 차지한 쥐는 비교적 안정적인 삶을 산다.

그러나 개체 수가 몰린 중앙 셀에서는 지배 계층이 유동적이었다. 지배적인 쥐도 때때로 극도로 공격적인 행동을 보였다. 암컷, 어린 쥐, 덜 활동적인 수컷을 무차별적으로 공격하며, 꼬리를 자주 물었다. 특히 꼬리를 물고 놓지 않는 습성으로 꼬리가 심각하게 손상되거나 절단됐다.

칼훈은 이런 이상 행동에 당황했고, 초기에는 꼬리를 무는 행동이 먹이 행동의 일종일 수 있다고 추측했다. 하지만 폭력은 점점 더 심각해졌다. 목과 꼬리를 무는 데 그치지 않고, 송곳니를 사용해 상대의 몸을 찌르는 일명 '도끼 공격'을 감행했다. 이런 공격은 근육층을 뚫고 복벽을 관통하는 경우도 있었다. 심각한 신체 손상이 이전에는 상상할 수 없었던 수준으로 확대되었다.

칼훈은 신선한 피가 바닥에 튀어 있는 광경을 종종 목격했다. 이는 쥐 사회가 붕괴된 것을 넘어 폭력과 혼돈이 지배하는 상태로 전락했음을 상징적으로 보여주는 장면이었다.

고립과 방황

지배력을 확보하지 못한 수컷 쥐는 생존을 위해 두 가지 극단적인 전략을 선택했다. 첫 번째 전략은 상호작용에서 완전히 물러나는 것이었다. 철저히 고립된 채 다른 쥐를 무시했고, 다른 쥐에게도 철저히 무시당했다. 겉모습은 상처 없이 깔끔하고 통통했지만, 그들의 신체적 안녕은 엄청난 심리적 대가를 치르고 얻은 결과였다. 칼훈은 "그들은 더 이상 쥐가 아니었다"라고 단언했다. 사회적 고립과 무성애적인 삶을 살며 그들은 "사회 속에서 몽유병자처럼" 떠돌았다. 칼훈은 완벽하게 소외된 쥐를 '아름다운 자들'이라고 불렀다.

한편, 두 번째 전략은 폭력과 혼란에 가담하는 것이었다. 칼훈은 이들을 '탐사자Prober'라고 불렀다. 탐사자는 사회적 지위를 얻기 위한 경쟁에는 나서지 않았지만, 공격적 행동을 서슴지 않았다. 주로 암컷을 대상으로, 지배적인 수컷에게 쫓겨날 때까지 폭력을 행사했다. 탐사자는 대개 어리고 낮은 지위의 수컷으로, 이를 '비행 청소년'에 비유했다. 그들의 행동은 성적으로 과도했고, 동성애적 성향을 보였다. 암컷이 번식 가능한 상태이든 아니든 상관없이, 탐사자들은 무리를 지어 암컷을 쫓아다니며 집착적인 행동을 반복했다.

두 부류는 쥐 사회의 붕괴를 상징적으로 드러냈다. 아름다운 자들은 사회적 단절의 결과를, 탐사자는 폭력과 혼란이 난무하는 모습을 보여주었다.

인구 소멸

중앙 셀의 쥐는 비참한 상황에 직면했다. 혼란을 겪으면서 암컷의 자궁에는 비정상적으로 커다랗고 단단한 덩어리가 형성되었다. 부검 결과, 심각하게 확장된 자궁에는 고름이 가득하거나 부분적으로 부패한 태아가 있었다. 병리학적 분석은 암컷 쥐가 사실상 임신이 불가능한 상태였다고 결론 내렸다. 보고서에는 이렇게 기록되었다. "심한 만성 화농성 자궁내막염, 자궁근염, 복막염의 특징을 보였다. 이는 양쪽 또는 한쪽 난관 및 난소로까지 확장되었다."

간혹 번식이 이루어졌지만, 태어난 새끼는 젖을 떼기도 전에 사망했다. 실험이 시작되고 약 18개월이 지나 6세대가 됐을 무렵, 살아남은 젊은 쥐는 거의 없었고 식민지는 서서히 몰락하기 시작했다. 불임, 폭력, 방치의 3중고는 번식 자체를 불가능하게 만들었다. 특히 중앙 셀의 사망률은 96%에 달하며, 쥐 사회는 멸망의 길을 걸었다.

행동의 붕괴

칼훈은 쥐의 이상 행동을 행동의 붕괴 *behavioral sink*라고 이름 붙였다.

"썩어가는 식물과 고인 물로 인해 질병이 퍼지는 지형적 싱크 geomorphic sink처럼, 행동의 붕괴는 사회적 정체와 행동적 병리를 상징합니다. 신체적 근접성으로 인한 개인적인 보상을 최대화하면 전체 사회의 붕괴와 개인 행동의 혼란을 초래할 수 있습니다. 행동의 붕괴는 군중 밀도가 초래하는 병리적 문제를 강조합니다."

칼훈의 설명에 따르면, 행동의 붕괴는 단일한 현상이 아니라 붕괴로 이어지는 일련의 과정이다. 병리적 공동체의 형성으로부터 시작해 모성 방치, 공격성 증가, 교미 의식 붕괴, 성적 과잉, 극심한 폭력, 어린 개체에 대한 동종 포식, 번식 실패로 이어졌다. 이러한 과정은 결국 집단의 멸종으로 귀결되었다. 따라서 행동의 붕괴는 용어 이상의 의미를 담고 있으며, 사회적 병리와 몰락을 이해하는 데 중요한 개념으로 자리 잡았다.

칼훈의 실험이 특별했던 점은, 다른 스트레스 연구와는 달리 직접적인 외부 자극 없이 극단적인 행동이 나타났다는 것이다. 당시 스트레스 연구는 잔인한 실험을 포함하곤 했다. 예를 들어, 셀리에는 독성 물질 주사, 강제 운동, 절단 등의 방법을 사용했고, 월터리드센터에서는 조 브래디가 동물을 스키너 상자에 가둬 전기 충격으로 불안을 유발한 뒤 약물로 완화했다. 하지만 칼훈의 실험에서 쥐에게 물리적인 고통은 가하지 않았다. 쥐들이 높은 밀도 속에서 상호작용하는 걸 막지 않았을 뿐이다. 그 결과, 쥐들은 자발적으로 붕괴를 조직하는 것처럼 보였다.

케이시 헛간의 마지막 장

케이시 헛간의 임대는 1962년에 만료되었다. 10년 넘게 방치된 헛간은 1970년대 초가 되자 무너질 듯 위태로워졌다. 결국 케이시는 헛간을 게이더스버그 주민들에게 기증했고, 1977년에는 케이시 커뮤니티 센터*Casey Community Center*로 재탄생했다. 2개의 원통형 사일로 중 하나는 천문대로 개조되었고, 칼훈이 실험했던 공간은 결혼 피로연을 위한 장소로 바뀌었다. 행동의 붕괴를 관찰했던 그곳에서 이제는 주간 발레 수업과 유치원 프로그램이 열린다. 한편, 유진 케이시는 지역 사회에서 존경받는 자선가로 자리 잡았다.

칼훈의 헛간 실험은 전 세계적으로 알려졌고, 이는 샤코 소장에게 칼훈이 깊은 인상을 남긴 계기가 되었다. 1959년 2월, 샤코는 칼훈의 정규직 승진을 추천했다.

케이시의 헛간에서 II, III번 셀의 쥐. 1961년경. 식별하기 위해 물감으로 표시해두었다.

"칼훈 박사는 비범한 다양성과 근면성을 지닌 사람입니다. 그는 기존의 틀이나 전통적 배경에 얽매이지 않으며, 문제를 다루는 방식은 신선하고 독창적입니다. [……] 그는 탐험적 연구가 강점이며, 새로운 영역을 개척하는 데 적합합니다. 그의 연구는 강력한 지원을 받을 만합니다."

9장 | 싱크에서 벗어나다

논문을 출판하다

칼훈은 이번만큼은 결과를 방치하지 않았다. 그는 케이시의 헛간에서 얻은 실험 결과를 빠르게 정리했다. 성과를 체계적으로 정리하는 군대식 연구 방식을 지도했던 리오크가 알았다면 무척 만족스러워했을 것이다.

1959년 9월, 첫 번째 실험이 종료된 지 몇 주 만에 칼훈은 미국 정신의학회 *American Psychiatric Association, APA*에서 열린 동물 행동 심포지엄에 논문을 제출했다. 〈행동의 붕괴: 사회적으로 구조화된 시궁쥐 집단에서 행동 및 생리적 병리학 증후군의 발달을 촉진하는 환경 상황 *Behavioral Sinks: Environmental Situations which Foster the Development of a Syndrome of Behavioral and Physiological Pathology among Socially Structured Populations of Norway Rats*〉이라는 긴 제목으로, 케이시의 헛간에서 관찰된 군집 현상을 기술적으로 설명한 것이었다. 칼훈은 인간 사회에 대한 직접적인 언급은 피했지만, 실험 결과는 인간 행동 연구에도 적용될 수 있다는 함의가 있었다. 무엇보다 APA가 설치류 행동을 인간 행동의 모델로 연구할 가치가 있다고 인정했다는 점에서 중요한 의미를 지녔다.

대중 속으로

첫 실험 이후로 2년 동안, 칼훈은 다양한 변수를 실험했다. 그중 하나는 '강제 협력'이 행동의 붕괴를 완화할 수 있는지 확인한 것이었다. 쥐가 스스로 물을 마실 수 없고, 반드시 다른 쥐가 레버를 눌러줘야만 물을 마실 수 있도록 설계했다.

그 결과, 군집 쏠림 현상이 완화되었고, II번 셀의 밀도도 이전보다 낮아졌다. 행동의 붕괴와 관련된 병리적 증상도 덜 격렬했다. 그러나 정상적으로 사회 구조를 회복시킬 정도는 아니었다. 여전히 정상적인 생식 활동은 하지 못했고, 사망률 또한 80%에 달했다.

칼훈의 실험은 더욱 본격화되었다. 행동의 붕괴를 초래하는 요인은 무엇이며, 이를 막기 위해서는 어떤 환경적 변화가 필요한가? 그의 연구는 동물 실험을 넘어서, 인구 밀도와 사회적 관계가 어떻게 개인과 집단에 영향을 미치는지 탐구하는 거대한 실험으로 확장되고 있었다.

강력한 데이터를 확보한 칼훈은 1962년 대중에게 연구를 공개하기로 결심했다. 먼저 그는 〈행동의 근원 Roots of Behavior〉이라는 학술 모음집에 논문을 발표했고, 곤충 행동의 신경학적 측면, 토끼의 모성 행동과 내분비적 기초 같은 연구들과 함께 수록되었다. 그리고 이를 대중이 쉽게 이해할 수 있게 압축해서 〈사이언티픽 아메리칸 Scientific American〉에 기고했다. 이런 잡지는 전문가들이 대중에게 폭넓게 다가가는 동시에, 전문 저널에서 다루기 어려운 논란의 소지가 있는 주제를 과감하게 싣는다. 10여 년 전, 칼훈에게 존 Q. 스튜어트의 사회물리학이라는 개념을 소개한 잡지이기도 했다. 이제 그는 연구자로서 글을 기고하는 위치가 되었다. 1962년 2월 호에 〈인구 밀도와 사회 병리 Population Density and Social Pathology〉가 실렸다. 4쪽짜리 짧은 글이었지만, 칼훈의 인생을 영원히 바꿔놓았다.

케이시 헛간의 내부 도면. NIMH에서 1962년 〈행동의 근원〉을 위해 그린 것이다.

인간 탐구로

이 글에서, 칼훈은 동물 행동뿐만 아니라 인간 사회에도 적용될 수 있는 문제로 확장했다. 그는 첫 문장에서 실험이 어떻게 이해되길 바라는지 명확히 했다.

"토머스 맬서스*Thomas Malthus*의 유명한 논문에서, 악덕

*vice*과 비참함*misery*은 인구 증가에 궁극적으로 자연적 한계를 부과한다고 주장한다. 이 주제를 연구하는 학자들은 주로 비참함, 즉 포식*predation*, 질병, 식량 공급이 인구 규모를 환경에 맞추는 힘으로 작용하는 방식에 초점을 맞췄다. 하지만 악덕은 어떠한가? 이 단어가 지닌 도덕적 부담은 잠시 제쳐두고, 한 종*species*의 사회적 행동이 인구 증가에 미치는 영향, 인구 밀도가 사회적 행동에 미치는 영향은 무엇인가?"

칼훈의 질문은 단순히 설치류의 군집행동을 탐구하는 것이 아니었다. 그의 연구는 과밀한 사회에서 인간이 어떻게 변하는가에 대한 근본적인 물음을 던졌다. 특히 칼훈처럼 새로운 연구 분야는 학계에서는 아마추어로 인식되곤 해서 개념이 확신을 얻기가 어려웠다. 반면에 대중화되어 '대중 과학*popular science*'의 범주에 들어가면 학계의 전통적 규범에서 상대적으로 자유로워진다. 스튜어트가 사회를 물리학적으로 설명하려 한 대담한 제안이 받아들여진 것도 대중화된 무대였다. 또한 학술 잡지에서는 허용되지 않는 탐사자나 사회적 음주자 같은 표현은 쥐의 행동과 인간 사회, 특히 도시 환경에서의 인간 행동을 비교하기 쉽게 했다.

반면, 학술 잡지에서는 종 간 비교를 신중하게 다뤘다. APA에 실린 〈인구 밀도와 사회 병리〉 논문은 맬서스의 개념을 인용하며 시작했지만, 인간 사회를 직접적으로 언급한 부분은 마지막 문장뿐이었다. 그마저도 조심스럽게 비유를 유보하는 방식으로 표현되었다.

> "시궁쥐가 진화와 가축화의 과정을 거쳐 획득한 일련의 행동은 인구 밀도로 인해 발생하는 사회적 압력 아래에서 결국 붕괴될 수밖에 없다. 시간이 지나면서 실험 절차와 연구 해석이 더욱 정교해지면, 이러한 연구가 인간 종이 직면한 유사한 문제에 가치 판단을 하는 데 기여할 수 있을지도 모른다."

칼훈은 인간 행동과의 직접적인 연결을 암시하면서도 다소 신중한 태도를 보인다. 그의 논문이 인구 밀도 증가가 인류에 심각한 결과를 초래할 수 있다는 경고로 읽히지 않았다면, 동물의 생태나 윤리에 관한 논문을 찾는 이들에게만 읽혔을 것이다.

그렇지만 인간 행동으로 확실하게 연결시키는 데는 소극적이어야 했다. 이는 NIMH 상부에서 강요한 것이 아니었다. NIMH는 이를 허용했을 뿐만 아니라, 오히려 요구했다. 칼훈이 신중했던 이유는 어떤 종이든 종에 따른 특정한 요구와 목표를 가지고 있기 때문이었다. 그가 쥐와 인간을 비교하는 데 신중했듯이, 고양이와 개를 비교하는 데도 신중했을 것이다. 그는 인간의 행동과 동기에 대해서는 시궁쥐의 수준만큼 알지 못했다. 그래서 칼훈은 인간에 대해 배우기로 결심했다.

덜과의 만남

케이시 헛간을 공사하는 동안, 칼훈에게는 사색할 시간이 생겼다. NIMH에서 자신과 유사한 사고방식을 가진 연구자들과 만날 수 있었다. 1950년대 중반에는 정신건강의 중요성이 점차 부각되고 있었지만, 이를 해결하기 위한 우선순위와 방법론은 여전히 불확실하고 유동적이었다. 역할과 책임, 세부 학문 분야가 명확히 정립되지 않아 학문적으로 덜 경직되었고, 행정적 감독도 느슨한 편이었다. 이런 상황은 연구자들에게 자유롭게 사고를 확장하는 기회를 제공했다. 기존의 규범에서 벗어나 유연하게 접근할 수 있었던 것이다.

이 시기에 칼훈은 젊은 의사였던 레너드 덜*Leonard Duhl*을 만났다. 그는 당시 공공 정신건강에 대한 장기 계획 *long-range planning for public mental health*을 맡고 있었다. 훗날 그는 이를 회고하며 "장기 계획이 무엇인지 전혀 몰랐다"라고 털어놓았는데, 당시 이를 명확히 정의할 수 있었던 사람은 없었을 것이다.

NIMH으로 오기 전에, 덜은 캘리포니아 버클리 근처에서 공공보건의로 일하며 무료 흉부 엑스레이 캠페인에 참여한 경험이 있었다. 하지만 캠페인은 예상과 다르게 진행되었다. 엑스레이 검사가 무료였는데도 참여하는 사람은 극히 적었다. 새내기 의사였던 덜에게 그 원인을 조사하는 임무가 주어졌다.

그는 참여자의 배경을 분석한 끝에 뜻밖의 사실을 발견했다. 엑스레이 검사를 받으러 오는 사람들은 대부분 건강하고 부유한 계층이었고, 정작 폐 질환의 위험이 높은 가난한 사람들은 캠페인에 관심이 없었다. 덜은 이를 무관심이 아니라 빈곤이 초래한 무기력으로 해석했다. 따라서 홍보를 강화하는 대신, 지역 사회 프로그램을 운영하는 전략을 선택했다.

그는 지역 퀘이커교도들과 협력해 다양한 커뮤니티 프로그램을 진행했다. 유아 건강 클리닉을 운영하고, 무료 법률 상담을 제공했으며, 데이케어 프로그램과 치킨 파티 같은 소규모 행사도 기획했다. 이러한 접근법을 통해 엑스레이 검사에 더 적극적으로 참여하게 했다. "단순히 공공보건 프로그램만 운영해서는 반응을 얻지 못했다. 하지만 지역사회를 통해 참여시키면 훨씬 좋은 반응을 얻을 수 있었다."

이 경험을 통해 덜은 사회 계층과 생활 환경이 건강에 미치는 영향을 깨달았다. "가난한 사람들은 정신병원에 가고, 부유한 사람들은 정신과 치료를 받는다." 이는 중요한 통찰이었다. 그는 사회복지와 지역사회 참여가 웰빙의 필수 요소라고 확신했고, 평생 '건강한 도시 Healthy Cities'를 위한 캠페인을 펼쳤다. 그는 UN국제아동구호기금 UN International Children's Emergency Fund, UNICEF과 세계보건기구 World Health Organization, WHO와 협력하며 국제 보건 정책에 영향을 미쳤고, 나아가 로버트 케네디의 도시 정책 연설문 작성에도 참여했다.

칼훈과 덜의 만남은 학문적 교류를 넘어, 랫 시티 실험을 인간 사회 문제에 구체적으로 연결하는 계기가 되었다. 어느 날, 점심을 먹으며 그들은 거주 환경이 건강과 생활 방식에 미치는 영향에 대해 깊은 대화를 나누었다.

덜은 공공보건의로 일하며 건강 당국과 빈곤층 간의 의사소통을 도모하고 지역사회의 참여를 유도했던 경험을 공유했다. 이 이야기를 들으며, 칼훈은 실험에서 본 쥐의 행동을 떠올렸다. 바 하버 숲에서 쥐는 신호와 냄새를 통해 불필요한 접촉을 피했다. 볼티모어 블록에서는 쥐가 행동권을 스스로 제한함으로써 과밀한 접촉을 방지했다. 인간과 쥐는 다른 종이지만, 사회적 공간에서의 신호와 질서의 역할은 공통된 원리를 따랐다.

두 사람은 서로의 연구를 비교하며, 생물학적 본능과 사회적 행동을 보편적으로 해석할 수 있다는 깨달음을 얻었다. 당시 학문적 관습은 주거와 건강, 도시계획과 심리학, 문화와 환경 같은 밀접한 문제를 각기 분리된 영역으로 다루는 경향이 있었다.

하지만 칼훈과 덜은 이러한 접근 방식이 문제를 지나치게 복잡하고 지엽적으로 만든다고 보았다. "문제를 개별적으로 다룰 것이 아니라, 더 넓은 시각에서 연결할 필요가 있다." 그들은 서로 다른 배경을 가진 학자들 간에 원활한 의사소통 채널이 필요하다고 결론 내렸다. 연구 협력뿐 아니라, 사회 문제를 해결하려면 학제 간 융합과 소통이 필수적이라는 인식을 공유한 것이다.

보이지 않는 대학

점심 식사를 마칠 무렵, 덜과 칼훈은 거주 공간이 삶

에 미치는 영향을 이해하고 이를 개선하기 위해 전문가 회의를 조직하기로 계획했다. 칼훈은 그날 쓴 일기에서 이들의 목표와 도전을 이렇게 정리했다. "정신건강에 영향을 미치는 공간의 속성과 구조화 방식을 이해하면, 이를 바탕으로 적절한 공간 활용 및 구조화 방안을 모색할 수 있다. 이러한 노력은 전체 인구의 정신건강 수준을 향상시키는 데 기여할 것이다." 초점은 도시였다.

이들은 칼훈의 설치류 연구와 덜의 지역사회 작업 경험을 결합해 '도시 환경 조건'이라는 복잡한 문제를 해결하려 했다. 하지만 도시는 단순한 대상이 아니었다. 주거, 상업, 산업 등 수많은 요소가 얽힌 복합적인 시스템이었으며, 사회학은 지리적 경계를 넘나들었고, 경제사는 상업적 맥락을 초월했으며, 정치는 건축에 영향을 미쳤다. 도시는 사회적 복잡성을 고스란히 드러내는 공간이었다.

그렇다면 이 복잡한 문제를 어떻게 다룰 것인가? 학문이 하나의 상자라면, 그 안에 '도시'라는 방대한 개념을 담을 수 있을까? 결국 문제를 세분화하고 이를 해결할 전문가 시스템을 구축해야 했다. 칼훈은 북미 소형 포유류 개체 수 조사를 감독한 경험을 바탕으로 분산된 전문가 네트워크 구축을 제안했다. 이는 경계가 뚜렷한 기존의 학과 개념과 달리, 공통된 주제에 관심을 가진 학자들이 느슨한 네트워크로 결합하는 방식이었다. 도시 문제의 복잡성을 해결하려면, 학문적 다양성과 방법론적 다원주의가 필수적이었다. 그러나 기존 학계에는 '도시'라는 개념을 담을 수 있는 단일한 학문적 틀이 없었다.

칼훈과 덜은 환경이 인간 행동에 미치는 영향에 관심을 가진 연구자가 자신들만은 아닐 것이라 확신했다. 분명 더 많은 사람이 존재할 것이다. 그들은 이러한 느슨한 연구자들의 네트워크를 "보이지 않는 대학Invisible College"이라 불렀다. 그래서 그들은 편지를 보내기 시작했다. 비슷한 문제의식을 가진 연구자들을 찾고 연결하기 위해 '트랩 라인'을 설정한 것이다.

'우주 비행을 꿈꾸는 사람들'의 서막

그들은 초대할 전문가들의 명단을 작성했다. 인류학자, 건축가, 도시계획가, 환경생리학자, 수리생물학자, 물리학자, 정신과 의사, 심리학자, 사회학자, 동물학자 등이 포함되었다. 그중에는 볼티모어 계획의 주택법 초안을 작성한 캘리포니아 대학의 도시계획가 캐서린 바우어Catherine Bauer, 인구생태학의 고전으로 평가되는 《토끼와 점쟁이 The Hare and the Haruspex》(1960)의 저자인 에드워드 디비

Edward Deevey, 중독의 원인을 밝힌 존 시리, 천체물리학자이자 사회물리학 창시자인 존 Q. 스튜어트가 있었다.

모두 초대를 수락한 것은 아니었다. 노버트 위너Norbert Wiener는 간결한 답장을 보냈다. "공간이라는 문제는 흥미롭지만, 그 문제에 부여하신 철학적 중요성을 받아들이기 어렵습니다. 문제에 대해 조언할 만큼 충분히 공감하지 못했습니다." 위너는 캐넌의 항상성 개념을 사회적, 기술적, 기계적 시스템 같은 복잡한 것에도 적용할 수 있다는 사실을 처음으로 발견한 사람이었다. 그는 생명체와 사회-기술적 시스템에서 복잡성이란 자율적으로 작동하는 피드백 메커니즘에 의해 유지된다는 점을 주장하며, 이를 사이버네틱스cybernetics라고 불렀다. 이 개념은 컴퓨터 시대의 중요한 조직 원리로, 복잡한 시스템 이론의 기반을 형성했다. 그러나 천재로 불렸던 위너는 '어른의 몸에 갇힌 아이' 같았으며, 정보가 전달되는 물리적 방식이나 공간의 중요성에는 관심이 없었다.

한편, 정보와 물리적 세계의 분리가 초래할 결과를 상상한 이는 소설가 윌리엄 깁슨William Gibson이었다. 깁슨은 《뉴로맨서》(1984)에서 정보로 이루어진 가상 세계와 그 안에서 살아가는 인간의 경험을 탐구하며 이 영역을 사이버공간cyberspace이라고 명명했다.

칼훈과 덜은 답장한 사람을 바탕으로 초대 명단을 확정하고, 첫 모임을 1956년 5월로 예정했다. 덜은 NIMH 외부 연구 부서장으로서 조직과 자금 조달을 감독했다. '정신건강의 결정 요인으로서 물리적 및 사회적 환경 변수에 관한 위원회Committee on Physical and Social Environmental Variables as Determinants of Mental Health'라는 이름은 너무 길었다. 1957년, 두 번째 회의 도중에 러시아가 스푸트니크를 발사하는 역사적인 사건이 있었다. 그래서 이를 계기로 그들은 스스로 '우주 비행을 꿈꾸는 사람들space cadets'이라고 칭했다.

이들은 10년 동안 매년 두 차례, 워싱턴 근처의 듀폰 서클 호텔에서 모임을 가졌다. 칼훈은 연구회의 규모를 12명으로 제한했다. 이는 쥐 군집 실험에서 최적의 모임 규모를 12로 설정한 것의 연장선상에 있었다. 덜이 의장을 맡았으며, 참석자 명단은 조금씩 바뀌었다. 사회학자 어빙 고프먼Erving Goffman은 잠시 참여했으며, 스코틀랜드의 조경 건축가 이언 맥하그Ian McHarg는 열정적인 참가자가 되었다. 천체물리학자 존 스튜어트와 도시 설계자 캐서린 바우어는 정기적으로 참석했으며, 중독의 원인을 연구하던 존 시리도 그룹에 합류해 논의에 힘을 실어주었다. 특히, 바우어는 도시 조례와 주 정부 정치에 대한 실질적인 정보를 제공하며 연구회의 가치를 높였다.

연구회는 늘 희망적이고 야심찼다. 1957년 회의록에는 "로버트 케네디 씨가 다음 회의에 참여하기로 했다"라는 기록이 남아 있었지만, 여느 정치인처럼 말만 남기고 실제로는 참석하지 않았다.

칼훈과 딜에게 이 모임은 학문적 교류의 장을 넘어, NIMH에 자신들의 연구 접근 방식의 중요성을 호소할 기회이기도 했다. 실제로 첫 회의에서 칼훈은 "NIMH의 연구 방향을 환경이 정신건강에 미치는 영향을 연구하는 넓은 영역으로 확장하는 것"을 목표로 삼았다고 설명했다. 당시 정신건강 연구에서 약물 치료 중심의 접근법이 급부상하면서, 환경적·생태학적 접근은 점차 영향력을 잃었다. 이러한 상황에서 칼훈은 자신들의 연구가 더욱 긴급한 의미를 갖게 되었다고 판단했다. 그래서 두 번째 해를 맞이할 즈음, 연구회 참석자들에게 이렇게 설명했다.

"이 연구회는 정신건강에 관심이 있는 기존의 연구팀과는 초점과 접근 방식이 다릅니다. 현재 모든 것을 약물 치료로 해결하려는 거대한 압력이 존재합니다. 단 한 번의 투약으로 모든 문제가 해결되고, 환자는 행복해지고, 경제적으로도 생산성이 증가하리라고 기대하죠. 하지만 저는 이 모임의 접근 방식이 그런 흐름과는 다른 방향으로 발전하고 있다고 생각합니다. 그리고 그 방향이 훨씬 더 의미 있다고 확신합니다."

'우주 비행을 꿈꾸는 사람들'이라는 연구회가 없었다면, 칼훈은 그의 옛 동료들과 갈등을 겪었을지도 모른다. 그는 볼티모어에서 개체 수가 환경의 수용 능력을 초과하지 않도록 스스로 조절된다는 사실을 발견했다. 기아로 인해 개체군이 붕괴하는 것이 아니라, 자연에는 자가 조절 장치가 있다는 것이었다. 그의 동료인 존 크리스천과 데이비드 데이비스와 같이 이를 발견했다. 모두 인구 밀도가 개체 수 증가를 억제하는 메커니즘을 연구했고, 이 아이디어는 각자의 연구 분야에서 핵심적인 역할을 했다.

흥미롭게도, 같은 현상을 관찰하고도 세 사람은 이를 전혀 다르게 해석했다. 데이비스는 개체 수 감소가 공격성과 사회적 갈등 증가 때문이라고 보았고, 칼훈은 정상적인 행동이 붕괴되면서 번식이 억제되는 과정에 주목했다. 반면, 크리스천은 이 현상이 생리적 스트레스 반응에서 비롯된다고 주장했다. 사회적 압력이 증가하면, 동물의 신체 내부에서 변화가 일어나 번식률이 감소하고 질병에 취약해진다는 것이다.

하지만 이들의 해석 차이가 불화로 이어지지는 않았다. 이는 연구회 덕분이었다. 연구회에는 각기 다른 학문적 배경을 가진 전문가들과 지속적으로 교류하면서, 연구 방법이 다를 수 있음을 인정하고 존중하는 문화가 형성되었다. 그들은 논쟁을 벌이면서도 상대방의 관점을 이해하려 했고, 결국 각자의 해석이 상호보완적인 것임이 드러났다. 이 연구회가 아니었다면 이들은 '최초'라는 타이틀을 두고 경쟁하며 학문적 갈등에 휘말렸을지도 모른다. 하지만 그들은 동료로 남았고, 각자의 방식으로 자연의 복잡성을 탐구하는 데 집중할 수 있었다.

제임스섬의 사슴들

볼티모어에서 칼훈과 함께 개체 수 자가 조절 현상을 발견한 크리스천은 이후에 이를 더 깊이 탐구하기 위해 자연 상태에서 개체 수 밀도가 높은 개체군을 찾기 시작했다. 그는 사회적 압력이 동물의 생리에 어떤 영향을 미치는지, 실험실이 아닌 실제 환경에서 확인하고 싶었다. 하지만 자연 상태에서는 과밀한 개체군을 찾기가 어려웠다. 개체 수가 증가하면 초과 개체가 주변 지역으로 이주해 밀집을 해소했기 때문이다. 칼훈이 자주 말하듯, "이민은 죽음과 같다"라는 원칙이 작용했다. 그러나 1955년, 크리스천은 예외적인 사례를 발견했다. 바로 체서피크만 동쪽의 제임스섬 James Island 이었다.

제임스섬은 원래 약 5제곱킬로미터였으나, 해안 침식과 토지 침하로 점점 줄어들었다. 20세기 초까지 대부분의 주민들이 떠나면서 포식자가 전혀 없는 고립된 환경이 형성되었다. 1916년, 한 사냥꾼이 이곳에 비토착종인 꽃사슴 5마리를 방사했고, 사슴은 빠르게 번식했다. 1955년 크리스천이 섬을 조사했을 때, 300마리의 사슴이 고밀도 상태에서 살아가고 있었다. 그러나 몇 년 뒤, 예상치 못한 대재앙이 발생했다. 1958년 겨울에 전체 개체군의 60%가 단기간에 죽었고, 주로 암컷과 어린 사슴이 희생되었다. 사망한 사슴의 시신을 수거해 분석한 결과, 굶주림이나 질병이 아니라 '생리적 스트레스'로 사망한 것이었다.

사슴의 위에는 여전히 음식이 남아 있었고, 신체도 쇠약하지 않았다. 그러나 밀도가 증가할수록 체중은 감소했고, 부신은 점점 비대해졌다. 생검 결과, 지속적인 스트레스에 의해 자극이 과잉돼 퇴행성 변화를 보였다. 결국, 건강한 개체라면 견뎌낼 수 있는 한파와 같은 충격에도 저항력이 떨어져 사망했다. 크리스천은 이 현상을 "높은 인구 밀도로 인한 생리적 혼란 *physiological derangements resulting from high population density*"이라 불렀다.

이 연구는 크리스천이 10년 전 볼티모어에서 제안했던 '스트레스 유발 인구 조절 가설'을 실증적으로 입증한 사례가 되었다. 이후 개체군은 점차 회복되었으며, 2년 후에는 생존한 사슴들의 후손들이 다시 건강한 체중과 정상적인 부신 크기를 회복했다. 이 연구는 찰스 엘턴이 1940년대 북극 레밍의 주기적 개체 수 변동에서 제안했던 개념과도 연결되며, 인구 밀도와 생리적 스트레스 간의 관계를 이해하는 중요한 전환점이 되었다.

그러나 크리스천은 이 주기가 다시 반복되는 모습을 볼 기회를 잃었다. 제임스섬이 해수면이 상승하면서 사라졌기 때문이다. 사슴은 본토로 확산되었고, 현재도 번성하며 사슴 사냥 산업을 지탱하는 주요 종이 되었다. 2022년, 미국 육군 공병단은 체서피크만에서 준설한 퇴적물을 이용해 제임스섬을 복원하는 프로젝트를 시작했다. 약 8제곱킬로미터의 서식지를 되살릴 예정이지만, 이번에는 꽃사슴을 도입할 계획이 없다.

경계와 붕괴

칼훈은 제임스섬 사슴이 행동의 붕괴로 이어지지 않

은 이유에 의문을 품었다. 제임스섬의 사슴은 과밀해졌지만, 서로 접촉할 필요가 없을 만큼 공간이 충분했다는 것에 주목했다. 물론 크리스천은 조직을 분석하는 데 집중했고, 사슴의 행동은 치밀하게 분석하지 않았다. 따라서 제임스섬의 사슴이 어땠는지 확신할 수는 없었다. 하지만 자연계에서 일어나는 병리적 행동은 눈에 띈다. 대규모 이주하는 레밍이나 전염병에 감염된 쥐는 평소와 달리 대낮에 모습을 드러냈다. 찰스 엘턴은 많은 예를 수집했는데, 대규모 이주 중인 쥐는 먼 바다까지 헤엄치거나 사람의 발 위로 지나다니는 식으로 눈에 띄는 이상 행동을 보였다. 사슴이 이상 행동을 보였다면, 기록이 남았을 것이다.

두 군집 모두 울타리나 물로 인해 영토의 경계가 고정되었고, 제한된 공간에서 개체 수가 증가할 수밖에 없었다. 이로 인해 두 군집 모두 행동권이 과도하게 겹쳤고, 각 개체는 끊임없이 다른 개체의 영역에 머무르며 심각한 스트레스를 경험했다. 그러나 제임스섬의 사슴들은 행동권을 줄이는 방식으로 반응한 반면, 케이시 헛간의 쥐는 병리적 연대를 형성했다.

칼훈은 이러한 차이를 개체 수 밀도의 차이에서 찾았다. 케이시 헛간에서는 개체 수가 최적 수준보다 50% 이상 초과한 상태였지만, 제임스섬의 사슴은 임계점을 넘지 않았을 가능성이 있었다. 행동권을 비눗방울에 비유하자면, 제임스섬의 사슴은 거품이 터지기 직전이었고, 케이시 헛간의 쥐는 작은 거품이 터져 거대한 거품으로 합쳐진 상태였다. 이러한 환경에서는 개체는 자아나 정체성을 신체 내부로만 축소해야 할 만큼 극심한 스트레스를 받았고, 결국 행동의 붕괴로 이어진 것이다.

이주

2부

Exodus

10장 개인 공간

숨겨진 차원

칼훈과 동료들이 발견한 행동권의 개념은 인류학과 심리학에서도 유사하게 논의되고 있었다. 특히 인류학자 에드워드 트위첼 홀*Edward Twitchell Hall*과 심리학자 로버트 소머*Robert Sommer*는 개인 공간이 사회적 행동에 미치는 영향을 연구하며 '개인 공간 거리*personal space bubble*' 개념을 내세우며 프라이버시의 생태학*Ecology of Privacy* 이론을 구축하고 있었다.

홀과 소머는 칼훈의 쥐 실험에 대해 듣고는, 개인 공간 거리 이론이 칼훈의 설치류 행동 데이터에도 적용되며 동물 행동 분야에 폭넓게 적용될 수 있다고 생각했다. 생태학과 사회학은 점차 얽혀들었다. 이미 칼훈은 군집 상태의 쥐와 인간을 암묵적으로 연결하고 있었지만, 이러한 접근법이 확산된 건 홀과 소머가 지지한 덕분이었다.

1949년 1월, 트루먼 대통령은 취임 연설에서 외교 정책의 네 가지 핵심 사항으로 구성된 국제적인 평화와 자유를 위한 프로그램을 제시했다. 이 중 저개발 국가에 미국의 문화 및 기술 학습을 세계적으로 보급하는 것이 있었다. 2,500만 달러가 책정된 프로그램에서 첫 번째로 고용된 사람이 홀이었다. 트루먼 정부는 1930년대 인디언 원주민들인 나바호족과 호피족을 인디언청에서 진행한 도로와 댐 건설에 건설 인부로 참여시키거나, 전쟁 중 장교가 되어 아프리카계 미국인 공병 연대를 이끈 홀의 다양한 경력을 보고, 그가 학계에 머문 인류학자 이상으로 다양한 문화와 계급에 속한 사람들 간의 역학관계에 대한 이해가 높다고 판단했던 것이다. 이 프로그램에서 홀은 미국 외교관들을 해외에 파견할 때 언어에 기반한 커뮤니케이션이 아닌 언어 외적인 요소들을 이해하게끔 가르쳤다. 국가마다 다른 목소리 톤이나 자세, 시선을 두는 시간 등 행동적 요소를 먼저 관찰하게 하고, 문화마다 다른 행동 규범을 익히게 한 것이다. 홀은 이를 "침묵의 언어"라 불렀다.

비언어적 커뮤니케이션을 직관이 아닌 행동에 대한 객관적 관찰에 기반해 접근했다는 사실은 당시로서는 파격적이었고, '상호 이해'를 곧 '미국인의 이해'로 여기는 정부와 외교관이 좀 더 중립적 입장을 취하도록 만들었다. 즉, 다른 문화가 이상한 게 아니며, 행동에서 객관적 사실을 추론하도록 한 것이다. 예를 들어, 사무실에 있을 때 누군가가 노크하면 책상에 올려놓은 발을 내려놓는다. 그러나 들어온 사람이 친구라면 다시 올려놓지만, 상사라면 다시 올려놓지 않는다. 이 시나리오에서 두 사람의 관계가 친구인지 부하-상사인지는 책상에서 내린 발을 다시 올릴지 말지로 판단한다. 이러한 행동에 기반한 사회적 관계는 문화마다 다르다.

홀은 파견된 나라에서 이러한 행동의 규칙을 먼저 숙지하는 것이 외교인의 자세여야 한다고 했다. 이런 문화 상호주의적 접근은 트루먼 시대에는 인기를 끌었고, 1955년에는 〈사이언티픽 아메리칸〉에 '매너의 인류학*Anthropology of Manners*'이라는 글을 기고하기도 했다. 이 내용은 반응이 좋아서 1959년 《침묵의 언어*The Silent Language*》로 집필되며 호평을 받았다.

이후에 그가 관심을 기울인 것은 사회적 공간이었다. 특히 사람 사이의 근접성에 따른 미묘한 정치에 관심을 가졌다.《침묵의 언어》의 후속작인《숨겨진 차원*The Hidden Dimension*》은 이러한 근접성에 대한 행동을 다뤘다. 이 책에선 인류학적 사례보다는 동물을 주로 다뤘는데, 책의 시작에서 칼훈이 타우슨과 케이시에서 진행한 실험을 요약했을 뿐 아니라 책 전반적으로 행동의 붕괴를 언급했다. 그 외에도 노아의 방주에 나오는 동물 사례나 제임스 섬 사슴의 개체 수 붕괴 사례를 들었고, 칼훈의 실험은 따로 한 장에 걸쳐 상세히 기재했다.

칼훈이 쥐 사회에서 짝짓기 의식의 붕괴가 성적 혼란, 모성 상실, 폭력 확산으로 이어지는 과정을 관찰했듯이, 홀도 인간 사회에서 예의 없는 행동이나 어색한 관계가 단순한 실수가 아니라 문명 전체에 위협이 될 수도 있다고 보았다. 즉, 반복되는 어색한 상호작용이 사람들 사이의 불편함을 키우고, 사회적으로는 이런 현상이 쌓여 큰 재앙으로 이어질 수 있다고 경고했다.

그는 도시 환경을 위험 요소로 지목했다. 도시는 생활 공간일 뿐 아니라 인간의 복지와 직결되며, 과도한 인구 집중이 결국 심각한 사회 문제를 초래할 수 있다고 보았다. 동물 연구는 그의 우려를 더욱 강화했다. 그는 "농촌 인구가 도심으로 몰려들면서 발생할 위험에 대해 경고해야 한다"라며, 이를 동물 행동 연구와 연결해 설명했다.

도시는 강력한 흡인력을 지닌 공간이지만, 그로 인해 심각한 사회적 문제를 낳을 수 있다. 홀은 도시 인구가 폭발적으로 증가할 경우 "수소폭탄보다 더 위험한 사회적 붕괴"를 초래할 수 있다고 주장했다. 물론, 일상적으로 책상 앞에서 일하는 평범한 사람들에게는 이러한 경고가 먼 미래의 이야기처럼 들릴 수도 있었다. 하지만 홀은 상상이 아니라 점점 현실이 되고 있다고 보았다.

홀은 대도시의 전철을 타기보다는 예전에 살던 뉴멕시코에서 말을 타고 달리는 것이 훨씬 더 행복했던 사람이었다. 그는 도시에서 살아가는 사람들을 안타깝게 여겼다. 도시 주민들은 혼잡한 지하철에서 몸을 부딪히고 밀치며, 지하 주차장에서 보이지 않는 적대감을 느끼고, 창문 없는 답답한 사무실에서 어느 정도의 긴장과 경계 상태를 유지하며 살아간다고 보았다.

하지만 홀은 동물 연구를 통해, 인간을 포함한 길들여진 동물이 서로 안전하다고 느낀다면 놀랍도록 높은 인구 밀도에서도 생활할 수 있다는 사실을 인정했다. 그는 건축을 '프라이버시 스크린'으로 이해했다. 다른 사람의 존재를 가려주고, 불필요한 자극(예: 소음)을 차단하는 역할을 한다고 보았던 것이다. 그러나 제임스섬의 사슴이나 칼훈의 쥐처럼 숨을 공간이 전혀 없고 개인적인 거리가 무의식적으로 겹치는 상황에서는 과도한 자극과 스트레스가 발생한다고 경고했다.

이러한 스트레스와 과밀한 환경은 서로 영향을 주고받으며 악순환을 형성했다. 스트레스가 증가하면 밀집된 환경에 대한 민감도가 더욱 높아지고, 사람들은 더 예민해지며, 가용 공간이 줄어들수록 오히려 더 많은 공간을 필요로 하는 역설적인 상황이 벌어진다는 것이 홀의 결론이었다.

'행동의 붕괴' 소비

홀의 도시에 대한 묘사, 특히 이를 행동의 붕괴로 해석하는 칼훈적인 시각은 저널리스트이자 소설가인 톰 울프*Tom Wolfe*의 관심을 끌었다. 1966년, 울프는 홀과 함께 뉴욕에서 이틀을 보내며 뉴요커들의 행동을 관찰했다.

센트럴역 매표소가 내려다보이는 발코니에서, 두 사람은 퇴근 시간대의 통근자들을 동물 행동 연구를 하듯 분석했다. 울프는 센트럴역을 가득 메운 통근자들이 "뛰어다니고, 피하고, 눈을 깜빡이며, 찌르레기나 쥐 같은 소리를 내는 개체들"처럼 보였다고 묘사했다. 그는 특유의 날카롭고 불길한 문체로, 맨해튼 주민들이 자신도 모르는 사이에 행동의 붕괴에 빠져드는 모습을 그려냈다.

과밀 환경은 아드레날린을 자극하고, 이는 사람들을 끊임없는 흥분 상태로 몰아넣는다. 그 결과, 뉴욕의 거리는 지속적인 긴장과 초조함이 지배하는 공간이 되었다. 울프는 뉴욕의 일상을 신랄하게 표현했다. "병색이 짙은, 신장이 안 좋은, 이상한, 자폐적, 가학적인, 불임의, 황폐한, 혼란스러운, 엉성한, 속이 비치는 바지를 입은, 훔쳐보는, 맥박 치는, 무감각한 뉴욕." 그는 이 모든 것이 "뉴욕의 전형적인 모습"이라고 결론지었다.

울프의 표현은 과장되고 산만해 보이지만, 그가 선택한 형용사는 결코 우연이 아니었다. 그는 칼훈의 연구와 제임스섬의 사슴 개체군에서 나타난 생리적·행동적 이상을 정확히 짚어냈다. 울프의 과장된 문체는 그의 개성이었지만, 행동분석학에 대한 그의 설명은 본질적으로 정확했다.

울프의 글은 〈뉴욕 매거진〉에 실린 후, 1960년대 반문화counterculture 에세이 모음집《펌프하우스 갱The Pump House Gang》에 포함되었다(펌프하우스는 캘리포니아 라호야에서 서핑하는 젊은이들의 모임 이름이었다).

울프의 글은 선정적 보도의 대표인 헌터 S. 톰슨Hunter S. Thompson의 관심을 끌었다. 그는 '행동의 붕괴' 개념을 적극적으로 활용했다. "'행동의 붕괴'는 제가 자주 사용하는 '인간 본래의 시도Atavistic Endeavor'와 일맥상통합니다"라며 흥분을 감추지 않았다. 울프와 톰슨에 의해 문학적으로 과장돼 소비되었지만, 칼훈의 연구는 그런 비유로만 소비되기에는 너무나도 중요한 주제였다. 홀은 《침묵의 언어》에서 문화 규범의 다양성과 탄력성을 강조했지만, 《숨겨진 차원》을 집필하며 인간 문화의 적응력에도 한계가 있음을 깨달았다.

아프리카의 기원

홀이 인간 행동을 설명하기 위해 동물 연구 사례를 사용한 것은 당시에는 혁신적이었지만, 1960년대 후반에는 인간 본성의 동물적 기원을 논의하는 학자와 작가가 늘어났다. 이들 중 가장 주목받은 인물은 로버트 아드리Robert Ardrey였다. 본래 성공적인 극작가이자 할리우드 시나리오 작가였던 아드리는 1955년 동아프리카 여행을 계기로 인류의 기원과 본성에 관심을 가졌고, 이를 계기로 인류학 연구자가 되었다. 이 과정에서 그는 1924년 초기 인류 화

석을 최초로 발견한 해부학자 레이먼드 다트*Raymond Dart*
의 연구에 깊은 영향을 받았다.

다트는 오스트랄로피테쿠스 화석을 발굴해서 인류가 아프리카에서 기원했다는 해부학적 증거를 제시했다. 그는 초기 유인원들이 영양 뼈를 무기로 사용했을 가능성을 주장하며, 인간의 본질적인 폭력성을 강조했다. 이런 법의학적 증거는 아드리에게 깊은 영감을 주었고, 그는 이를 기반으로 인간의 원시 조상이 호전적이고 폭력적이었다는 결론에 도달했다.

아드리는 무기의 사용이 생존 도구를 넘어 현대 인류의 진화를 가능하게 했다고 보았다. 그는 이러한 이야기가 설득력이 있다고 느꼈고, 이후 20년에 걸쳐 이 아이디어를 담은 아프리카 창세기를 홍보하는 데 전념했다. 아드리의 해석에 따르면, 약 40만 년 전 아프리카 사바나에서 시작된 인간의 역사는 갈등과 폭력으로 점철된 비극이었다. 그는 인간을 '킬러 유인원'이라 칭하고, "무기가 인간을 낳았다"라고 주장하며 인간 본성의 폭력성을 강조했다.

이러한 시각은 칼훈의 행동의 붕괴 연구에서 드러난 극단적인 폭력성과도 맞닿아 있었다. 아드리는 칼훈이 연구 과정에서 규율 위반에 그다지 신경 쓰지 않는 점을 인상적으로 보았고, 이를 인간 본성에 대한 자신만의 해석과 연결했다. 그의 글에는 칼훈에 대한 인상이 고스란히 담겨 있다.

> "심리학 분야에서 '이단자 중의 이단자'라 할 수 있는 칼훈은 신체적으로 왜소하고, 다소 괴팍하며, 요정처럼 쉽게 붙잡을 수 없는 존재였다. 그는 미국 심리학계의 견고한 울타리를 교묘히 빠져나가는 능력을 지녔으며, 그렇게 빠져나가면서도 크게 주목받지 않을 수 있었다."

홀은 인간을 본능적 욕구를 지닌 동물로 바라보았다면, 아드리는 칼훈의 연구가 인간의 본질적인 야성을 입증한다고 여겼다. 아드리는 케이시 헛간 실험을 자신만의 독특한 방식으로 해석했는데, 그는 악화되는 환경에서도 무력하게 군집하는 동물의 고통에 주목하기보다는, 오히려 행동의 붕괴가 처음부터 발생하게 만든 무분별한 쾌락주의 *reckless hedonism*에 집중했다. 예를 들어, 지배적 수컷에게 보호받던 가장자리 셀의 암컷은 발정기에 접어들면 위험을 무릅쓰고 중앙 셀로 이동해 혼란으로 뛰어들었고, 지위가 낮은 수컷들과 교미했다. 아드리의 해석에 따르면, 이러한 집단화 *togetherness*는 병리적인 현상이긴 해도 자발적으로 일어났다. 그는 "쥐들은 행동의 붕괴를 즐겼다"라고 주장하며, 인간도 마찬가지라고 보았다. "공간과 시민을 논할 때, 사람들이 도시로 몰려들었다기보다는 스스로 원해서 군집을 이뤘다는 역사적 사실을 인정해야 한다"라고 강조했다.

아드리의 해석에서, 모든 사회 조직의 핵심 본능은 영토성territoriality이었다. 이를 이해하면 나머지 모든 요소는 자연스럽게 맞물린다. 영역 방어는 공격성을 유발했고, 지속적인 방어는 벽과 울타리, 경계선을 만들었으며, 이는 모트앤드베일리 성motte-and-bailey castle(작은 언덕에 성벽을 두르고 지은 성채)과 같은 성벽으로 둘러싸인 요새로, 마침내 도시로 발전시킨다고 보았다. 도시는 아드리가 '영역적 충동territorial impulse'이라 부른 본능이 구체적으로 구현된 형태였다.

생태학자들은 도시를 오랫동안 자연계에 해를 끼치는 존재로 여겼다. 그 피해는 인간에게 돌아왔으며, 생태학자들은 도시가 인간이 살기에 적합하지 않다는 주장을 정당화했다. 처음에는 안전한 피난처였던 도시가, 이제는 사적 영역에 대한 인간의 본능적 필요와 충돌했다. 아드리는 도시에 대한 인간의 종교적 본능이 인간을 위험에 빠뜨린다고 경고했다. 그는 "우리는 도시 집중화 속에서 새롭고도 예상치 못한 무언가에 직면하고 있다"라고 말하며, 인간이 그런 환경에 대비할 준비가 되어 있지 않다고 강조했다. 그는 "개미집에 사는 개미처럼 도시에 살지만, 척추동물인 우리는 유전적으로 그러한 환경에 준비되지 않았다"라고 주장했다.

아드리의 《아프리카 기원 African Genesis》(1961)은 세계적인 베스트셀러가 되었으며, 〈타임〉이 선정한 1960년대 가장 주목할 만한 논픽션 도서 목록의 정상을 차지했다. 그의 극적인 문체는 대중에게는 인기를 얻었지만, 학계에서는 그다지 환영받지 못했다. 학자들은 아드리가 극적인 대립을 강조하느라 폭력의 역할을 지나치게 강조했으며, 그 과정에서 혈연, 양육, 협력 같은 인간 발전의 핵심 요소를 간과했다고 비판했다.

아드리는 이후 3권의 책을 더 출간하면서 타고난 폭력성이라는 주제를 확장했다. 또한 홀과 마찬가지로 다양한 동물 연구를 활용했다. 그는 인간을 동물적 관점에서 바라보았으며, 이를 통해 홀과 소머가 시도했던 방식과 비슷하게 '낯설게 하기' 효과를 얻을 수 있었다. 하지만 홀과 소머가 인간의 불안을 해소하는 방향으로 연구를 진행한 것과 달리, 아드리는 오히려 불안을 자극하려 했다.

벌거벗은 유인원

아드리의 두 번째 책 《영토적 본능 *The Territorial Imperative*》이 1966년에 출간된 직후, 영국의 동물학자 데즈먼드 모리스 Desmond Morris 는 《털 없는 원숭이》를 몇 주 만에 집필해 출간했다. 이 책은 수백만 부가 팔리며 엄청난 베스트셀러가 되었다.

모리스는 아드리의 주장에 공감하며, "문명의 사회 구조를 만든 것은 인간의 본능이지, 사회가 인간을 만든 것이 아니다"라고 단언했다. "인구 증가는 통제 불가능한 수준에 도달했고, 과잉 인구와 도시 확장은 환경을 해치며, 도시는 자연과 인간 모두에게 해롭다."

모리스는 《털 없는 원숭이》에서 홀의 근접학과 아드리의 영토 본능 이론을 연결하며, 도시 생활이 인간 본성과 충돌하는 방식을 설명했다. 인간은 사바나에서 진화했기에 도시와 같은 과밀 환경에 제대로 적응하지 못하며, 밀집을 견디기 위한 유일한 해결책은 극단적으로 사회에서 고립되는 것 *social withdrawal*이라고 보았다. "서로를 응시하지 않고, 손짓하지 않으며, 어떠한 신호도 보내지 않고, 신체 접촉을 피함으로써, 우리는 감각적으로 압도될 수밖에 없는 사회 환경 속에서 간신히 버티고 있다."

모리스가 아드리나 홀과 다른 점이 있다면, 이미 대중이 칼훈의 군집 과밀 실험을 알고 있다고 가정했다는 점이다. 그는 칼훈의 연구를 굳이 길게 설명하지 않고 지나가듯 이렇게 덧붙였다.

> "이미 우리는 알고 있다. 지금과 같은 속도로 인구가 증가한다면, 인간 사회는 통제할 수 없는 공격성으로 뒤덮일 것이다. 이는 실험실 연구를 통해 확실히 증명된 사실이다. 극심한 과밀은 사회적 스트레스와 긴장을 유발하며, 굶어 죽기 전에 공동체를 먼저 붕괴시킬 것이다."

1960년대가 끝날 무렵, 아드리와 모리스는 한때 주변적인 주장에 불과했던 이론을 대중적으로 자리 잡게 하는 데 큰 역할을 했다. 물론, 당시 인류학을 다룬 책이 이것만 인기 있었던 것은 아니다. 같은 시기에 프란츠 파농 *Frantz Fanon*과 클로드 레비스트로스*Claude Lévi-Strauss*도 주목받았으며, 이들의 저서 또한 가장 주목할 만한 논픽션 도서 목록에 올랐다. 그러나 아드리와 모리스의 책만큼 즉각적이고 폭넓은 대중적 호소력을 발휘하진 않았다.

인간 행동을 설명하는 데 생물학적, 특히 진화론적 기제를 적용하는 접근법은 더 이상 급진적인 것이 아니었다. 《아프리카 기원》과 《털 없는 원숭이》는 이후 등장할 사회생물학, 진화심리학을 비롯해, 리처드 도킨스 *Richard Dawkins*, 스티븐 핑커 *Steven Pinker*, 유발 하라리 *Yuval Noah Harari* 같은 지식인들이 널리 사용할 유전자 중심 *gene-down* 설명 모델을 예고했다.

1968년이 되자, 아드리는 더 이상 영화 대본을 쓰지 않았다. 그러나 스탠리 큐브릭 *Stanley Kubrick*의 〈2001 스페이스 오디세이〉의 오프닝 장면은 《아프리카 기원》을 그대로 가져온 듯했다. 오스트랄로피테쿠스가 영양의 뼈로 라이벌을 때려죽이는 장면은, 인간 본성을 동물적 본능과 폭력으로 설명하려는 아드리의 세계관과 정확히 맞아떨어졌다.

이런 생물학적 설명 모델에는 숙명론적인 요소가 내재되어 있었다. 즉, 인간은 기본적으로 동물적 본성에 의해 지배된다는 것이다. 동물 연구를 통해 1960년대 미국에서 증가하던 범죄율과 사회적 혼란을 인구 증가에 대한 생물학적 반응으로 해석하기는 쉬운 일이었다. 이러한 설명 방식이 대중적으로 강한 호소력을 가졌던 이유 중 하나는, 사회가 아니라 진화의 역사로 책임을 돌릴 수 있었기 때문이다. 아드리와 모리스의 주장은 도시 빈민가에서 범죄와 폭력이 증가한 이유가 사회적 실패가 아니며, 인간의 자연스러운 본능 탓이라고 정당화하는 데 이용되었다. 사회가 범죄와 폭력을 방치했다는 도덕적 책임에서 벗어날 수 있는 편리한 논리였던 것이다.

이러한 생태학적 설명 방식은 본질적으로 반사회학적이었다. 생물학은 정치적 논쟁을 피할 수 있는 피난처가 되었다. 폭력이 생물학적으로 불가피한 것이라면, 사회적 불평등과 부정의에 대해 지나치게 고민할 필요가 없었다. 다시 말해, 다윈을 생각하면 마틴 루터 킹 목사를 생각할 필요가 없었다. 불평등을 해소하기 위해 정책을 바꾸기보다는, 강력한 치안 유지와 감시 기술의 발전에 초점을 맞추면 그만이었다.

이런 논의에서 인종적 차별은 당연한 것이었다. '킬러 유인원'이라는 개념이 갖는 원초적 분노 *tropistic fury*의 이미지는, 할렘, 와츠, 디트로이트에서 발생한 흑인 폭동을 설명하는 도구로 이용되었다. 폭력이 아프리카에서 비롯된 본능적 유산이라면, 그 원인을 도시 빈민가의 열악한 환경, 차별적인 고용 구조, 불평등한 금융 시스템, 불평등한 흑인 수감률, 그리고 지켜지지 않은 수정헌법에서 찾을 필요가 없었다. 결국, 생물학적 결정론은 사회적 책임을 회피하는 편리한 도구가 되었던 것이다.

11장 | 정신병원

멋진 신세계

1951년, 한 영국인이 캐나다 웨이번에 위치한 서스캐처원 병원 *Saskatchewan Hospital*에 도착했다. 끝없이 펼쳐진 밀밭을 가로지르는 긴 여행 끝에 차에서 내린 그는 그곳의 규모에 압도되었다. 3층짜리 건물은 광활한 평원에 우뚝 서 있었는데, 밴쿠버와 위니펙 사이에서 가장 큰 건물이었다. 붉은 벽돌 건물에는 정신병 환자, 편집증 환자, 만성 알코올 중독자, 조현병 환자가 수용되어 있었다. 그는 임상 정신과 의사 험프리 오스먼드 *Humphry Osmond*였다. 그는 환자들에게 LSD를 투여하는 실험을 진행하기 위해 1만 킬로미터 넘게 떨어진 곳까지 온 것이었다.

오스먼드는 런던에서 근무하던 중 처음으로 LSD를 접했다. 이 물질은 환각 효과를 유발하는 메스칼린과 유사한 약물로, 당시 정신의학적 연구에서 주목받고 있었다. 그는 LSD가 지각을 변화시키는 능력에 매료되었고, 정신과 치료에 혁신적인 가능성을 제시할 것이라 직감했다. 그러나 영국은 국민보건서비스NHS 체계로 전환되면서 새로운 정신과 치료 실험을 진행하기에는 행정적 장벽이 높았다. 결국 그는 연구 환경이 비교적 자유로운 캐나다로 떠났다.

그는 LSD와 메스칼린 같은 환각제를 알코올 중독, 우울증, 조현병 치료에 활용할 수 있다고 제안했다. 그러나 의료계는 그의 주장에 회의적이었다. 그를 공개적으로 지지한 인물은 세기의 소설가인 올더스 헉슬리Aldous Huxley뿐이었다.

헉슬리는 《멋진 신세계》의 저자로, 뉴런의 신경활동전위를 발견해 노벨상을 수상한 전기신경생리학자 앤드루 헉슬리Andrew Huxley의 친형이기도 했다. 그는 소설에 '소마Soma'라는 약물을 등장시켰다. 소마는 "기독교와 알코올의 장점을 모두 지니되, 단점은 전혀 없는" 물질로, 소설은 소마를 통해 지배되는 사회를 묘사했다. 흥미롭게도, 헉슬리는 실제로 그런 약물을 찾고 있었다.

1953년, 그는 오스먼드에게 자신을 피실험자로 삼아 메스칼린 실험을 해보자고 제안했다. 두 사람의 교류는 이렇게 시작되었다. 헉슬리는 실험을 통해 경험한 환각을 상세히 기술했고, 오스먼드는 이를 바탕으로 '환각제 *psychedelic*'라는 새로운 약물군을 정의하는 데 도움을 받았다.

정신병원 환경 개선을 위한 실험

웨이번에 처음 도착했을 때, 오스먼드는 서스캐처원 병원의 압도적인 외관에 놀랐다. 그러나 내부를 둘러본 후 더욱 큰 충격을 받았다. 병원은 혼란스러운 구조로, 길고 좁은 복도와 거대한 아트리움이 불규칙적으로 연결되어 있었다. 광활한 캐나다 평원의 한가운데에 있었지만, 환자들은 비정상적으로 밀집되어 있었다. 환자는 좁은 방에 갇혀 있었고, 오히려 거대한 아트리움(고대 로마 건축의 넓은 마당. 지붕이 없거나, 지붕 가운데 창을 내고 바닥에 빗물을 받는 연못을 설치한다―옮긴이) 같은 공간에서는 프라이버시가 심각하게 침해되는 것 같았다.

그는 병원의 구조가 환자들에게 적절한 환경이 아니라고 판단했다. 헉슬리에게 보낸 편지에서 그는 이렇게 적었다.

"단순한 비교를 넘어 절대적인 기준에서 보더라도, 현대의 건축, 가구, 직원 배치의 수준은 1850년대보다도 못합니다. 이는 충격적이고 믿기 어려운 일이지만, 엄연한 사실입니다."

그는 이를 "건축가와 정신과 의사가 의사소통에 실패했다는 증거"라고 지적했다.

오스먼드는 정신병원의 환경 개선이 우선적인 과제라고 판단하고, 정신병원이 충족해야 할 원칙을 정리했다. 그는 환자를 과밀하게 수용하지 말 것, 물러날 경로 제공, 개인 공간 보장, 환자의 선택권을 존중할 것 등의 원칙을 제안했다. 이러한 개혁을 추진하기 위해 주 정부에 병원 개조를 위한 자금을 요청했고, 성공적으로 지원받았다.

그는 MIT 출신 건축가 이즈미 기요시和泉潔를 고용했다. 이즈미가 병원을 방문했을 때, 오스먼드는 환자들의 사고방식을 이해하는 도구로 LSD를 사용할 것을 제안했다. 그는 이전에도 의사와 간호사에게 환자들의 지각 방식을 이해하기 위해 LSD 복용을 권한 적이 있었다. 오스먼드는 이즈미에게도 환자들이 이 공간을 어떻게 인식하는지 직접 체험해보라고 권했다. 파격적인 제안이었지만, 이즈미는 이를 흔쾌히 받아들였다. 그는 LSD를 복용한 후 병동을 탐험했다.

이즈미는 감각이 예민해지고, 시간과 공간이 왜곡되는 것을 경험했다. 바닥, 벽, 천장이 뒤섞여 실체를 잃어버린 듯 보였으며, 반짝이는 바닥과 타일이 눈부시게 빛나며 압도적인 공포감을 주었다.

> "복도는 '부드럽고', '흡수적이며', '탄력적'이어야 한다고 느꼈어요. 필요할 때 다른 사람이 지나갈 수 있도록 부풀어 올라야 했죠. 하지만 현실은 정반대였어요. 문 위의 가로창은 단두대의 칼날처럼 보였습니다."

이런 급진적인 '약물 기반 정신증 시뮬레이션 *drug-fueled simulation of psychosis*' 방식이 소문나면서, 모험심 강한 연구자들이 점차 웨이번으로 모여들었다.

이 중에는 소머도 있었다. 그는 가구 배치, 조명, 벽, 문, 창문의 위치가 그룹 간 상호작용에 어떤 영향을 미치는지 연구하며 환자들의 행동을 관찰했다. 그는 6개의 의

자를 테이블 주위에 다양한 방식으로 배치한 후 비교 실험을 진행했고, 좌석 배치 방식이 사람들 간의 거리를 좁히거나 멀어지게 한다는 점을 발견했다. 이 경험은 소머가 개인 공간 개념을 정립하는 데 결정적 역할을 했다.

정신과 건축학의 탄생

정신질환자들은 다른 집단보다 훨씬 더 세밀하고 집중적으로 연구되었다. 오스먼드는 이들을 위한 시설 설계에 대한 문헌이 없다는 사실을 깨달았다. 소머도 "동물원 우리와 닭장 설계에 대한 연구가 정신병원 병동 설계보다 더 많이 이루어졌다"라고 말했다.

동물원 동물은 값비싼 자산이었고, 닭은 귀중한 상품이었다. 사람들은 동물원 동물을 좋아했고, 닭도 좋아했다. 하지만 정신질환자를 좋아하는 사람은 없으니 그들의 거주 환경을 개선하려는 노력은 이루어지지 않았다.

어쩔 수 없이 오스먼드와 소머는 동물원 설계 문헌을 참조했다. 그중 스위스 생물학자이자 취리히 동물원장이었던 하이니 헤디거 *Heini Hediger* 의 연구에서 '도피 거리 *flight distance*' 개념을 발견했다. 모든 동물은 포식자나 위협적인 존재가 일정 거리 안으로 다가오면 도망가거나 방어 반응을 보인다. 거리가 너무 짧으면 도주가 힘들어지므로 생존에 불리하고, 너무 길면 위협을 인식하지 못해 오히려 피하지 못하고 공격받을 가능성이 높아진다. 따라서 진화적으로 최적화된 거리를 고려해 헤디거는 동물원의 공간 설계에 적용했다. 오스먼드와 이즈미는 정신병원에서도 환자와 의료진, 그리고 환자 간의 상호작용이 과도하게 밀집되지 않도록 하면서도 적절한 거리를 유지하는 설계가 필요하다고 판단했다.

또한 헤디거는 동물들에게 최상의 환경을 제공하기 위해 종의 자연스러운 행동을 분석했다. 그는 부적절한 환경에서 동물이 보이는 반응을 관찰했다. 곰은 머리를 반복적으로 끄덕이거나, 호랑이는 우리 앞을 왔다 갔다 했다. 특히 지능이 높고 활동적인 동물은 자극의 부족이나 신체적 제한에 민감했으며, 이로 인해 무기력, 우울증, 공격성 폭발과 같은 문제를 보였다. 오스먼드는 환자들에게도 유사한 행동이 있음을 깨달았다.

정신병원 설계를 위한 새로운 접근

헤디거의 동물원 연구와 약물 기반 정신증 시뮬레이션을 결합한 웨이번 팀은 정신병원과 같은 기관의 공간 설계를 위한 지침을 만들었다. 오스먼드는 이 새로운 접근 방식을 '사회건축 socio-architecture'이라고 불렀다.

그가 제시한 핵심 원칙 중 하나는 물리적 공간의 '질'이 '양'보다 중요하다는 것이었다. 이는 넓은 공간을 제공하는 것보다는, 세심한 설계를 통해 환자에게 적절한 환경을 조성해야 한다는 의미였다. 예를 들어, 거대한 기숙사와 넓은 복도 대신 작은 방을 제공하는 것이 더 효과적일 수 있었다. 지나치게 넓은 공간은 환자들에게 심리적으로 위압감을 주거나, 원치 않는 사회적 접촉을 피할 수 없게 만들었다. 서스캐처원 병원의 기숙사는 말 그대로 "철창 없는 동물원"에 불과했다.

또한, 오스먼드는 소머의 개인 공간과 사회적 역학에 대한 연구를 바탕으로 공간을 분류했다. 예를 들어, 호텔 로비나 기차역은 사람들을 이동시키고, 과도한 접촉을 피하며 거리를 유지하도록 설계된 공간이다. 그는 이러한 공간을 '사회 회피적 공간 sociofugal space'이라고 불렀다. 반면, 상호작용을 장려하고 공동체 정체성을 형성하는 술집과 같은 공간은 '사회 구심적 공간 sociopetal space'이라고 명명했다.

150개의 침대가 있는 기숙사와 공동 휴게실이 후미진 복도로 연결된 서스캐처원 병원은 대표적인 사회이주적 공간이었다. 그곳에서의 생활은 뉴욕의 그랜드센트럴 역 대합실에서 사는 것과 같았다.

오스먼드 팀은 가림막을 활용해 넓은 공간을 나누었다. 이는 환자들에게 사회적으로 물러날 공간을 제공하는 동시에, 자발적인 상호작용이 가능하도록 했다. 공용 공간은 현대적으로 디자인했으며, "불편한 마주침의 빈도와 강도를 줄이는 공간"으로 만들었다.

동물심리학을 반영하여, 환자들은 과도한 집중감이나 밀집감을 최소화하기 위해 10명 이하로 나뉘어 배치되었다. 매우 의미 있는 변화였다. 오스먼드는 헉슬리에게 보낸 편지에서 "이 해결책이 마음에 드는 이유는, 생체심리학적 원리를 응용한 결과로 누구나 쉽게 이해할 수 있다는 점 때문"이라고 썼다.

한편, 이즈미는 새로운 건물 설계에 이 연구 결과를 적용할 기회가 생겼다. 웨이번에서 북동쪽으로 약 240킬로미터 떨어진 요크턴에서 새로운 정신과 시설을 짓고 있었던 것이다. 초기 설계는 사회집합적 개념에 부합하는 원형 구조였다. 복도를 없애고, 가장자리에는 휴식 공간을 배치했으며, 중앙에는 대규모 그룹 활동을 위한 공동 구역을, 중간 영역에는 소규모 그룹의 상호작용을 위한 반쯤 개방된 공간을 설계했다. 그러나 이런 설계는 정부의 건축 기준을 충족하지 않았다. 보조금 요건을 충족하려면 기존의 병원 설계 틀을 유지해야 했다. 이즈미는 자신의 설계가 "너무 급진적"이라는 이유로 거부당했다며 불평했다.

다행히 절충안이 받아들여져서 1963년 요크턴 정신과센터가 문을 열었다. 요크턴 정신과센터는 웨이번 병원과는 달리, 따뜻하고 밝으며 가정적인 분위기였다. 또한 환자들은 자신의 상태에 따라 사생활을 보호받으면서도 사회적 상호작용을 할 수 있었다.

이즈미는 단일 건물이 아닌 여러 개의 작은 직사각형 건물로 병원을 구성했으며, 각 환자가 최대한 사생활을 보장받도록 설계했다. 요크턴 정신과센터는 정신병원 설계의 모범 사례가 되었다.

이후 오스먼드와 이즈미는 미국 정신의학회와 건축가협회의 협력 프로젝트에도 참여했다. 이들은 병원 설계가 약물 치료 및 전통적인 정신과 치료를 어떻게 보완하는지 연구했다. 이 연구 결과는 《정신과 건축 Psychiatric Architecture》이라는 편람으로 출판되었다. 이 책에서 그들은 이렇게 결론 내렸다.

> "정신의학과 건축이라는 두 주요 전문 분야 간의 효과적인 의사소통이 정신과 건축의 탄생을 촉진시켰다."

공간 혁신 속 아이러니

오스먼드는 물리적 공간이 정신건강에 미치는 중요성을 동료 전문가들에게 설득하는 데 성공했지만, 환각제의 치료적 가치는 그다지 인정받지 못했다.

1966년, 과학 연구에서 LSD 사용이 금지되었고, 1968년에는 LSD가 관리 I 약물 Schedule I substance 로 분류되었다. 이는 LSD가 승인된 의학적 용도가 없다고 보았기 때문이다.

이 결정은 오스먼드에게 큰 상처가 되었다. 그가 급진적이긴 했어도, 법률상 범법자가 된 것이나 다름없었기 때문이었다. 환각제를 치료 목적으로 사용하는 시도는 강제로 중단되었다. 그는 이에 대한 불만을 토로했다. "최근 범죄가 크게 증가했다고들 하지만, 이미 과부하된 경찰과 사법부의 부담에 새로운 범죄 항목을 추가하는 것이 과연 옳은 걸까?"

환각제를 활용한 치료법이 거부되는 한편, 의료계는 진정제와 항불안제에 더욱 의존하기 시작했다. 오스먼드는 이를 두고 "의학은 그것이 실행되는 시대의 도덕성과 조화를 이룬다"라고 평했다. 그는 LSD에 대한 도덕적 반감이, 사실은 사회가 보호하려는 기존의 가치 체계를 이 약물이 변화시킬지도 모른다는 두려움에서 비롯됐다고 지적했다.

> "약물 사용으로 인한 심리적 변화는 사람들에게 불쾌감을 주고, 때로는 혐오나 두려움을 유발합니다. 이는 알코올이나 바르비투르산염과 같은 사회적으로 용인된 진정제가 일으키는 변화에 대한 반응과는 대조적입니다."

LSD 금지법에 대한 그의 공식적인 입장은 단호했다.

> "모든 혁신에 대해 기득권이 취하는 입장은 언제나 똑같습니다. '안 돼, 할 수 없어'라고 말하는 거죠."

오스먼드는 환각제를 이용한 정신질환 치료법을 만들려 했지만, 시대적 한계로 이루지 못했다. 그러나 환각제를 이용한 시뮬레이션을 통해 정신병원의 환경을 개선하는 데는 성공했다.

공간과 행동 연구의 진전

1968년, 로버트 소머는 아리스티드 에서 *Aristide Esser*

가 조직한 미국과학진흥협회*American Association for the Advancement of Science, AAAS* 회의에 초청되어 댈러스를 방문했다. 이 회의는 인간의 사회적 행동과 공간 간의 관계를 연구하는 학자들이 모이는 자리였다. 댈러스에서 소머는 이 분야를 선도하는 연구자들을 만나 교류할 수 있었다.

이 회의는 공간과 사회적 행동의 상호작용을 탐구하는 중요한 전환점이 되었다. 복잡한 도시 환경에서 감춰졌던 사회적 질서 형성 과정이 병동과 같은 단순한 환경에서는 더욱 명확하게 드러났다. 정신병원의 공간적 구조는 사회적 행동을 형성하는 데 중요한 역할을 하며, 이를 통해 인간과 공간의 관계를 연구할 기회를 제공했다.

정신질환자들은 감정을 숨기거나 가장할 능력이 없어서, 그들의 행동은 사회적 질서를 형성하는 데 지배와 영토성이 어떤 역할을 하는지 연구하는 데 민감한 탐침과 같았다. 특히, 이들을 관찰하는 것은 개별적 연구를 넘어 제도화된 환경 속의 인간 행동을 연구하는 것이었기에 더욱 가치가 있었다.

웨이번에서 오스먼드와 소머는 같은 결론에 도달했다. 오스먼드는 정신질환자 문제의 핵심이 사회성과 관련되어 있다고 설명했다.

"이들에게 공통적인 특성이 있다면, 대인관계의 단절입니다. 이로 인해 공동체에서 분리되고, 결국 사회적으로 추방되거나 도망칩니다. 이들은 정도의 차이만 있을 뿐 사회적으로 고립되어 있습니다."

따라서 정신병동은 사회적 관계를 형성하는 능력이 심각하게 손상된 사람들을 돌볼 수 있도록 설계되어야 했다. 사회적 관계를 맺는 능력이 부족하면 자신의 필요를 표현할 수 없었다. 특히, 정신병원과 같은 제도적 환경에서는 이 문제가 더욱 두드러졌다. 시설 내에서 가장 취약한 환자들은 떠나는 것을 선택할 수 없었고, 직접적으로 의사소통할 능력도 제한적이었다. 건축가 이즈미는 이러한 문제를 해결하기 위해 제도적 환경 개선이 시급하다고 강조했다.

"그들은 어떤 형태로든 무능력한 상태에 놓이며, 자신이 통제할 수 없는 환경에 '강제로' 위치하게 됩니다. 부유하든 빈곤하든, 강하든 약하든, 교육받았든 못 받았든 상관없습니다. 그러나 '정상적인' 사람과 달리, 이들은 그 상황을 극복할 능력이 제한적일 수 있습니다."

정신질환자들은 일반 대중이 겪는 문제를 극단적으

로 확대된 형태로 보여주었다. 따라서 그들을 돕기 위해 개발된 시설 설계와 제도적 개혁은 일반 사회에도 적용될 수 있었다. 웨이번의 오스먼드와 이즈미, 록랜드의 에서는 병원 개혁을 넘어, 인간이 물리적 환경에 어떻게 반응하는지 더 깊이 이해하는 기회로 삼았다.

사회생물학의 부상

오스먼드와 소머는 동물원 동물 연구를 기반으로 폐쇄된 환경의 공간 설계가 불안과 긴장을 줄이는 데 도움이 된다는 것을 보여주었다. 반면, 에서는 닭의 서열 체계 *pecking order*와 영토성 개념을 참고하여 폐쇄된 공간에서 공격성과 폭력이 공간의 구조와 어떻게 관련되는지 연구했다. 그는 공간 구성을 재설계하면 갈등 발생 가능성을 줄이거나 증가시킬 수 있음을 실험적으로 입증했다.

이들은 칼훈이 쥐를 대상으로 관찰한 결과가 인간에게도 적용될 수 있음을 발견했다. 특히, 이주할 기회가 없고 고통을 명확하게 표현하기 어려운 환경에서는 더욱 비슷한 양상으로 드러났다. 소머는 이를 명시적으로 비교했다. "공간적 질서뿐만 아니라 사회적 질서도 과잉 밀집 상태에서 무너집니다. 그 결과, 칼훈이 쥐 군집에서 관찰한 것과 같은 극도의 사회적 혼란이 나타납니다."

정신질환자를 동물에 비유하는 것은 비인간적이라는 비판을 받을 수도 있었다. 그러나 오스먼드와 소머는 이러한 비유가 오히려 공감할 만하며 세심한 통찰을 준다고 보았다. 그들의 연구는 기존의 접근 방식보다 혁신적인 치료 방법을 제시했다.

1968년 댈러스 회의에서는 이러한 연구가 본격적으로 논의되었다. 데이비드 데이비스는 군집이 생리적 측면에 미치는 영향을 발표했고, 네드 홀은 침범*trespassing*이라는 개념이 문화마다 다르게 정의된다는 점을 강조했다. 로버트 아드리는 토론자로 참여했으며, 회의를 마무리하는 논문은 잭 칼훈의 〈공간과 삶의 전략*Space and the Strategy of Life*〉이었다. 칼훈은 자신의 연구가 인간과 동물 과학을 통합하는 데 중요한 역할을 했다면서, 생태학, 행동학, 심리학의 융합을 칭송했다. 그리고 "사회생물학의 탄생"을 지켜보고 있다고 말했다. 한편, 홀은 왜 동물 연구를 자주 사용하는지 묻는 질문에 다음과 같이 답했다.

"동물에 대해 더 많이 배울수록 인간에 대해 더 많은 것을 알게 될 것입니다. 인간이 동물이며 생물학적 유기체라는 사실은 아마도 잊힌 진실일 것입니다. 저는 인간에 대해 인류학 학회보다 이곳에서 더 많이 배웁니다. 제가 드리는 말씀은 하나입니다. 데이터를 계속 제공해주십시오."

이 회의는 동물과 인간 행동 연구를 통합하는 데 기여하며, 새로운 사회생물학적 접근법이 부상하는 계기가 되었다.

12장 교도소

죄수들의 폭동

1971년 9월 9일 목요일 오전 9시경, 뉴욕주 애티카 교도소에서 폭동이 시작되었다. 이 교도소는 수용 인원의 2배에 달하는 수감자를 수용하고 있어서, 수감자들은 몇 달간 지속된 과밀한 수용과 열악한 처우에 불만을 제기해왔다. 폭동 하루 전, 교도관이 싸움을 중재하다 부상을 입기도 했다. 더운 여름이라, 그 주 초에는 섭씨 30도를 기록하며 긴장감을 더욱 고조시켰다. 교도소는 폭발 직전의 화약고 같았다.

폭동에는 1,200명의 수감자가 가담했는데, 전체 수감자의 절반이 넘었다. 수감자들은 직원 42명을 인질로 잡았다. 폭동이 나흘째로 접어들자 주방위군이 투입되었다. 헬리콥터가 교도소 상공을 선회하며 상황을 감시했고, 저격수들은 수감자들을 사살했다. 폭동이 진압되기 전까지 총 128명이 부상을 입었고, 39명이 사망했으며, 이 중 10명은 주방위군이 구출하려 했던 인질이었다.

애티카 교도소 폭동의 혼란과 잔혹함은 당시 미국 사회에 큰 충격을 안겼다. 하지만 워싱턴 D.C.의 변호사이자 교도소 개혁 운동가였던 론 골드파브 Ron Goldfarb는 놀라지 않았다. 교도소 시스템의 문제점을 몇 년 전부터 경고했기 때문이다. 그는 워싱턴 교도소에 수감된 미결수들을 대표해 집단 소송을 준비하며 증거를 수집하고 있었다.

이 교도소는 국회의사당에서 불과 3킬로미터 떨어진 곳에 있는 어두운 화강암 건물로, 미국이 세워진 이래 가난한 자, 정신이상자, 감염자가 수용되었던 연방 소유의 작은 구역에 있었다. 처음에는 빈민원이 들어섰고, 노동원, 정신병원을 거쳐 1872년에 교도소가 들어왔다. 한때 가장 위험한 범죄자만 수용하던 이곳은, 폭동이 일어난 1971년에는 경미한 범죄자나 재판을 기다리며 대기 중인 이들이 대부분이었다. 대다수는 보석금을 낼 형편이 아니라서 재판까지 수감된 상태였는데, 몇 달씩 재판이 늦어지면서 그들은 더욱 지쳤다. 그래서 이곳에서 벗어나기 위해 유죄를 인정하는 경우도 흔했다.

이곳은 최대 수용 인원이 700명이었는데 1970년에는 1,200명 넘게 수용되었고, 고작 당구대 크기의 감방에 2명씩 수감되기도 했다.

골드파브가 애티카 교도소의 환경 개선을 위한 소송을 제기할 즈음, 미국 교도소 시스템을 개혁해야 한다고 끊임없이 문제가 제기되고 있었다. 애티카 폭동이 발생하기 몇 달 전인 1971년 1월, 〈타임〉은 '교도소의 수치 The Shame of the Prisons'라는 제목으로 표지 기사를 실었다. "점점 더 많은 시민이 교도소를 불합리의 새로운 상징, 미국에서 너무 많은 것이 잘못 돌아간다는 또 하나의 징후로 여긴다." 법과 질서를 내세워 당선된 리처드 닉슨 대통령조차 "교도소 시스템만큼 명백히 실패한 기관은 없다"라고 언급했고, 많은 이는 미국 교도소 환경 자체가 "잔혹하고 이례적인 처벌"이라고 주장했다.

골드파브는 수감자를 동정해서가 아니라, 생물학적 관점에서 바라보았다. 그리고 제8차 수정헌법을 근거로 교도소 환경을 개선할 것을 요구했다.

칼훈의 교도소 방문

골드파브는 과밀한 환경에서 수감자들이 겪는 불편함이 건강에 영향을 줄 뿐 아니라, 교도소 운영에도 실질적인 피해를 미친다는 과학적 증거를 찾고 싶었다. 그러던 중에 칼훈의 연구를 발견했고, 과밀로 인한 스트레스와 이에 따른 이상 행동이 제8차 수정헌법에서 금지하는 '잔혹한 처벌'에 해당한다는 것을 깨달았다. 그는 1966년 〈뉴리퍼블릭 New Republic〉에 실은 글에서 워싱턴 D.C. 교도소를 다음과 같이 묘사했다. "걸을 공간이 없다. 남자들은 누워 있거나 앉아 있다. …… 부패하고, 서로를 타락시킨다." 그는 과밀한 교도소의 문제를 칼훈의 실험 결과와 연결했다.

> "동물조차도 과밀로 인해 최소한의 공간을 확보하지 못하면 신체적·심리적 이상 반응을 보이며 생존할 수 없다. 비슷한 상황에서 인간이라는 동물이 겪을 신체적·심리적 반응도 고려해야 한다."

칼훈의 연구는 교도소 내 폭력의 일부분은 수감자들이 처한 환경에서 비롯되었음을 입증하는 증거로 여겨졌다. 폭력이 과밀에 대한 생물학적 반응이라면, 이를 수감자의 나쁜 인성 탓으로만 돌릴 수는 없었다. 현재 교도소의 구조는 반사회적 행동을 억제하기보다 촉진하고 있었다.

1971년 1월, 골드파브는 칼훈에게 전문가 증인으로 법원에 출석해줄 것을 요청했고, 칼훈은 이를 받아들이고 교도소를 방문했다. 같은 해 10월, 다양한 전문가들이 교도소를 방문했는데, 그중에는 저명한 정신과 의사이자 《처벌이라는 범죄 *The Crime of Punishment*》를 쓴 칼 메닝거 *Karl Menninger*와 로버트 아드리도 있었다. 또 〈워싱턴포스트〉 기자들도 동행했다.

교도소를 둘러본 후, 아드리는 폭력적인 수감자의 개인 공간이 주로 뒤쪽에 있다는 사실을 발견했다. 언제든 폭력이 발생할 수 있는 상황에서 등 뒤를 지키려는 본능적 반응이었다. 그는 칼훈의 쥐 연구와 정신병동 내 공간 사용에 관한 논문을 언급하며, 교도소 환경이 개별 수감자들이 다른 수감자들의 근접성을 위협으로 받아들이게 만든다고 지적했다.

〈워싱턴포스트〉 기사에서는 "미국의 인간 수감자들은, 동물원에서 넓은 공간과 '인간적인' 관리를 받는 동물보다도 더 부주의하게 다뤄지고 있다"라며, "죄수들의 공격성을 최대한으로 끌어올릴 수 있는 조치란 조치는 모두 철저히 취해진다"라고 했다.

한편, 칼훈은 기자들과의 인터뷰를 피했으며, 수감자들과도 면담하지 않았다. 그는 그들이 환경을 어떻게 사용하는지 관찰하는 데 집중했다. 3시간 동안 교도소 내부를 둘러본 경험은 이후 그의 연구와 사상에 큰 영향을 미쳤다. 그는 수감자들이 하루 2시간만 운동과 식사를 위해 감방 밖으로 나올 수 있다는 점을 지적했다. 2층 침대가 놓인 좁은 공간도 문제라고 보았는데, 이는 실험실에서 의료 연구에 사용되는 개에게 배정되는 우리보다 작았다. 칼훈은 "사생활은 완전히 파괴된다"라고 말했다.

교도소 내의 끊임없는 소음은 더 파괴적인 과잉 자극이라고 지적했다. 그는 스트레스와 무료함 속에 강제로 배정된 수감자는 정상적인 상호작용이 억제될 수밖에 없으며, 이를 "존재 범위의 축소 scope of existence"라고 표현했다. 수감자들이 무기력함과 폭발적 상태를 오가며 비정상적인 행동 패턴을 보인다는 점을 발견했고, 교도소의 과밀한 환경이 수감자들에게 장기적인 트라우마를 유발할 수 있음을 경고했다.

골드파브가 전문가들이 교도소에서 수집한 자료를 정리하는 동안, 교도소 개혁 소송은 수차례 지연되었다. 그사이 또다시 인질극이 발생했고, 골드파브는 협상가로

호출되었다. 그는 연방지방법원 판사인 윌리엄 브라이언트를 설득하여 심야 비상 법정을 열게 했고, 6명의 수감자가 협상인으로 지명되었다. 이들은 다음과 같이 호소했다.

"저는 동물처럼 취급받고 있다고 느끼며, 여기 있어야 할 사람이 아닙니다."
"우리는 새장에 갇히고 싶지 않습니다."
"교도소는 우리가 사람이라고 생각하지 않습니다. 인간으로서의 감각을 완전히 잃었다고 여깁니다."

브라이언트 판사는 이들의 이야기를 주의 깊게 들었으며, 폭동이 폭력 없이 종결될 경우 사면과 법적 지원을 약속했다. 결국, 그날 밤의 대치는 평화롭게 마무리됐다.

드디어 1976년에 교도소 개혁 소송이 진행되었고, 브라이언트 판사가 이를 심리했다. 그는 골드파브의 주장을 받아들였으며, 워싱턴 교도소가 15일 이내에 개선할 것을 명령했다. 실험실의 개도 최소 3.3제곱미터의 공간을 배정받았다는 칼훈의 증언을 바탕으로, 브라이언트 판사는 개별 수감자가 4.2제곱미터의 생활 공간을 제공받아야 한다고 판결했다. 〈워싱턴포스트〉는 이 조치를 다음과 같이 보도했다.

"특별하지 않아서 오히려 주목할 가치가 있다. …… 이 판결은 응당 인간에게 필요한 최소 생활 공간을 법적으로 명시한 것에 불과하다."

그런데 브라이언트 판사가 그해 말 예고 없이 교도소를 점검했을 때, 과밀 해소 명령이 제대로 이행되지 않고 있다는 걸 발견했다. 교도소 당국은 새로운 시설을 세워야 한다는 이유로 시간을 끌고 있었다. 하지만 새롭게 개관한 1,000명 규모의 교도소도 폭발적으로 증가하는 수용률을 감당하지 못했다.

교도소의 민영화

골드파브는 칼훈의 연구를 활용하여 과밀 수용 문제를 교도소 시스템 변화를 이끌어내는 중요한 계기로 삼았다. 트라우마나 막연한 불편함과 달리, 과밀 수용은 명확하게 측정 가능한 문제였다. 미국 전역에서 확립된 주택 기준 덕분에 단위 면적당 수감자 수라는 간단한 수치로 객관적으로 평가할 수 있었던 것이다. 칼훈은 "동물을 가두는 데도 최소 공간 기준이 적용된다면, 인간에게도 같은 기준이 적용되어야 한다"라고 주장하며, 워싱턴 교도소가 이미 주택법을 위반하고 있다고 지적했다.

골드파브는 과밀 수용 문제가 변화를 이끄는 데 효과적인 접근법이라고 여겼지만, 이를 중심으로 한 해결책은 위험할 수도 있다며 우려했다. 과밀 수용 문제는 해결 방법이 단순하지 않기 때문이었다. 메닝거와 골드파브 같은 개혁가들은 교도소 개혁이 시설 변경을 넘어서서 근본적인 변화를 필요로 한다고 보았다. 메닝거는 범죄를 정신질환으로 간주하고, 재활과 치료를 중심으로 한 돌봄을 제공하며 궁극적으로 교도소를 폐지하는 것을 목표로 삼았다. 골드파브는 이보다는 덜 급진적이었지만, 근로 석방 프로그램 확대, 사회 복귀 훈련 시설 운영, 보석금 개혁, 중독 치료 센터 및 청소년 보호소 등의 대안을 통해 교도소 수요를 줄이려 했다. 두 사람 모두 수감자 수를 줄이는 것이 가장 근본적인 해결책이라고 주장했다.

반면, 당시 대통령 후보였던 리처드 닉슨은 교도소 시스템이 '실패'했다며 더 많은 교도소를 건설해야 한다고 주장했다. 골드파브는 과밀 문제 해결이 더 큰 교도소 건설로 이어지지 않을까 걱정했다. 그의 예상대로, 과밀 수용 문제는 시스템 변화 대신 물리적 해결책으로 이어졌다. 이후 수십 년 동안 수감률이 급격히 증가하면서 더 크고 많은 교도소가 건설되었다. 골드파브는 "더 크고 더 나은 교도소가 수감 문제를 해결하지 못하는 것은 더 넓고 좋은 도로가 교통 문제를 해결하지 못하는 것과 마찬가지다"라고 경고하며, 교도소가 수익성 높은 사업으로 전환될 가능성을 경계했다.

1980년대 초, 그의 경고는 현실이 되었다. 민간 기업이 교도소 운영을 맡기 시작한 것이다. 1983년, 코렉션스 코퍼레이션 오브 아메리카 Corrections Corporation of America, CCA가 설립되었고, 이듬해 테네시주에서 첫 민영 교도소를 열었다. 이후 CCA는 지속적으로 확장하며, 1997년에는 워싱턴 교도소였던 중앙 치료 시설 Central Treatment Facility을 인수했다.

13장 쥐 법안

쥐와 폭동

1964년 1월, 민주당 출신 린든 B. 존슨 대통령은 첫 연두교서를 통해 "위대한 사회"를 향한 대담한 비전을 제시했다. 이는 공공사업과 지역사회 프로그램을 통해 국가를 개선하려는 진보적 낙관주의의 정신을 담고 있었으며, 빈곤과의 전쟁이라는 국내적 과제를 선포했다. 이를 실현하기 위해 교육, 건강, 주택 등 다양한 분야에서 프로그램을 통합적으로 운영하려는 노력이 이어졌다.

그중 하나가 1967년 7월 의회에 상정된 '쥐 법안 The Rat Bills', 즉 쥐 퇴치 및 통제법이었다. 이 법안은 최근 설립된 주택도시개발부 Department of Housing and Urban Development, HUD의 모범 도시 프로그램의 일환으로, 빈민가 환경 개선과 쥐 박멸을 위해 연방 자금을 지원하는 것이었다. 이 법안은 의회에서 조롱과 냉소를 받았다.

존슨 대통령에게 쥐는 그저 유해조수가 아니었다. 쥐는 질병, 불결함, 부패를 상징하는 존재로, 빈곤과의 전쟁과 연결된 강력한 메시지를 전달할 수 있는 매개체였다. 그는 이 법안을 통해 빈곤을 퇴치하고 HUD의 이미지를 강화하고 싶었다. 그러나 법안은 의회에서 큰 반발을 샀다. 특히, 공화당과 남부 민주당 의원은 이를 "쥐 시민 법안"이라 조롱하며 "고등판무관 쥐"를 만들 셈이냐고 비꼬았다. 비용도 논란이 되었다. 일부 의원은 "쥐약만으로 충분하다"거나 "고양이를 사서 풀어놓는 편이 저렴하다"라고 주장하며 법안의 필요성을 부정했다.

법안이 제안된 당시, 미국은 베트남전쟁으로 인해 엄청난 국가적 자원을 소모하고 있었다. 〈뉴욕타임스〉는 쥐 박멸 비용이 "베트남에서 하루에 쓰는 전쟁 비용에도 미치지 못한다"라고 지적했지만, 이러한 논리도 의회의 반대를 넘어서지 못했다. 쥐 법안은 결국 통과되지 못했고, 빈곤과의 전쟁이라는 존슨 대통령의 대의적 목표에도 타격을 입혔다.

쥐 법안의 실패는 그저 법안 하나가 좌초된 것이 아니었다. 이는 빈곤과의 전쟁이라는 비전이 현실의 정치적, 재정적 벽에 부딪힌 상징적 사건으로 기록되었다. '쥐 잡기'라는 쉬운 문제조차 해결하지 못한 상황은 당시 사회적, 정치적 갈등이 얼마나 복잡했는지 여실히 보여주었다.

그해 초, 마틴 루터 킹은 이미 정부의 지출이 불균형하다고 지적한 바 있었다. "베트남전쟁과 같은 모험이 악마의 파괴적인 흡입관처럼 사람과 기술, 돈을 계속 끌어들이는 한, 미국은 빈곤층 재활에 자금이나 자원을 투자하지 않을 것이다." 미국 밖에서의 전쟁은 국내 빈곤층에 대한 지원을 거부하는 구실이 되었고, 재정적 자금에 관해서는 예방보다 처벌을 선호했다.

쥐 법안이 부결되기 바로 전날, 의회는 주 경계를 넘어 '소요'를 선동하는 사람을 체포할 수 있는 새로운 권한을 연방 정부에 부여하는 반란방지법에 찬성표를 던졌다. 사실상 시위대가 전국 시위에 참가하는 것을 막는 법안이었다. 뉴욕 17지구의 시어도어 쿠퍼먼 *Theodore Kupferman* 하원의원은 "어제 여러분은 폭력을 진압하기 위한 연방의 패권을 확립하는 데 투표했다. 오늘 여러분은 폭력을 선동하는 데 투표했다"라고 말했다.

1967년 여름은 길고 무더워서 더 많은 폭력이 일어날 법했다. 1963년 11월, 활동가 제시 그레이 *Jesse Gray*가 이끄는 할렘의 세입자들은 열악한 주거 환경에 항의하며 임대료 파업을 조직했다. 이듬해 여름, 15세 흑인 청년이 경찰의 총에 맞아 사망한 후 6일 동안 폭동이 벌어져 1명이 사망하고 100명이 넘는 부상자가 발생했다. 1964년 7월 할렘 폭동 이후 시민 불안은 고조되었다.

1965년 8월에는 LA에서 와츠 폭동이 발생해 5일 동안 약탈과 방화로 인한 폭력 사태가 이어졌다. 이어 미국 전역에서 폭동이 잇따랐다. 주방위군이 동원되었다. 34명이 사망했으며, 재산 피해는 4천만 달러에 달했다. 1966년 한 해에만 21건의 대규모 폭동이 발생했으며, 1967년에는 그 숫자가 100건을 넘었다. 루이빌, 보스턴, 탬파, 신시내티, 애틀랜타, 버팔로, 톨레도 등 곳곳에서 '게토 폭동'이라 불리는 사건이 이어졌다.

특히 1967년 7월 12일 뉴어크에서 발생한 폭동으로 26명이 목숨을 잃었고, 그달 말에는 디트로이트에서 불안이 최고조에 달했다. 쥐 법안이 부결된 지 사흘 만인 7월 23일, 경찰이 무허가 술집을 급습하면서 폭동이 발발했다. 병이 던져졌고, 이어진 싸움은 거리로 번졌다. 5일간의 폭동은 남북전쟁 이후 가장 파괴적인 사건으로 기록되었다. 1만 명이 넘는 시위대가 400개 이상의 건물에 불을 질렀고, 존슨 대통령은 주방위군과 제82·101 공수부대를 투입해야 했다. 폭동이 끝났을 때, 43명이 사망하고 7,000명이 체포되었으며 부상자는 1,000명이 넘었다. 당시 〈뉴욕타임스〉는 "연방 정부는 도시 폭력을 막기 위해 무엇을 하고 있는가?"라는 질문을 던졌다.

쥐 법안이 부결된 뒤, 존슨 대통령은 쥐 문제를 도시 폭력과 직접적으로 연관지으려 했다. 그는 게토의 열악한 생활 환경이 시민 불안과 폭력을 초래한다고 주장하며, 쥐 문제를 해결하지 않으려는 이들을 비난했다. 그는 법안 반대자들을 "가난한 아이들에게 잔인한 타격을 가하는 사람들"로 몰아붙이며, 쥐 통제의 필요성을 강조했다. 존슨은 "저는 모든 공개 포럼에서 쥐에 대해 이야기했습니다"라고 회고했을 만큼, 경제적·도덕적 논리를 활용해 사람들의 동의를 얻으려 했다. "쥐로 인해 연간 9억 달러의 비용이 드는데, 4천만 달러의 통제 프로그램에 반대하는 것이 경제적으로 합리적일까요?"라고 질문하며, "밤마다 벽 속에서 쥐가 기어다니는 소리를 들으며 살아본 적이 있습니까?"라고 감정에 호소했다.

결국, 쥐 문제는 위생 문제를 넘어 빈곤, 도시 쇠퇴, 폭동의 상징으로 자리 잡으며, 도시 재개발과 사회 정의 논쟁의 중심에 섰다.

정치적 편의주의, 표면적 해결책, 포퓰리즘 행정

NIMH 연구실의 칼훈은 워싱턴의 상황을 주시하고 있었다. 그는 존슨 행정부가 쥐 문제를 제대로 해결하려면 신중하게 접근할 필요가 있다고 판단했다. 쥐 법안이 하원에 상정되기 일주일 전, 칼훈은 존슨 대통령의 HUD 장관인 위런 C. 위버에게 편지를 보내 설치류 생태와 쥐 활동이 인간 복지에 미치는 사회적 영향을 연구할 전문가 합의체를 제안했다.

칼훈은 이 제안과 함께 뉴욕 앨버트아인슈타인 의과대학의 존 크리스천, 노스캐롤라이나 주립대의 데이비드 데이비스, 위스콘신매디슨 대학교의 존 엠렌 등 동료 전문가들을 추천했다. 그는 설치류 방제와 상업적 이해관계가 없는 이들이 쥐와 인간 복지 사이의 현실적인 연관성을 잘 이해하고 있다고 설명했다. 칼훈은 "이들의 지식과 경험을 활용하지 않는다면 쥐 방제 프로그램이 실패하거나 잘못된 방향으로 나아갈 가능성이 높다"라고 경고했다.

칼훈은 쥐 방제의 실패 가능성을 경고하며 독극물 사

용의 한계를 지적했다. 볼티모어에서 배운 교훈을 토대로, 독극물은 단기적으로는 효과적일 수 있지만, 환경을 수정해 쥐의 은신처를 없애는 것이 지속 가능한 해결책이라고 강조했다. 그는 "환경 통제가 효과적으로 이루어진 곳에서는 독극물이나 덫이 필요 없을 정도로 쥐 개체 수가 줄어든다"라고 설명했다.

칼훈의 설득으로 데이비드 데이비스 역시 위버에게 편지를 보내 환경 개선의 중요성을 강조했다. 데이비스는 볼티모어의 사례를 들어, 골목 청소와 건물 수리가 쥐 개체 수를 줄이는 데 효과적이었다고 설명했다. 그는 독극물 사용이 장기적으로는 주택 환경을 더 악화시킬 수 있음을 경고하며, "쥐는 나쁜 주거의 증상이지 원인이 아니다"라고 주장했다. 그는 쥐 박멸보다 주거 개선에 초점을 맞추는 것이 필요하다고 강조했다.

칼훈은 설치류 연구를 통해 쥐를 제거의 대상으로만 볼 것이 아니라, 인간 사회의 문제를 이해하는 도구로 활용해야 한다고 주장했다. 쥐의 행동과 생활 방식을 연구하면 고밀도 생활 환경이 인간에게 미치는 영향을 모델링할 수 있는 통찰을 얻을 수 있다면서, "쥐를 통해 우리 자신에 대해 무엇을 알 수 있는지 살펴볼 필요가 있다"라고 말했다.

위버는 칼훈의 제안을 감사히 받아들였지만, 현재 단계에서 전문가 협의체를 구성하는 것은 시기상조라고 답변했다. 칼훈은 실망했다. 열악한 주거 환경이 나쁜 행동으로 이어진다는 점, 쥐와 폭동의 연관성이 억지스럽지 않다는 점을 정부에 확인시키고 싶어 했다. 그는 쥐가 열악한 위생과 주거 환경의 지표 역할을 할 수 있음을 강조하며, 쥐 문제를 정치적 논쟁의 중심에 끌어들이려 했다.

14장 | 우주 비행을 꿈꾸는 사람들

공간과 행동의 탐색

스푸트니크가 발사된 역사적 순간에 출범한 '우주 비행을 꿈꾸는 사람들'의 이름에는 '공간*space*'과 '탐색*cadet*'이라는 개념이 들어 있어서, 이를 창립한 덜과 칼훈의 성향을 나타낸다. 그러나 이들이 직면한 가장 큰 어려움은 공간과 행동에 대한 데이터가 충분하지 않다는 점이었다.

연구회의 첫 회의에서 도시계획가 멜빈 웨버*Melvin Webber*는 구역 설정*zoning*이나 도로 위치를 결정할 때 대부분 직감에 의존하는데, 직감이 자주 틀린다고 고백했다.

"우리는 물리적 환경이 공동체의 가치, 특히 정신건강에 어떤 영향을 미치는지 전혀 모릅니다. 대부분 직감에 의존하고 있는데, 그 직감의 대부분이 틀렸을 거라 생각합니다." 그때 심리학자 대니얼 윌너*Daniel Wilner*는 볼티모어 도심의 과밀 상태가 심리적으로 미치는 영향을 연구 중이었는데, 웨버의 발언을 농담처럼 받아쳤다. "계획이 제대로 계획되지 않습니다."

도시 설계에서 지속 가능성을 핵심 요소로 처음 제안했던 도시학자이자 시스템 이론가 리처드 마이어*Richard Meier*는 인간 군집에서 발생하는 현상을 연구하고, 이를 칼훈의 쥐 실험에서 관찰된 극단적인 행동 장애와 비교할 만한 실제 사례를 찾아야 한다고 제안했다.

"칼훈의 실험을 인간에게 그대로 적용할 수는 없겠지만, 실제로 사회가 유사한 상황을 만들어내고 있다는 점을 알 수 있습니다. 어떤 경우에는 사람들이 다양한 이유로 군집을 이루거나 괴롭힘을 당하는 상황을 연구하고 있죠. 우리는 이러한 상황이 어떤 결과를 초래하는지 알고 싶습니다."

이렇듯 '우주 비행을 꿈꾸는 사람들'은 서로 다른 학문 분야에서 출발했지만, 동일한 문제를 다루려는 전문가들의 지식과 경험을 공유하는 장이 되었다. 칼훈은 참가자들에게 도시 환경 변화와 그로 인한 행동 방식의 변화를 떠올리게끔 했다. 그는 각각의 사례 연구가 실험실처럼 기능할 것이며, 이론적이고 실질적인 질문에 집중할 수 있는 장이 될 것이라고 강조했다.

알코올 중독의 생태학

이 연구회가 영향을 미친 분야 중 하나는 중독 메커니즘의 대가인 존 실리*John Seeley*의 도시화와 알코올 중독 간의 상관관계 연구였다. 1950년대 중반, 미국에서는 도시 재개발이 빠르게 진행되고 있었다. 실리는 알코올 연구 재단*Alcohol Research Foundation*의 이사로 활동하며, 도시화와 함께 알코올 중독자가 증가하는 현상을 관찰하고 있었다.

1950년대 초반, 중독에 대한 접근 방식은 뚜렷한 변화를 맞이했다. 1951년, 새로 설립된 WHO는 알코올 중독을 질병으로 분류할지 검토하기 위해 전문가 위원회를 소집했다. WHO의 목표는 의학적 질병을 넘어 공중보건 정책에 포함해 자금 지원을 받는 것이었다. WHO는 공중보건 종사자들에게 알코올 중독이 보건의 문제라고 설득하려 했다.

"알코올 중독이라는 행동 자체가 의학적 장애임이 입증되고 사회적·경제적 요인이 그 원인으로 작용한다는 것이 밝혀진다면, 공중보건 종사자들은 이를 외면하지 않을 것입니다. 그들이 다루는 모든 건강 문제에는 사회적·경제적 요소가 포함되어 있기 때문입니다."

이후 WHO는 1954년에 공식적으로 알코올 중독을 질병으로 선언했다. 2년 후, 미국 의학협회 *American Medical Association*도 처음에는 이를 질환으로 분류했다가, 1966년에는 질병으로 격상했다.

실리는 알코올 중독에 대한 과학적 이해를 심화하려 했지만, 이를 질병으로 규정하려는 움직임에는 신중한 입장을 취했다. "알코올 중독을 질병으로 하는 것이 왜 최선인지, 그 이유를 명확히 밝히는 것이 바람직하다고 생각합니다." 의료화가 중독에 대한 낙인을 완화하는 데는 도움이 될지 몰라도, 중독과 관련된 사회적·경제적 요인을 축소하거나 은폐할 가능성이 있다고 우려했기 때문이었다.

아편류의 경우 모든 사람이 강한 중독성을 보였지만, 알코올은 특정 조건에서 특정 개인에게만 중독성을 나타냈다. 헤로인을 시도한 사람은 대다수가 중독되지만, 알코올은 더 많은 사람이 접하고도 중독되는 사람은 소수였다. 실리는 알코올 남용이 사회적 문제를 더 광범위하게 나타내는 지표일 수 있다고 생각했다.

그는 알코올 중독이 사회적, 환경적 변수와 연관된다고 여기고, 이를 인구 밀도와 연계하여 연구하기 시작했다. 칼훈의 행동의 붕괴 개념과 존 스튜어트의 인구 중력 이론을 바탕으로, 실리는 생태학과 사회물리학의 원칙을 적용해 미국 전역의 알코올 사용 및 남용 분포를 연구했다. 그는 이 프로젝트를 '알코올 중독의 생태학'이라고 불렀다.

실리는 먼저 알코올에 대한 태도(찬성 혹은 반대)가 주, 주 내 도시, 농촌 지역 간에 어떻게 다른지 비교했다. 그는 도시 거주자들이 알코올에 대해 긍정적인 태도를 보이는 반면, 농촌 지역 사회는 금주법의 부활을 선호한다는 사실을 발견했다. 도시 생활은 음주에 더 관대한 경향이 있었다. 실리는 다음과 같이 결론지었다.

"인구학적 사실이 알코올에 대한 태도에 영향을 미치거나 이를 결정한다고 거의 결론지을 수밖에 없다. 알코올에 대한 태도가 미국 전역의 인구 분포를 결정한다고 가정하는 것은 타당하지 않기 때문이다. '거의'라고 하는 이유는 도시 생활에 대한 선호나 전통적 제약으로부터의 자유와 같은 공통 요인이 알코올에 대한 태도와 인구 분포에 영향을 미치거나 이를 기반으로 한다고 가정할 수도 있어서다."

이어 실리는 알코올 중독률과 간경변으로 인한 사망률을 비교했다. 그는 인구 밀도가 높은 지역일수록 알코올 중독과 그로 인한 병리 현상이 더 많다는 사실을 발견했다. 이를 설명하기 위해 실리는 사슴, 나그네쥐, 최근 연구된 눈덧신토끼 snowshoe hare를 대상으로 한 동물 연구를 참조했다. 이런 동물들이 일정한 밀도 이상으로 증가하면, 갑작스럽게 대규모로 집단 폐사가 발생하는 현상에 주목한 것이다.

실리는 인간의 음주가 인구 붕괴로 이어질 것이라고는 생각하지 않았지만, 동물들이 음주로 죽음에 이르기 전의 상태에 주목했다. 확대된 부신, 낮은 혈당 수치, 간경변과 같은 상태를 보였으며, 이는 "셀리에의 쇼크성 질병 shock disease"이라 부르던 스트레스 반응과 만성 알코올 중독자들에게서 흔히 발견되는 신체적 증상과 겹쳤다.

또한, 과밀 상태의 동물이 죽기 전에 보이는 이상 행동에도 주목했다. 이들은 광적으로 움직이며, 군집하거나 공황 상태, 흥분, 강박적 도주, "맹목적으로 특정 대상에 꽂혀서 돌진하는" 행동을 보였다. 실리는 이를 "인간적 관점에서 번역했을 때, 알코올 중독자들에게서 발견되는 행동과 매우 유사하다"라고 생각했다.

과밀 상태의 동물은 마치 술에 취한 것처럼 행동했다. 이들은 평소의 절제를 잃고, 격한 폭력과 성적 활동에 가담했다. 알코올 중독과 과밀 환경에서 나타나는 반응은 같았다. 즉, 사회적 관계의 원활한 작동에 필요한 일반적인 행동 규범을 유지할 수 없는 상태였다. 실리의 직감이 맞다면, 인구 과밀과 알코올 중독은 복잡한 과제를 수행하는 능력을 저해하며, 결과적으로 가장 본능적인 행동만이 드러났다.

도시의 다층 분석

실리의 생태학적 매핑 기법은 '우주 비행을 꿈꾸는 사람들'의 또 다른 멤버이자 스코틀랜드 출신의 도시환경 전문가 이언 맥하그에 의해 더욱 심도 있게 탐구되었다. 제2차 세계대전 당시 낙하산 부대에서 복무하며 소령까지 진급한 맥하그는 위압적인 체격, 뛰어난 달변과 카리스마로 잘 알려진 인물이었다. 그는 칼훈의 연구를 열렬히 옹호한 대표적인 지지자였으며, 〈우리가 사는 집*The House We Live In*〉이라는 TV 토크쇼의 진행을 맡아 저명한 인물들을 초대해 생태학적 사회 분석 모델을 소개했다. 그는 연구회에서 "도시계획을 연구하면서, 쥐의 행동에서 도시 설계에 적용할 수 있는 중요한 통찰을 얻을 줄은 몰랐습니다. 쥐의 행동과 사회적 압박, 병리학적 밀도의 관계를 분석해서 도시계획에도 유용한 연결 고리를 발견했습니다"라고 밝혔다.

1954년부터 펜실베이니아 대학 건축학부 교수로 재직한 맥하그는 2001년에 사망할 때까지 생태적 계획 *ecological planning*이라는 새로운 접근법을 개발했다. 그는 1969년에 출간한 《자연으로 설계하다 *Design With Nature*》에서 건축과 자연 환경을 조화롭게 설계하는 기법을 자세히 설명했다. 그는 지질학적 및 지형학적 데이터를 투명 시트에 표시한 후, 이를 겹쳐서 개발 부지를 계획하는 방식을 도입했다. 다층 *layer-cake* 분석 기법은 나중에 지리정보시스템 *Geographic Information System, GIS*의 선구적 방식으로 자리 잡았다. 맥하그의 목표는 인간이 자연을 정복하는 방식이 아니라, 자연과 조화를 이루며 살아가는 방식을 고민하는 것이었다.

1962년, 볼티모어 북쪽 시골의 계곡을 개발 계획하는 데 자문을 요청받은 맥하그는 당국을 설득해 새로운 분리 구역 지정 조례를 도입했다. 1911년의 구역 분리가 인종

간 혼합을 막기 위한 것이었다면, 이번 조치는 도시 확산에서 자연환경을 보호하기 위한 것이었다.

필라델피아에서는 다층 분석 기법을 활용해 사회적 병리와 물리적 환경 간의 관계를 지도에 시각적으로 표현했다. 그는 신체 질환, 정신 질환, 폭력 범죄, 약물 중독, 알코올 중독, 자살, 오염 등의 데이터를 지도에 표시한 후, 이를 고용, 부, 인구 밀도 등의 요인과 겹쳐서 비교했다. 이는 실리의 '알코올 중독 생태학'에 더 다양한 변수를 포함해 확장한 연구였다.

맥하그는 이런 데이터를 기반으로 열지도 *heat map*를 제작해 공개했고, 사회적 밀도와 사회적 붕괴 간의 강한 연관성을 칼훈의 쥐 연구를 인용해 설명했다. "적어도 필라델피아 사람들에게는, 군집, 사회적 압력, 병리학이 상관관계가 있는 것으로 보입니다."

실리의 알코올 중독 생태학과 맥하그의 다층 분석 지도는 범죄와 중독 같은 사회적 병리가 인구 밀도와 밀접한 관계가 있음을 보여주는 강력한 증거였다. 하지만 이 연구들은 통계 데이터를 기반으로 했기에, 세부적인 현장 사례나 실제 작동 방식에 대한 구체적 설명이 부족했다.

마침 NIMH에서 알코올 생태 과제가 기획되었고, '우주 비행을 꿈꾸는 사람들'의 회원인 보스턴 매사추세츠 종합병원의 정신과 의사 에리히 린데만Erich Lindemann과 사회심리학자 마크 프리드Marc Fried가 이 과제를 수행했다.

계층별 주거 경계

린데만과 프리드가 알코올 생태학 연구 과제를 맡기 몇 년 전, 보스턴 매사추세츠 종합병원 바로 옆에서는 대대적인 재개발이 진행되었다. 새롭게 6차선 고속도로가 건설되면서, 주로 노동계급이 거주하던 그 지역의 2만 명 이상의 주민이 강제 퇴거당했으며, 역사적 가치가 있던 웨스트엔드와 차이나타운이 대부분 철거되었다. 1959년 고속도로 개통을 앞두고, 보스턴 재개발청은 찰스강 인근의 웨스트엔드에서 약 19만 8,000제곱미터를 추가로 철거하기로 결정했다. 1958년 철거가 시작되면서 900채의 건물이 무너졌고, 불도저가 땅을 평평하게 밀어버렸다. 유일하게 철거를 면한 건물은 성 요셉 가톨릭 교회였다. 3,000가구 이상이 고층 고급 아파트 건설로 인해 강제 이주당했다.

보스턴 주택청은 웨스트엔드를 "과밀하고 밀집된" 지역이라면서 "개방 공간의 심각한 부족"을 이유로 철거를 정당화했다. 반면, 새로 건설된 찰스 리버 파크Charles River Park 아파트는 넓고 사생활이 보장된 주거 공간이라고 홍보되었다. 하지만 새 아파트의 임대료는 기존 주민들이 지불했던 금액의 10배여서, 웨스트엔드 주민들은 뿔뿔이 흩어질 수밖에 없었다. 보스턴 출신이자 〈스타트렉〉의 미스터 스폭 역을 맡았던 할리우드 배우 레너드 니모이Leonard Nimoy는 이 상황을 이렇게 회상했다. "사회적 관점에서 보면 그것은 비극이었습니다. 단단히 결속된 훌륭한 공동체가 파괴되었기 때문입니다."

이 과정을 지켜본 린데만과 프리드는 도시 재개발이 스트레스 상황을 해소하는 대신 오히려 더 큰 피해를 초래하는 건 아닌지 의문을 품었다. 프리드는 노동계급이 도시 환경을 중산층과 다르게 경험한다고 생각했다. 중산층은 개인이 소유한 부동산의 경계를 명확히 인식하는 반면, 웨스트엔드 주민들은 거리까지를 주거 공간으로 여겼다. 그들에게 인도, 현관 계단, 상점 앞마당은 생활의 일부였다.

특히 프리드는 이러한 공동체 구조를 영토성과 활동 범위라는 개념으로 설명하면서, 생태학자와 동물행동학자들의 연구가 이를 이해하는 데 중요한 통찰을 제공한다고 보았다. 사적 공간이 부족한 환경에서, 거주자 간의 사회적 관계는 상호 연결된 영역에서 조화롭게 유지되었다. 따라서 높은 인구 밀도로 인해 주민들의 사회적 관계와 정체성은 특정 지역의 물리적 구조와 더욱 밀접하게 얽혔다. 이런 상황에서 강제 이주는 주거 이동을 넘어, 주민들의 사회적 관계와 정체성을 붕괴시키는 것이었다.

사회적·공간적 관계를 분석하는 데 어려움이 따랐지만, 젊은 사회학자 허버트 간스 Herbert Gans가 이를 돕기 위해 나섰다. 그는 노동계급 공동체를 이해하기 위해 1957년 10월, 아내와 함께 웨스트엔드의 작은 아파트로 이사했다. 간스는 1년간 지역 주민들과 생활하며 그들의 일상적 움직임과 상호작용을 세밀하게 기록했다.

> "나는 도시 생활에서 당연하게 여겨지는 모든 것을 의도적으로 관찰하려고 노력했습니다. 사람들이 거리에서 어떻게 이야기하고 교류하는지, 어디에서 수다를 나누는지, 길모퉁이에서 어떤 일이 벌어지는지에 흥미를 가졌습니다."

간스 부부는 지역 행사와 댄스 파티에 정기적으로 참석하며 가능한 한 많은 가족과 친밀해지려고 노력했다. 간스는 지역 술집에서 젊은 주민들과 대화하며 연구를 이어갔다. 그는 "사람들은 나를 사회학자로 여겼지만, 그렇다고 해서 내가 모습을 바꿔야 한다고 느낀 적은 없습니다"라고 설명했다.

보스턴 주택청이 웨스트엔드 전체를 빈민가로 지정했지만, 간스는 하위 공동체에는 고유한 사회적 체계와 정체성이 존재한다는 사실을 발견했다. 일부 지역은 더럽고 황폐했지만, 모든 지역을 동일한 방식으로 분류하는 것은 지역 간의 차이를 간과한 것이었다. 간스는 "프로젝트 지역에 사는 사람들에게 빈민가에 살고 있다고 말했더니, 대부분은 믿지 않았습니다"라고 지적했다.

간스는 도시계획자들이 실질적으로 특정 생활 방식을 비판하고 있다고 보았다. 그는 "저소득층 공동체를 미국 중산층 생활 방식의 일탈 형태로 가정한다"라고 비판하며, 인구 밀도와 군집 현상이 빈민가 철거를 정당화하는 데 사용되고 있음을 우려했다. "이러한 패턴이 병리적이라는 것을 입증하기 전까지, 어떤 계획도 강요할 수 없습니다."

도시 밀도 논쟁

간스는 웨스트엔드에서의 연구를 종합해 《도시의 주민들 The Urban Villagers》(1962)이라는 책을 출간했다. 하지만 이 책이 나왔을 때는 웨스트엔드를 구하기에는 이미 너무 늦었다. 지역 주민들은 재개발로 인해 오래전에 이주했고, 고층 아파트 단지가 완공되면서 공동체는 사라졌다.

하지만 이 책은 당시 도시 재개발 계획에 맞서 뉴욕 공동체를 지키려 했던 건축 저널리스트 제인 제이콥스*Jane Jacobs*에게 중요한 증거가 되었다. 간스와 프리드의 연구는 도시 밀집 지역에 뿌리내린 공동체의 가치를 증명하며, 뉴욕의 오래된 지역을 보호하려는 제이콥스의 주장에 힘을 실어주었다. 미국 전역에서 무분별한 철거와 재개발이 확산되면서 '웨스트엔드를 기억하라*Remember the West End*!'는 불도저로부터 공동체를 지키려는 이들의 상징적 구호가 되었다.

제이콥스는 도시가 가진 복잡성과 활력을 옹호하며, 재개발로 인해 이러한 특성이 사라진다고 경고했다. 그녀는 "도심의 놀라운 복잡성과 활력이 무질서로 오해받는다"라며, 도시를 재설계하려는 계획자들이 오히려 도심을 생기 없게 만든다고 비판했다. "도시마다 건축가들의 스케치가 똑같아서 지루해 보입니다. 이 프로젝트들은 도심을 되살리지 못할 거예요. 오히려 도심을 죽일 겁니다."

공공 공간 연구의 선구자인 윌리엄 '홀리' 화이트*William 'Holly' Whyte* 역시 제이콥스의 견해에 동의하며, 도시의 활기를 억누르는 재개발을 비판했다. 그는 1950년대 초반부터 미국 사회에서 실제로는 순응과 통일성을 강요하는 문화와 개인주의 간의 괴리를 분석한 글로 주목받았다. 화이트는 순응적 사고를 '집단사고*groupthink*'라 불렀고, 이를 미국 중산층의 새로운 이상으로 떠오른 신도시의 단조로운 모습과 연결했다. 그리고 도시와 신도시를 대비했다. "지금 미국인의 열망을 대표하는 표준은 신도시에 있습니다. TV 광고와 잡지 속 행복한 가족은 모두 신도시에 살고 있죠."

반면에 도시는 혼란스러움 속에서도 창의성과 자발성이 살아 숨 쉬는 공간이라고 보았다. 거리의 활기와 혼잡은 스트레스가 아니라 생기를 불어넣는 자극이었다. 화이트는 낯선 사람과의 예상치 못한 만남, 즉 근접성이 도시의 진정한 가치를 만들어낸다고 믿었다. 그는 재개발이 이 혼란스러운 특성을 지켜야 한다고 강조했다. 이는 어떤 면에서는 칼훈의 연구와 대비되는데, 이에 대해 다음과 같이 설명했다. "칼훈의 연구는 간접적이고 현실에서 몇 단계 떨어져 있습니다. 하지만 우리가 연구한 현실은 일상에서 살아가는 사람들입니다."

화이트는 뉴욕 거리에서 사람들이 움직이고 소통하는 모습을 관찰하며, 도시의 "사회적 춤"을 연구했다. 그는 텅 빈 넓은 공간보다 사람들로 붐비는 장소가 도시를 살리며, 인간의 자연스러운 상호작용을 이끌어낸다고 주장했다. "가장 효과적인 접근 방식은 도시를 있는 그대로 받아들이고, 밀도를 높이며, 보행자를 다시 거리로 끌어내는 것입니다."

칼훈의 동료들은 인구 과밀이 알코올 중독, 범죄, 폭력, 성적 일탈과 같은 사회 병리와 높은 상관관계를 가진다는 점을 보여주었다. 볼티모어에서 진행된 월너의 연구는 넓은 주거 공간이 삶의 질을 개선한다는 실증적 증거를 제공했으며, 실리와 맥하그 역시 인구 밀도와 사회 병리 간의 관계를 강조했다.

반면 간스, 제이콥스, 화이트와 같은 도심 옹호자들은 고밀도 도시 환경이 복잡하고 다양한 사회적 네트워크를 촉진한다고 보았다. 이들은 빈민가 철거가 도시 정화를 위한 것이 아니라, 상류층이 불쾌하게 여기는 삶의 방식을 제거하려는 시도라고 비판했다.

그러나 맥하그는 도시 밀도를 낭만적으로 바라보는 시각에 강하게 반대하며, 도시의 군집과 과밀 상태가 오염, 소음, 과잉 자극을 유발한다고 경고했다. 그는 도시 밀도가 가져오는 부정적 영향에 대해 신랄하게 비판했다. "과잉 군집이 괜찮다고요? 노동 계층이 그것을 좋아한다고요? 그 생각을 절대 받아들일 수 없습니다."

군집과 과잉 군집

상반된 두 관점을 어떻게 조화시킬 수 있을까? 해답은 '군집'과 '과잉 군집'을 명확히 구분하는 데 있었다. 도시계획 담당자들은 단위 면적당 인구 수로 밀도를 측정하는 단순한 방식을 사용했지만, 간스는 이를 비판했다. "한 블록당 1,000명은 살 수 있어도, 한 방에 3명이 산다면 혼자 살 때보다 훨씬 큰 문제가 될 것입니다."

실제로 부유층이 사는 피프스 애비뉴의 인구 밀도는 빈곤층이 거주하는 로어 이스트 사이드의 밀도와 유사했지만, 공간의 배치, 인구 분포, 이동의 자유와 같은 요인으로 군집 스트레스에 대한 민감성은 크게 달랐다. 부유층은 경제적 여유 덕분에 공간을 다르게 경험했다. 이들은 이동의 자유와 사생활을 보장받았고, 넓고 독립적인 아파트라는 은둔처로 물러날 수 있었다. 반면 빈곤층은 지역사회에 더욱 얽매여 있었고, 제한된 사생활 속에서 과잉 군집을 경험했다. 하위 계층에 속한 사람일수록 군집 스트레스에 더욱 민감했다.

제이콥스는 "높은 밀도와 과잉 군집이 하나로 묶여 동의어처럼 취급되곤 합니다. 그래서 도시계획가들은 '높은 밀도와 과잉 군집'이라는 말을 한 단어처럼 사용합니다"라고 했다. 밀도는 긍정적일 수 있지만, 과잉 군집, 즉 주거 공간의 방 수에 비해 너무 많은 사람이 사는 것은 부정적인 영향을 미친다고 강조했다. 그녀는 이러한 구분이 명확히 이루어지지 않는다고 불만을 토로하며, 도시계획은 숫자만 계산할 게 아니라 공간과 사회적 관계를 함께 고려해야 한다고 주장했다.

칼훈은 사회적 접촉의 빈도를 측정해서 '사회적 속도 social velocity' 또는 '사회적 온도 social temperature'라고 불렀다. 이는 개인의 사회적 상호작용 빈도와 그 깊이를 측정하는 개념이었다. 그는 실험을 통해 쥐와 인간 모두에게 이상적인 그룹 크기를 성인 8~16명으로 설정했으며, 최적은 12명이라고 제안했다. 칼훈은 이를 진화론적 관점에서 설명했는데, 영장류 조상들이 반고립된 소규모 집단으로 생존했던 유산이라고 주장했다. "현대 문화적 진화는 이러한 원초적 유전적 기반 위에 덧씌워진 것뿐입니다."

이상적인 크기의 그룹은 개인에게 사회적·심리적 안정을 준다. 그룹이 너무 작으면 자극이 부족해지고, 너무 크면 과도한 상호작용으로 인해 좌절감이 생겨 폭력적 행동이나 사회적 고립으로 이어질 수 있었다. 칼훈은 과도한 상호작용이 발생하면 상호작용의 강도가 약화되며, 결국 의미 없는 수준까지 약해진다고 경고했다.

또한 쥐 실험에서 개체 수가 증가할수록 사회적 속도에 따라 하위 계층이 형성되는 것을 관찰했다. 사회적 속도가 높은 개체는 더 활발하게 움직이며 보람 있는 상호작용을 더 많이 나눴다. 반면, 사회적 속도가 낮은 개체는 고립되고 움직임이 제한적이었으며, 결국 하위 계층을 형성했다. "물리적 환경은 사회적 조직을 고려하지 않으면 의미가 없습니다. 하지만 사회적 조직 역시 물리적 환경 없이는 존재할 수 없습니다." 그는 물리적 밀도보다는 공간 설계와 그 사용 방식이 결정적 요소라고 강조했다. 리처드 마이어는 칼훈의 데이터를 바탕으로 "동물에게도 프라이버시는 공동체 평화를 위해 필수적입니다"라고 말했다.

그러나 철거된 빈민가 자리에 새로운 주택 개발이 시작되면서 프라이버시는 절박하게 부족한 자원이 되었다.

정책 실현으로

1963년, 덜은 '우주 비행을 꿈꾸는 사람들' 연구회에서 발표했던 31명의 전문가들에게 《도시 환경 *The Urban Condition*》에 논문을 기고해줄 것을 요청했다. 프리드, 간스, 맥하그, 메이어, 실리, 월너 등이 참여했으며, 칼훈이 〈사이언티픽 아메리칸〉에 게재했던 논문도 포함되었다.

존슨 행정부에서 HUD 장관이었던 위버도 기고자로 참여했다.

이 논문집은 다양한 학문적 배경을 가진 전문가의 글이 한데 모였다는 것에 가장 큰 의미가 있었다. 덜은 서문에서 이렇게 설명했다.

> "8년 전, 제가 여러 학문이 정신건강에 미치는 관계에 관심을 갖기 시작한 것과, 칼훈이 물리적 환경이 행동에 미치는 영향을 연구하던 것이 계기가 되어 이 그룹이 탄생했습니다."

그는 이처럼 다양한 접근이 하나로 연결될 수 있었던 이유로 '과정'과 '시스템'에 대한 공통된 관심을 꼽았다. "이 책에서 사용된 '모델'은 여러 가지입니다. 그중 가장 두드러지는 것은 생물학자들이 '생태학'이라 부르는 접근법입니다."

이듬해, 존슨 대통령은 빈곤 퇴치 프로그램의 일환으로 MIT 교수이자 도시 정책 연구자인 로버트 C. 우드 _Robert C. Wood_ 가 주도하는 도시 문제 태스크포스 _Task Force on Urban Problems_ 를 설립했다. 이는 곧 주택도시개발부의 창설로 이어졌다.

이 소식을 접한 덜은 위원회에 2쪽 분량의 글을 제출하며, 도시 문제를 다룰 때 "벽돌과 콘크리트"보다 "사회적 및 심리적 요인"을 우선해야 한다고 강조했다. 또한 몇몇 도시 지역을 선정해 통합적인 접근 방식을 시연할 것을 제안하며, "계획과 정책을 전체론적으로 수행하면 더 나은 결과를 얻을 수 있다"라고 주장했다. 이 프로젝트를 그는 '시범 도시Demonstration Cities'라고 불렀다.

우드는 덜의 아이디어에 깊은 인상을 받았고, "덜의 자문 그룹('우주를 꿈꾸는 사람들')의 제안"으로 여겼다. 이 제안이 존슨 대통령에게 전달되었을 때, 대통령은 "시위(demonstration에는 시범과 시위라는 두 가지 뜻이 있다—옮긴이)는 볼 만큼 봤네. '모범 도시Model Cities'라고 부르지"라고 말했다.

1965년, 우드는 HUD 차관으로 승진하며 모범 도시 프로그램을 발표했고, 덜에게 특별 자문역을 제안했다. 이에 따라 1966년, 덜은 NIMH를 떠나 워싱턴에서 새로운 역할을 맡았다. 모범 도시 프로그램은 덜과 칼훈이 지난 12년간 구상해왔던 아이디어를 실현할 기회였다.

덜이 NIMH를 퇴사하자 곧 '우주 비행을 꿈꾸는 사람들' 연구회도 끝났다. 1966년 3월, 마지막 모임에서 덜은 HUD에서의 새로운 역할을 발표하며, "도시를 통합적으로 이해하는 '통합 프로그램'을 설계할 기회"에 대한 기대를 밝혔다. 그는 여러 정부 기관들이 도시의 "작은 단편"에만 초점을 맞춘 분절적 접근 방식을 넘어설 필요가 있다고 역설했다. 또한 정신 장애, 알코올 중독, 웨스트엔드 문제, 빈곤 문제 등 다양한 과제에 분산된 관심을 HUD로 옮겨 하나에만 집중하여 변화를 만들어내고 싶다고 말했다.

새로운 역할을 맡은 지 사흘 만에 덜은 '시범 도시' 제안이 정부 내 다양한 기관의 프로그램을 일관성 있게 통합하는 첫 시도로 실현되고 있다고 보고했다. 물리적 공간의 설계, 건강 및 사회적 계획을 통합하며 지역 주민들의 참여를 촉진하는 계획이 본격적으로 시작되고 있었다.

그는 연구회 멤버들에게 "비공식적으로라도 계속 협력하기를 바랍니다. 서로 다른 곳에서 활동하면서도 같은 방향으로 나아갈 수 있기를"이라며, 연방 정부 행정의 변화를 보고 "여러분이 상상할 수 있듯, 이곳은 변화로 인해 흔들리고 있습니다"라고 전했다. 마지막으로, 희망의 메시지를 전하며 모임을 마무리했다. "오늘은 '우주 비행을 꿈꾸는 사람들'의 마지막 모임이자 'HUD를 사랑하는 사람들*HUD-nuts*'의 첫 모임입니다."

모든 것이 드디어 제자리를 찾는 듯 보였다. 쥐 법안도

1967년 9월, 보건협력개정법 *Partnership for Health Amendment Act*의 일부로 통과되었다. 그해 12월, 존슨 대통령은 이를 자랑스럽게 선언했다. "우리는 쥐 방지 법안을 통과시켰습니다. 이는 공화당의 조롱보다 더 강렬하게 국민의 양심이 외쳤기 때문입니다."

15장 수직 슬럼가

프루이트아이고의 붕괴

1951년 4월 〈건축포럼 *The Architectural Forum*〉에 실린 한 기사는 미주리주에서 막 착공된 새로운 개발 프로젝트를 극찬했다. 이 프로젝트에는 5,800만 달러가 투입되었고, 약 15,000명의 주민을 수용할 계획이었다. 낡고 사람들이 밀집해 살던 "쥐들이 들락거리는 허름한 집들"을 현대적이고 정돈된 위생적인 건축물로 대체한다는 구상이었다. 이 프로젝트는 〈건축포럼〉의 표지 기사로 실렸는데, '세인트루이스에서의 슬럼 수술 *Slum Surgery in St. Louis*'이라는 제목이었다.

당시 대부분의 공공 주택 프로젝트와 마찬가지로, 이 블록도 인종에 따라 구분되어 있었다. 제2차 세계대전 당시 아프리카계 전투기 조종사이자 전쟁 영웅이었던 웬델 O. 프루이트 Wendell O. Pruitt의 이름을 딴 구역에는 흑인 주민이, 진보적인 미주리 정치인 윌리엄 L. 아이고 William L. Igoe의 이름을 딴 건물에는 백인 주민이 거주할 예정이었다. 프로젝트의 명칭조차도 프루이트아이고로, 인종적 구분이 고스란히 반영되었다.

이 프로젝트의 주 설계자는 시애틀 출신의 건축가 야마사키 미노루 山崎實로, 뉴욕 세계무역센터를 설계한 인물이기도 했다. 그는 부지를 낮게 분산시키는 대신, 11층 높이의 건물 33개 동을 설계하여 약 3,000세대를 수용하게 했다. 지상에는 놀이터와 공원을 위해 넓은 공간을 확보할 계획이었다. 주거 구역 사이로 나무들이 흐르는 듯한 조경이 포함되었으며, 넓은 복도와 발코니를 통해 아파트 내부의 좁은 방 구조를 보완하려 했다. 〈건축 기록 The Architectural Record〉은 이를 긍정적으로 평가하며, "대규모 공공 주택에서 인간이 편안히 살 수 있는 작은 이웃의 느낌을 최대한 보존하고 있다"라고 보도했다.

그러나 현실은 계획과 달랐다. 주택 단지는 콘크리트

바닥 위에 설치된 거대한 창고 선반처럼 보였고, '나무의 강'은 끝내 조성되지 않았다. 놀이터도 주민들의 불만이 제기된 후에야 추가되었다. 유지 보수를 위한 자금이 부족해 건물 곳곳에서 파손된 부분이 점점 쌓였다. 부지는 넓었지만, 정작 건물 내부는 비좁고 답답한 구조였다. 설계상 엘리베이터는 3층마다 서게끔 되어 있었고, 이조차 자주 고장나서 주민들이 좁은 계단으로 몰리는 일이 빈번했다.

시간이 흐르면서 범죄율이 급격히 증가했다. 건축가이자 도시계획가인 오스카 뉴먼 Oscar Newman 은 1974년 BBC 다큐멘터리에서 이를 언급했다. "갱단이 아파트에 거점을 구축하면서, 나머지 주민들은 피해자가 되었습니다." 건물 사이의 열린 공간과 놀이터는 설계상으로는 안전한 장소여야 했지만, 실제로는 너무 낮은 곳에 위치해 있어 아이들끼리만 놀게 할 수 없었다. 결국 계획했던 '나무의 강'은 '유리병과 쓰레기의 하수구'로 변해버렸다.

지상층은 갱단이 배회하는 위험 지대로 바뀌었고, 창문은 너무 자주 깨져 복구조차 불가능한 상태가 되었다. 1968년까지 1만 장 이상의 유리가 사라졌고, 비어 있는 아파트와 복도는 무방비로 노출되었다. 비가 들이쳤고, 같은 해 11월에는 기온이 영하로 떨어지면서 건물 전체의 수도관이 터졌다. 해빙기가 되자 아파트 곳곳이 침수되었고,

거주 환경은 더욱 악화되었다.

모더니즘과 행동의 붕괴

사람들이 떠나기 시작했다. 프루이트아이고 단지에 완전히 사람들이 들어찬 적은 한 번도 없었지만, 이제 공실률은 50%를 넘어 85%에 이르렀다. 뉴먼이 인터뷰를 할 무렵, 이곳은 사실상 황무지로 변해 있었다.

첫 번째 건물은 1972년 3월, 통제된 폭파 작업을 통해 장엄하게 무너졌다. TV로 생중계되기까지 했다. 과거 〈건축포럼〉의 말을 냉소적으로 비틀어, "외과적 철거 surgical demolition" 작업이라 불렀다. 영화 제작자 론 프리크 Ron Fricke는 이 장면을 헬리콥터로 촬영해, 고드프리 레지오 Godfrey Reggio의 영화 〈코야아니스카치 Koyaanisqatsi〉의 하이라이트 장면으로 사용했다. 이 장면은 현대 음악 작곡가 필립 글래스 Philip Glass의 강렬한 아르페지오와 함께 어우러지며, 영화사에서 손꼽히는 명장면으로 남았다.

〈뉴욕타임스〉는 프루이트아이고를 회고하며 이를 "재앙을 부르는 설계 prescription for disaster"라고 불렀다.

"세인트루이스에서 프루이트아이고 주택 단지를 폭파한 것은 공공 주택 설계라는 주제를 대중의 의식에 확실히 각인시킨 사건이었다. 미국 생활의 수치가 된 공공 주택 단지를 파괴하는 폭력적이지만 불가피한 행위를 통해, 우리가 그동안 끔찍하게 잘못하고 있었음을 분명히 알게 된 것이다."

프루이트아이고는 모더니즘의 종말을 알리는 동시에, 공공 주택의 모든 문제점을 상징하는 사례가 되었다. 건축 역사학자 찰스 젱크스 Charles Jencks 는 다음과 같이 선언했다.

"현대 건축은 1972년 7월 15일 오후 3시 32분(혹은 그즈음), 미주리주 세인트루이스에서 사망했다. 악명 높은 프루이트아이고 계획, 혹은 그 슬래브 블록 중 일부가 다이너마이트에 의해 최후의 일격을 맞았을 때였다."

〈뉴욕타임스〉 역시 비슷한 논조로 보도했다.

"르 코르뷔지에 Le Corbusier 의 '빛나는 도시 Ville Radieuse'와 현대 건축 운동의 꿈에 평안을, R.I.P."

프루이트아이고의 물리적 환경을 범죄와 무질서를 조

장한 주요 원인으로 분석한 것은 주목할 만한 점이다. 이러한 상황을 설명하는 데 칼훈의 쥐 실험이 다시 소환되었다. 사회학자 A. R. 길리스 A. R. Gillis는 "프루이트아이고의 사회적 조건이 칼훈이 묘사한 '행동의 붕괴' 수준에 가까워졌다"라고 평가했다.

그는 프로 복서이자 올림픽 금메달리스트 형제인 마이클과 리온 스핑크스 Michael & Leon Spinks가 어린 시절을 프루이트아이고에서 보냈다는 사실을 언급하며, 조롱 섞인 비판을 덧붙였다. "무질서와 갈등의 수준은 스핑크스 형제를 배출할 정도로 심각했다. 이들은 뛰어난 복싱 실력뿐만 아니라, 잦은 교통법 위반으로도 유명하다."

붕괴를 내재한 설계

칼훈은 케이시 헛간을 설계할 때 프루이트아이고의 계단 공간에서 영감을 받아, 높이 위치한 굴과 나선형 계단을 적용했다. 그러나 그의 눈에는 이러한 고층 신축 주택 프로젝트가 존스홉킨스와 월터리드센터에서 보았던, 고도로 조직화되고 산업화된 실험실과 다를 바 없어 보였다. 유닛이 겹겹이 쌓인 아파트 구조는 리히터의 규격화된 쥐 수납이나 조 브래디의 스키너 상자처럼 기하학적으로 배열된 우리를 연상시켰다. 이러한 구조는 개체를 사회적 접촉이라는 스트레스로부터에서 격리시키는 역할을 했다. 중요한 차이점이 있다면, 아파트 거주자들은 음식을 포함한 필수품을 얻기 위해 '우리'를 떠나야 하지만 실험실의 쥐는 그럴 수 없다는 점이었다. '우주 비행을 꿈꾸는 사람들' 회의에서 칼훈이 이를 언급했을 때, 심리학자 윌너는 이렇게 맞장구쳤다.

"볼티모어의 슬럼가는 높아봐야 3층입니다. 복도에서 마주칠 아이의 수는 제한적이지요. 하지만 프루이트아이고처럼 엘리베이터에 수십 명의 아이들을 밀어 넣는다면, 이야기는 완전히 달라질 겁니다."

프루이트아이고를 비롯한 대형 공공주택을 설계한 도시계획자들은 정신병원과 교도소의 공간 설계에서 밀도에 관한 규정과 기준을 참고했다. 하지만 정신병원이나 교도소와 같은 시설에서 공간과 행동의 관계를 연구했던 학자들은, 자신들의 연구 결과를 일반적인 주택 프로젝트에 적용하는 데 불편함을 느꼈다. 병원과 교도소는 제한된 인구와 예측 가능한 활동 패턴을 가진 공간이지만, 공공주택과 같은 준기관적 환경은 블록당 거주자 수나 주택 수로 단순화할 수 없는 복잡한 요소를 포함하고 있었기 때문이다.

이즈미는 당시 캐나다 도시부 *Ministry of State for Urban Affairs*의 자문 역할을 맡고 있었다. 그는 칼훈과 에드워드 홀의 연구를 인용하며, 사생활과 공동체를 위한 적절한 공간이 제공되지 않은 채 과밀하게 밀집된 환경에서 사람들이 거주할 경우, 결국 고립과 소외를 겪으며 제도화된 상태에 빠질 것이라고 경고했다.

수직 빈민가

하버드 대학의 네드 홀은 과학철학과 인식론 전문가였지만, 1967년에는 시카고의 악명 높은 공공주택 단지 카브리니그린을 방문하며 도시 설계와 주거 환경 문제에 깊이 발을 들였다. 당시 이곳은 프루이트아이고와 함께 실패한 공공주택의 대표 사례로 떠올랐다.

홀은 기자 한 명과 함께 이곳을 둘러보며, 거대한 고층 건물이 "수직 빈민가 *vertical ghetto*"로 전락했다고 지적했다. 그는 건축이 해결책이 아니라 오히려 문제를 감추는 수단이 되었다고 꼬집었다.

"빈민가는 눈에 보입니다. 그래서 사람들은 그것을 가릴 방법을 찾죠. 쓰레기와 오물, 가난한 사람들, 이런 것은 매력적이지 않습니다. 보고 싶어 하지 않죠. 그러니 이런 건물을 짓는 겁니다. 그러면 문제가 감추어지니까요."

겉으로 보면 깔끔하고 질서정연했지만, 현실은 달랐다. 좁은 복도, 고장난 엘리베이터, 방치된 공터, 범죄와 불안이 일상이 된 공간. 도면상으로는 정돈된 구조물처럼 보였지만, 실제 거주자에게는 감옥과도 같은 환경이었다.

홀은 이 문제에 대한 해결책을 찾기 위해 아내이자 사회학자인 밀드레드 홀Mildred Hall과 함께 적극적으로 연구를 시작했다. 1971년, 그들은 세인트루이스의 '프루이트아이고 조치팀Pruitt-Igoe Action Team'에 합류했다. 이들은 이미 전 세계적으로 '재앙'이라고 낙인찍힌 프루이트아이고 프로젝트를 어떻게든 살려보려고 마지막으로 시도했다.

그해 여름, 홀은 직접 프루이트아이고를 방문했다. 그리고 그곳에서 마주한 현실에 말을 잃었다. 피츠버그에 있는 친구에게 보낸 편지에서 그는 이렇게 털어놓았다.

"그곳은 상상을 초월하더군. 밤새도록 그곳을 떠올렸지. 사람들이 해준 이야기는, 믿기 힘들 정도로 충격적이었어."

홀은 주거 환경이 건축의 문제가 아니라, 공동체의 붕괴와 직결되는 문제임을 절감했다. 그의 눈에, 이곳은 '살 곳'이 아니라 '버려진 공간'이었다.

집 아닌 집

네드 홀이 프루이트아이고를 방문하기 1년 전, 하버드 대학 사회학자 리 레인워터 *Lee Rainwater* 도 이곳을 찾았다. 그는 이곳의 건물이 거주자들에게 전혀 안전감을 제공하지 못한다는 점을 발견했다. 레인워터는 이를 "피난처로서의 집 *house-as-haven*"이 부재한 상태라고 설명했다.

그가 본 프루이트아이고는 안식처가 아닌 방치된 공간이었다. 곳곳에 금이 가고, 건물은 파손된 채 방치되어 있었다. 쓰레기는 쌓여가고, 배관은 고장났으며, 악취와 해충까지 들끓었다. 그는 이 상태가 환경 문제를 넘어서, 거주자들의 자존감이 파괴된 결과라고 분석했다.

"쓰레기, 열악한 배관, 그에 따른 악취, 쥐와 해충들……. 이 모든 물리적 증거는 거주자들에게 '당신들은 도덕적으로 추방된 존재'라고 끊임없이 말하고 있습니다. 물리적 환경은 인간관계만큼이나 효과적으로 '당신들은 열등하고 무

가치하다'라고 속삭이고 있습니다."

레인워터는 이 건물이 거주자들에게 사생활도, 소유감도 허락하지 않는다고 지적했다. 그들에게 이곳은 '사는 곳'이 아니라, '머무는 곳'에 불과했다.

그의 분석은 프루이트아이고 철거 직후, 건축가 오스카 뉴먼의 평가와도 맞아떨어졌다. 그는 〈타임〉과의 인터뷰에서 프루이트아이고의 황폐화된 공용 공간에 대해 이렇게 말했다.

"현관, 세탁실, 우편물실을 비롯해 모든 공용 공간이 말 그대로 엉망이었습니다. 복도에는 사람의 배설물까지 있었죠. 그런데 이상한 점이 있었습니다. 한 곳은 예외였거든요."

바로 아파트 내부로 연결된 작은 복도였다.

"두 아파트를 연결하는 작은 복도가 있었습니다. 그런데 그곳은 깨끗했습니다. 흠 하나 없이 말이죠. 그 바닥에서 식사를 해도 될 정도였어요. 그 복도에서는 다른 복도처럼 [사람들이 피하느라] 문 닫는 소리가 들리지 않았습니다.

오히려 들창문이 열리는 소리가 들렸어요. 어떤 사람들은 문을 열어주기까지 했습니다."

그 차이는 무엇이었을까? 작은 복도는 그들에게 '자신의 공간'처럼 느껴졌던 것이다. 레인워터가 말했던 '피난처로서의 집', 즉 보호받는다는 감각이 사라진 공간에서 유일하게 '영토'로 인식한 것이 작은 복도였다. 뉴먼은 이 발견이 중요하다고 직감했다.

"사람들이 어떤 거처에서든 '보호받고 있다'는 느낌을 원합니다. 집은 단순한 주거 공간이 아닙니다. 그것은 영토이며, 영토는 반드시 지켜져야 합니다."

그러나 프루이트아이고에서는 지킬 '영토'가 없었다. 이곳의 거주자들은 공간을 지킬 힘도, 이유도, 의지도 빼앗긴 상태였다. 결국, 거주자들은 자신이 사는 곳을 감옥처럼 여겼다. 뉴먼은 이 현상에 대해, "공공 주택에서 일어나는 자해적 파괴 행위는 '느린 속도로 진행되는 감옥 폭동'과 같다"라고 말했다.

프루이트아이고는 건축 실패라고만 할 수 없었다. "집 아닌 집"에서 사람들은 점점 더 무너져 내리고 있었다.

방어 가능한 공간

뉴먼은 생태학적 개념인 '영토성'을 바탕으로 한 자신의 새로운 이론을 '방어 가능한 공간defensible space'이라 불렀다. 웨스트엔드에서 허버트 간스는 한 가족의 집이 인도나 계단 같은 공용 공간으로까지 확장되는 모습을 관찰했다. 그러나 고층 건물에서는 이것이 불가능했다.

> "유일하게 '방어 가능한 공간'은 아파트 내부뿐이다. 맹목적으로 움직이는 엘리베이터, 익명의 사람들이 오가는 긴 복도, 그리고 폐쇄된 비상 계단……. 이 모든 요소는 반사회적 행동이 일어나기 딱 좋은, 완벽한 무인지대를 만들어낸다."

영토적 소유감이 부족했던 거주자들은 점점 주변 환경에 무관심해졌고, 적대적으로 변했다. 프루이트아이고의 철거 시점은 절묘했다. 뉴먼은 1972년에 《방어 가능한 공간: 도시 설계를 통한 범죄 예방Defensible Space: Crime Prevention through Urban Design》을 출간했고, 이 책은 디자이너와 정책 입안자 사이에서 영향력 있는 책이었다. 뉴먼은 이 책에서 다가구 주택을 포함한 저층, 저밀도 개발을 촉진하며, "넓은 공터에 고층 건물을 무더기로 배치하는 대규모 표준화 프로젝트는 재앙을 보장하는 공식"이라며 비판했다.

뉴먼의 영토성에 대한 설명은 '우주 비행을 꿈꾸는 사람들'이 열광했던 생태학적 전환에서 영감을 받은 듯했지만, 내용은 다소 모호했다. 그는 영토성에 대한 동물 모델을 명시적으로 언급하지 않고, 대신 독자들에게 로버트 아드리의 저서를 참조하라고 언급했다. 아드리의 저서는 영토성과 폭력을 중심적이고 익숙한 개념으로 자리 잡게 했다. 아드리와 마찬가지로, 뉴먼은 영토성과 폭력이 선천적이며 보편적이라고 주장했다.

특히, 뉴먼의 책은 모더니스트들이 틀렸음을 시사했다. 사람들은 기계 안에서 살 수 없으며, 새로운 건축 양식이 자연적인 행동 패턴을 대체할 수는 없다는 것이다. 뉴먼은 자연과 역사가 자신의 편이라고 주장하며, "지난 수천 년간 인간 거주지의 진화는 항상 거주지의 영토적 영역을 정의하는 구조물을 건설하는 과정을 포함했다"라고 말했다. 그는 전례 없는 급속하게 성장한 미국 도시로 인해, "도시 환경에서의 거주 형태를 점진적으로 탐색하며 수천 년에 걸쳐 발전해온 전통이 사라졌다"라고 한탄했다.

설계인가, 격리인가?

에드워드 홀은 도시 설계를 넘어, 물리적 환경과 사회적 환경이 어떻게 상호작용하는지에 깊은 관심을 가졌다. 이는 NIMH를 떠나 HUD의 모범 도시 프로그램으로 간 덜과 그의 관점을 자연스럽게 일치시키는 계기가 되었다. 모범 도시 프로그램은 공공 주택과 같은 기존 도시 개발 방식의 한계를 넘어서, 사회적·경제적 문제를 해결하기 위해 설계된 프로젝트였다. 덜은 이를 통해 도시 문제에 대한 통합적이고 혁신적인 접근을 기대했다. 그러나 그의 낙관은 오래가지 못했다.

모범 도시 프로그램은 지역 사회의 지지를 얻지 못했다. 가장 큰 걸림돌은 권한 분배 방식이었다. 기존의 도시 개발 사업과 달리, 이 프로그램은 의사결정권을 지역 사회 전체에 나누는 형태였다. 이는 덜이 원했던 핵심 요소였지만, 정치적 현실은 기대와는 달랐다. 다양한 이해관계자를 참여시키는 것은 민주적이고 포용적일지는 몰라도, 정치적 관점에서 보면 통제하기 어려웠다. 결국 덜은 인정했다.

"너무 많고 다양한 그룹을 프로그램에 포함하면서, 특히 소비자(주민)들까지 직접 참여하도록 하니, 정치적으로는 완전히 실패할 수밖에 없었다."

시카고 시장인 리처드 J. 데일리 Richard J. Daley가 그 문제를 단적으로 지적했다.

"내 정치적 힘을 약화시키는 데 내가 왜 돈을 써야 한단 말인가?"

덜은 점점 낙담했다. 처음에는 기대에 차 있었지만, 시간이 갈수록 현실 앞에서 좌절감과 무력감을 느꼈다. 결국 1968년, HUD에서 불과 2년을 채우지 못한 채 은퇴하고 버클리 대학에서 도시계획과 공공 보건을 가르치는 길을 택했다.

한편, 연방 정부의 방향도 달라졌다. 닉슨 행정부는 모범 도시 프로그램에 대한 지원을 점차 축소했고, 결국 1974년에 공식적으로 해체되었다. 대신, 연방 정부는 기존 주택 재고의 개·보수에 초점을 맞췄고, 6천만 달러 규모의 정부 대출을 통해 "이웃 보존을 위한 유망한 접근 방식"을 지원하는 정책으로 전환했다.

그새 오스카 뉴먼의 '방어 가능한 공간' 개념은 점

점 더 주목받기 시작했다. 이는 새로운 대규모 주택 건설이 아니라, 기존의 주택을 보존하면서 범죄를 줄이고 부동산 가치를 높이는 방향이었다. 무엇보다 연방 정부 입장에서는 훨씬 적은 비용으로 효과를 낼 수 있었다. 뉴먼은 1972년 〈타임〉과의 인터뷰에서 자신감을 드러냈다.

> "새로운 HUD 장관인 조지 롬니 George Romney가 HUD가 모든 연방 지원 프로젝트에 적용할 수 있는 구체적인 설계 지침을 만들어달라고 요청했다."

결국 모범 도시 프로그램이 원했던 지역 맞춤형 커뮤니티 참여 모델은 사라지고, 대신 뉴먼의 방어 가능한 공간 개념이 도시 설계의 표준으로 자리 잡았다. 덜이 꿈꿨던 이상적인 도시 재개발 방식은 무너졌지만, 뉴먼의 실용적 접근법은 정부 정책에 단단히 뿌리내렸다.

이때쯤부터는, '우주 비행을 꿈꾸는 사람들'을 통해 형성된 연대, 즉 공간이 물리적 문제가 아니라 사회적 문제이기도 하다는 생각은 점차 분열되기 시작했다. 초기에는 의견 차이가 있었지만, 더 나은 공간 설계가 사회·경제적 요구와 문화적 차이를 존중하는 한 시민들의 삶을 개선할 수 있다는 점에는 동의했다.

그러나 시간이 지나면서 길은 뚜렷이 갈렸다. 환경심리학자들은 건축과 도시계획이 공동체를 강화하고 사람들의 삶을 변화시킬 수 있다는 대담하고 급진적인 견해를 여전히 유지했다. 반면, 뉴먼의 방어 가능한 공간 모델은 정부와 정책 입안자들에게 더욱 효율적이고 비용이 적게 드는 해결책으로 여겨졌다.

칼훈은 설치류 실험 결과가 더 나은 도시 설계를 위한 영감을 줄 것이라고 기대했다. 그러나 현실적으로 그의 연구는 기존 질서를 유지하는 논리로 활용되기 시작했다. 도시는 더 효과적으로 통제하기 위해 '우리'로 분할해야 하는 공간으로 해석되었고, 이 논리는 결국 도시 인구를 분리하고 격리하는 방식으로 정책에 반영되었다.

이러한 흐름에 대한 신랄한 비판은 1973년 〈데일리 캘리포니안 The Daily Californian〉에 실린 교육 정책가 윌리엄 러셀 엘리스 William Russell Ellis의 서평에서 잘 드러난다. 그는 오스카 뉴먼의 저서에 대해 "건축 연구로는 괜찮을지 모르지만, 사회과학으로는 형편없다"라며 혹평했다.

뉴먼은 표면적으로 상호 원조와 공동체 지원을 강조하는 듯 보였지만, 실제로는 도시를 '포식자'로 가득 찬 위험한 공간으로 상상하며, "도시는 2미터 높이의 철 울타리와 CCTV가 필요한 곳"이라고 묘사했다.

엘리스는 이런 사고방식을 강하게 비판했다. 도시가 위험한 이유는 건축 설계 때문이 아니라 빈곤과 불평등 때문이고, 공공 기관과 사회 복지 프로그램이 제대로 운영되지 않은 탓이라는 것이다. 뉴먼의 '방어 가능한 공간' 개념은 실제로는 가난한 사람들을 더욱 고립시키고 분리한다고 비판했다.

뉴먼의 '방어 가능한 공간' 개념은 정부가 공공 공간을 미화하면서도 도시의 실제 문제를 외면할 수 있게 해주는 도구가 되었다. 엘리스는 뉴먼의 이론을 조롱하며, 결국 주민들을 '방어 가능한 공간'에서 게이트 커뮤니티 gate community(경비원이 지키는 문을 거쳐야 하는 폐쇄적인 마을—옮긴이)를 거쳐, 결국에는 '군사적으로 요새화된 교외'로 몰아넣는 것과 다름없다고 했다.

엘리스의 시각에서 보면, 뉴먼의 '방어 가능한 공간' 개념은 범죄, 공포, 불신의 근본 원인을 해결하려는 것이 아니라, '설계'를 통해 문제를 통제하려는 것이었다. 이러한 논리를 비판하며 다음과 같은 결론을 내렸다.

"리처드 닉슨이 악행의 정점에 서 있던 시기, 이 야심 찬 도시 설계 제안이 동시에 등장한 것은 우연이 아니다. 이것은 악을 전제로 하고, 이를 '설계'를 통해 통제하려는 시도일

뿐이다. 뉴먼의 이론이 도시 문제를 해결하는 해법인가, 아니면 더 심각한 사회적 격리를 조장하는 논리인가?"

이상과 현실

칼훈과 딜은 과학적 연구의 경계를 허물고, 도시 설계자 및 행정가와 협력하여 도시 문제를 해결하려 했다. 하지만 이 시도는 더욱 어려워졌다. 그럼에도 불구하고 딜은 도시 생활의 문제를 설명하는 데 여전히 칼훈의 연구를 활용했다. 1977년에는 칼훈에게 편지를 보내, "말도 안 되는 부탁 하나 해도 될까요? 제가 중학생들에게 NIMH의 쥐들에 대해 이야기해야 하는데, 보여줄 수 있는 사진 자료를 보내줄 수 있나요?"라고 요청하기도 했다.

한편, 칼훈은 실험실로 돌아가 더 나은 해결책을 찾기 위한 새로운 설치류 실험 환경을 설계하고 있었다. 그는 급격히 붐비는 현대 사회에서 어떻게 하면 더 나은 삶을 영위할 수 있을지 고민하며, 야심차고 긍정적인 대안을 제시하려 했다.

깨달음

3부

Revelations

잭 칼훈:
오렌지 속의 유니버스
(NIMH, 1960)

칼훈이 한 장의 사진을 들여다보며 감탄하고 있었다. 사진 속에는 주름 잡힌 종이에 반쯤 감싸인 오렌지가 있었다. 종이의 가장자리는 파라핀 왁스로 밀봉되어 있었고, 꼭대기 일부만 노출된 상태였다. 드러난 오렌지 껍질에는 검은 잉크로 원이 그려져 있었으며, 원 안에는 열여섯 개의 방사형 조각이 나뉘어 있었다. 마치 시계판처럼 보였다. 그중 절반에는 1부터 8까지 숫자가 매겨져 있었다.

칼훈은 이 아이디어가 기발하다고 생각했다. 이 독특한 오렌지는 칼 허페이커 Carl Huffaker라는 곤충학자의 작품이었다. 그는 버클리 실험 농장에서 농업 해충 방제 연구를 수행하고 있었다. 당시 캘리포니아의 농부들은 특정한 진드기 종의 창궐로 심각한 피해를 입었고, 허페이커는 이를 해결하기 위해 실험실 안에서 자연환경을 모방한 시스템을 만들어야 했다. 하지만 문제는 단순하지 않았다.

허페이커는 실험용 미시 세계를 어떻게 정의해야 하는지 고민했다. 자연 세계를 실험실 안에 축소해 넣으려면 무엇이 필요할까? 그는 생물학자 야콥 폰 웩스퀼Jakob von Uexküll의 개념을 떠올렸다. 웩스퀼은 생물이 인식하는 환경, 즉 움벨트Umwelt 개념을 통해 진드기가 살아가기 위해 필요한 감각 정보만을 선택적으로 받아들인다고 주장했다. 이 개념은 훗날 로버트 소머의 개인 공간 개념에도 영향을 주었다. 허페이커는 이 개념을 거꾸로 적용했다. "진드기가 '현실'이라고 인식하는 최소한의 환경은 무엇일까?"

그는 우리가 사는 세계를 축소할 필요는 없다고 깨달았다. 진드기가 살아가는 세계를 축소하면 되는 것이다. 허페이커는 진드기의 입장에 서서, 과일밭 한가운데에서 후각만으로 익은 과일을 찾았다. 그는 여러 실험을 시도한 끝에 마침내 완벽한 실험 모델을 구축했다.

작은 쟁반에 격자 배열로 오렌지를 배치하고, 각각의 오렌지를 종이로 감싼 후 파라핀으로 밀봉했다. 꼭대기 일부만 노출시켜 진드기가 탐색할 표면을 제한함으로써 명확한 관찰이 가능했다. 종이를 사용한 이유는 오렌지를 신선하게 유지하기 위해서였다.

이 방식으로 오렌지는 최대 3개월 동안 신선하게 보존될 수 있었다.

실험의 신뢰성을 높이기 위해 오렌지 사이에 고무공을 배치했다. 진짜 오렌지와 가짜 오렌지가 섞인 환경에서 진드기가 어떻게 반응하는지 보기 위해서였다. 각각의 오렌지는 철사로 연결되었고, 진드기들은 이를 따라 이동하도록 설계되었다. 오렌지 껍질에 박은 '시계판 다이얼'은 샘플링을 위한 숫자로, 특정 지점의 진드기 수를 측정하는 데 활용되었다.

처음에는 4개의 오렌지로 시작한 실험이 점차 확장되었다. 마침내 그는 3개의 쟁반에 120개의 오렌지와 고무공을 배치한 거대한 실험을 구축했다. 그리고 몇 달 동안, 그는 매일 현미경으로 오렌지 시계판에 있는 진드기 개체 수를 세고 이를 꼼꼼하게 기록했다. 허페이커는 이 추상적 격자 배열을 '유니버스'라고 불렀다. 각각의 쟁반은 완벽한 '작은 세계'였고, 진드기에게는 거대한 유니버스였던 것이다.

1958년, 허페이커는 이 연구 결과를 논문으로 발표했다. 1960년, 칼훈은 이 실험을 접한 후 '유니버스'라는 개념에 깊은 인상을 받았고, "나는 이 용어가 마음에 든다"라는 메모를 남겼다.

허페이커가 진드기를 위한 작은 세계를 설계했던 것처럼, 칼훈도 인간 사회를 축소해 연구할 방법을 고민하기 시작했다. 이제, 유니버스의 개념이 인간을 위한 실험으로 이어질 차례였다.

16장

풀스빌

12진 문명

케이시 헛간 실험이 끝난 후, 칼훈은 캘리포니아 팰로 앨토에 있는 스탠퍼드 행동과학 고등연구소 *Stanford's Center for Advanced Study in the Behavioral Sciences*에서 1년간 안식년을 보낼 수 있는 장학금을 받았다. 그는 인구생태학으로 유명한 버클리 대학의 허페이커와 가까운 곳에 있었지만, 끝내 만나지 못했다. 케이시 헛간의 어둡고 비좁은 지붕 공간에서 쥐들을 관찰하던 시절과는 달리, 1962년의 팰로 앨토는 밝은 햇살과 푸른 하늘로 가득한 세계였다. 모든 것이 새롭고 다르게 이뤄졌다.

이 연구소에는 쟁쟁한 학자들이 모여 있었다. 그중에는 1940년대 벨 연구소 Bell Labs에서 정보 이론을 창시한 클로드 섀넌 Claude Shannon과 함께 연구했던 수학자 존 튜키 John Tukey도 있었다. 튜키는 세계적인 통계학자로, 정보의 기본 단위인 '비트'라는 용어를 창안한 인물이었다. 당시 섀넌이 정보의 최소 단위를 무엇이라 부를지 고민했는데, 튜키가 '2진수 binary digit'를 줄여 쓸 것을 제안했던 것이다.

칼훈은 튜키의 수학적 통찰을 활용해 연구 데이터를 정교하게 분석할 수 있었다. 특히, 쥐의 순차적 행동과 개체군의 증감 패턴을 통계적으로 해석하는 데 튜키의 시뮬레이션 기법이 큰 도움이 되었다. 그 결과, 칼훈은 〈공격성의 생태학 Ecology of Aggression〉이라는 논문을 작성했으며, 나아가 〈공간의 사회적 사용 The Social Use of Space〉이라는 에세이를 발표했다. 그의 연구는 더욱 정교해지고 있었다. 쥐의 행동 패턴을 통해 인간 사회의 본질을 설명하려는 여정은 계속되고 있었다.

칼훈은 팰로앨토에서 연구에만 몰두하지 않았다. 스탠퍼드의 다양한 지식인들과 교류하며 지적인 자극을 받았고, 새로운 사고방식과 업무 방식을 접하며 한층 자유로운 환경에서 연구할 수 있었다. 낮에는 스탠퍼드의 석학들과 토론하고 논문 작업에 몰두했고, 저녁이면 그는 전혀 다른 작업에 몰두했다. 《317 P.H.》라는 제목의 SF소설을 집필하기 시작한 것이다.

'P.H.'는 '인류 이후 *Post-Homo, After Humanity*'를 의미했고, 문명이 붕괴된 지 300년 후의 세계를 배경으로 한 '역사후 소설 *Post-Historic Novel*'이었다. 칼훈에게 소설 집필은 미래 사회를 조망하고, 인구 밀도가 임계점을 넘어서면서 나타나는 사회적 정체 상태를 탐구하는 방법이었다. 그는 문명이 멸망한 이후, 극소수의 과학자들에 의해 관리되는 세계를 설정했다. 이 세계에서 수억 명의 인간은 원시 유인원 수준으로 퇴화하여, 남부 아프리카의 거대한 보호구역에서 살아간다. 이곳의 사회 구조는 엄격하게 계층화된다. 기본 단위는 12명으로 구성된 가족이며, 12개의 가족이 모여 부족 *Horde*을 형성하고, 다시 12개의 부족이 모여 도시를 이룬다. 각 도시는 각 부족에서 선출된 행정위원에 의해 관리된다. 흥미로운 점은, 이 숫자 체계가 칼훈이 쥐 실험에서 설계했던 공간적 패턴과 유사하다는 것이다. 그는 사회적 접촉을 기하학적으로 관리하면서도, 개인이 목소리를 낼 수 있는 구조화된 시스템으로 설계했다. 이는 단순한 공상과학 소설이 아니라, 과학적 연구를 소설

형식으로 풀어낸 이론적 시뮬레이션이었던 셈이다.

그가 세계를 모델링하는 방식은 B. F. 스키너의 유명한 심리학적 이상사회 SF소설 《월든 투》와 유사했다. 하지만 스키너의 작품만큼 체계적이지도, 유토피아적이지도 않았다. 그러나 칼훈이 바 하버 숲에서 힌클리와 함께 발견한 유도된 침입 현상, 헌팅턴 숲에서 웹과 관찰한 겹치는 행동권, 케이시 헛간에서 목격한 행동의 붕괴 현상을 하나의 흐름으로 연결해주는 실마리 역할을 했다.

소설 집필이 진행될수록 초기의 에세이적 성격은 사라졌고, 점차 상상력이 자리 잡았다. 결국, 이 소설은 아이디어 노트가 되었으며, 이후 몇 가지 개념은 학술 논문으로 공식화되었다. 그중에는 각 단어를 한 줄씩 내려가며 페이지를 가로지르는 계단 모양으로 배열한 글쓰기 방식도 있었다.

"공간 /
　사용의 /
　　물리학은 /
　　　인간을 향해 /
　　　　위로 /
　　　　　올라가는 투쟁 /

중에서 /

가장 /

중요한 /

'발견'입니다."

 이것은 칼훈이 그동안 연구해온 공간 사용과 사회적 행동의 관계를 압축적으로 표현한 개념적 선언이었다.

유니버스 실험동의 탄생

 칼훈은 안식년을 앞두고 중요한 소식을 접했다. NIH가 메릴랜드 풀스빌 인근 포토맥 강변에 약 200만 제곱미터에 달하는 농지를 매입해 국립보건원 동물센터 *National Institutes of Health Animal Center, NIHAC*를 설립한 것이다. 이곳은 물새 행동 연구를 위한 24,000제곱미터 규모의 호수를 포함해, 거의 모든 형태의 동물 실험이 가능한 최첨단 시설이었다.

 칼훈에게 가장 시급한 문제는 전용 연구 공간이 없다는 것이었다. 그는 안식년 동안 풀스빌 연구 시설을 활용할 방법을 모색하기 시작했다. 우선 NIH의 연구 책임자였던 존 에버하트_John Eberhart_와 심리학 연구소장 데이비드 샤코에게 도표와 청사진을 포함한 연구계획서를 제출했다. 마침내 1963년 3월 연구 계획은 승인되었고, NIHAC의 16만 제곱미터 규모의 행동 연구 단지 중 약 830제곱미터의 실험 공간을 배정받았다. 그가 이전에 사용했던 케이시 헛간과 비슷한 규모였다. 그러나 내부 사정으로 인해 1965년으로 예정된 시설 완공이 1967년으로 연기되었다는 통보를 받았다.

공간 확보가 지연되는 동안 칼훈은 설계를 계속 수정하고 개선했다. 그의 구상 중 하나는 해충과 포식자를 완전히 차단하는 밀폐된 금속 상자들이 배열된 형태였다. 그는 한 변이 2.4미터인 정육면체 상자 37개를 허페이커의 오렌지 실험처럼 서로 연결하고, 상자 위에는 관찰 부스를 설치하는 설계를 구상했다. 칼훈은 이 상자들을 '유니버스 캡슐_space capsules_'이라 불렀고, 육각형 형태로 배치해 유니버스 네트워크를 구성하려 했다. 이 시스템은 쥐의 이동 경로를 구조화해 사회적 상호작용을 환경적으로 제어하는 이상적인 설계였으나, 현실적으로 완성하는 데 최소 15년 이상 걸릴 것으로 판단해 결국 포기했다.

그의 기대와는 거리가 있었지만, 마침내 NIH가 보유한 한적한 들판 위 헛간을 연구 공간으로 제공받았다. 완벽한 시설은 아니었지만, 그는 헛간을 기부한 사람에게 "고독과 자연 환경은 창의력 증진에 큰 도움이 된다"라는 감사 편지를 보냈다.

NIHAC는 이 헛간을 2층 구조의 아연도금 강철 건물로 개조했다. 1층에는 에어컨이 설치된 대형 사무실과 소동물 연구를 위한 20개의 실험실을 만들었다. '112동' 실험 건물은 초반에는 '사회성 관찰 연구동 Social Observation Study Building'이라고 불렸으나, 이후 '행동 시스템 연구실 Unit for Research in Behavioral Systems, URBS'로 변경했다. 이는 도시를 뜻하는 라틴어 어브 urbs와 최초의 도시인 고대 수메르 유적지 우르 Ur에서 온 약어였다.

행동계 behavioral systems는 칼훈이 만든 용어로, "개별 개체들이 명확히 구조화된 공간 내에서 함께 살아가며, 서로의 관계뿐만 아니라 물리적 환경과의 상호작용을 통해 개별 개체 수준에서는 나타나지 않거나 예측할 수 없는 과정이나 현상을 만들어내는 집단"이라고 정의했다.

과학적 혁명의 구조

칼훈은 1960년대의 많은 학자들과 마찬가지로, 토마스 쿤 Thomas Kuhn의 《과학 혁명의 구조》(1962)에 깊은 영향을 받았다. 쿤 역시 칼훈이 스탠퍼드 고등연구센터에서 안식년을 보내기 2년 전에 그곳에서 시간을 보냈다. 그는 이곳에서 사회과학자들 사이의 논쟁이 자연과학자들 간의 논쟁보다 훨씬 더 근본적인 질문에 기초하고 있다는 점에 충격을 받았다.

쿤은 과학의 역사를 연속적인 혁명의 과정으로 재구성하고, 이를 '정상 과학Normal Science'이라는 개념으로 성립했다. 정상 과학이란, 당대의 지배적인 세계관을 공고히 하기 위해 기존 이론을 뒷받침하는 증거를 수집하고 정해진 틀 안에서 연구를 수행하는 과정이다. 그러나 이론에 결함이 있다면, 기존의 틀로는 설명되지 않는 변칙적 증거들이 점차 쌓인다. 이러한 변칙이 누적되면, 기존의 세계관에 대한 신뢰가 무너지면서 새로운 이론적 틀을 찾으려는 움직임이 시작된다. 쿤은 이러한 기존 틀을 '패러다임'이라 불렀으며, 새로운 이론적 틀로의 이동을 '패러다임 전환paradigm shift'이라 정의했다. 그는 과학이 점진적으로 발전하는 것이 아니라, 특정 시점에 기존 체계가 붕괴되고 새로운 체계가 등장하는 혁명적 과정을 거친다고 주장했다.

《과학 혁명의 구조》는 학계뿐만 아니라 대중에게도 예상치 못한 인기를 끌었고, '패러다임 전환'이라는 개념은 본래의 의미와는 달리 새로운 이론이나 변화를 설명하는 데 남용됐다. 쿤은 패러다임 전환을 혁신적인 과정이라기보다는 기존 체계가 한계에 봉착했을 때 필연적으로 일어나는 변화로 보았지만, 이 개념은 곧 혁명적 변화의 상징처럼 사용되었다.

칼훈은 쿤의 이론을 보고, 패러다임 위기를 기다릴 게 아니라 의도적으로 촉진할 가능성을 고민했다. 그는 "새롭고 예측하지 못한 실험 결과를 창출함으로써 패러다임 위기를 의도적으로 유발할 수 있지 않을까?"라고 질문했다. 그의 목표는 실험실을 조직할 때 우연한 발견 *serendipity*의 가능성을 극대화하는 것이었고, 변칙을 만들어내고 기존 합의를 뒤흔드는 것이었다. 그는 "개인적으로 정상 과학의 표준적인 연구 방식보다, 미해결된 퍼즐을 탐구하는 것이 더 흥미롭다고 느낀다"라고 생각했다. 칼훈에게 쿤의 이론은 과학사라기보다는, 혁명을 계획적으로 조직할 수 있는 방법론이었다.

삼위일체 뇌

그가 연구를 수행한 URBS 실험동은 풀스빌의 울창한 숲을 등지고 남쪽 절벽에 자리 잡고 있었다. 포토맥

강 너머로 완만하게 경사진 초원이 펼쳐지는 전망을 갖춘 이곳은 NIHAC 내 여러 실험동 중 하나였다. 그의 이웃 연구자 중에는 월터 C. 스탠리*Walter C. Stanley*가 있었다. 스탠리는 바 하버에서 존 폴 스콧의 제자였는데, 현재 NIHAC에서 강아지의 발달과 학습을 연구하고 있었다.

스탠리의 연구는 갓 태어난 강아지와 인간의 상호작용이 동기와 학습에 어떤 영향을 미치는지 밝히는 것이었으나, 하루 종일 강아지들과 노는 것처럼 보였다. 그는 칼훈의 실험을 두고 인간-쥐-인간의 비유가 과연 효과적일지, 희망 사항에 지나지 않는 건 아닐지 모르겠다며 회의적인 반응을 보였다.

또 다른 이웃으로 신경과학자 폴 D. 매클레인*Paul D. MacLean*의 실험동도 있었다. 그는 칼훈과 스탠리가 속한 뇌 진화 및 행동 연구소*Laboratory of Brain Evolution and Behavior*의 소장이었다. 그는 뇌의 구조와 발달 과정이 개별적, 사회적 행동에 어떻게 영향을 미치는지 탐구하며, 다양한 종을 비교 연구하고 있었다. 그의 실험실에는 칠면조, 다람쥐원숭이, 코모도왕도마뱀 등 다양한 동물이 있었으며, 행동 해석에 능한 동물행동학자가 필요했다. 자연스럽게 그는 칼훈과 가까워졌다.

정부 출연 연구소의 연구 목표는 광범위한 비전을 지

녔고, 뇌 진화 및 행동 연구소도 마찬가지였다. 매클레인은 종의 진화 역사를 뇌 구조와 연결하는 모델을 구축하려 했으며, 이를 위한 복합 실험동을 구상했다. 이상적인 설계는 중앙에 육각형 구조를 두고, 이곳에서 5~6개의 방사형 날개가 뻗어나가는 형태였다. 각 날개는 동물계의 주요 분류군을 위한 개별 연구 공간으로 사용될 예정이었다. 그는 곤충 및 기타 무척추동물, 어류, 양서류와 파충류, 조류, 포유류를 위한 독립된 연구 구역을 구상했다.

그러나 현실적인 제약 때문에 그가 실제로 배정받은 시설은 기존의 계획과는 거리가 있었다. 그는 결국 긴 직사각형 건물 3채를 배정받았는데, 종합적인 연구를 수행하기에는 다소 부족해 보였다. 그렇지만 연구소의 여러 실험동이 하나로 연결된 구조로 인해 연구자들 간의 협업과 실험 데이터 공유가 원활해져서 행정적·실험적 측면에서는 기능적이었다.

매클레인의 연구는 종의 진화가 뇌 구조의 발달과 밀접하게 연관되어 있다는 개념에서 출발한다. 그의 연구는 1949년 매사추세츠 종합병원에서 근무하던 시기로 거슬러 올라간다. 당시 그는 인간의 뇌가 원시적인 구조를 기반으로 점차적으로 확장되며 진화해왔다는 가설을 제안하는 논문을 발표했다. 그는 특히 '내장 뇌 visceral brain'라 불리던 원시적 뇌 구조가 감정과 밀접하게 연결되어 있는 반면, 고등한 인지 기능은 최근에 발달한 뇌 영역에서 수행된다고 주장했다.

이후 매클레인은 인간의 뇌가 진화적으로 형성된 3개의 주요 층으로 구성되어 있으며, 이들이 쌓여 있는 구조라고 설명했다. 그는 신경해부학적으로 뇌를 3개의 주요 영역으로 구분했다. 첫 번째는 파충류 뇌로, 뇌간, 연수, 교뇌, 소뇌 등으로 구성되며, 기본적인 생존 욕구, 자동화된 기능, 본능적 반응을 담당한다. 두 번째는 변연계로, 파충류 뇌를 감싸는 구조이며, 감정과 동기, 투쟁-도피 반응을 조절하는 역할을 한다. 마지막으로, 가장 바깥층에 위치한 신피질은 인간이 지닌 가장 고등한 인지 기능을 담당하는 영역으로, 언어, 논리적 사고, 창의성 등을 조절하며, 지능이 높은 동물일수록 더 발달되어 있다. 매클레인은 신피질을 가리켜 "생각하는 모자*thinking cap*"라고 부르기도 했다.

매클레인의 이론에서 핵심적인 개념은 3개의 뇌가 독립적으로 작동하는 것이 아니라, 서로 상호작용하며 하나의 기능적 단위를 형성한다는 점이다. "이 3개의 기본적인 뇌는 구조적으로나 화학적으로 큰 차이를 보인다. 그러나 자연은 이들을 긴밀하게 연결해 하나의 삼위일체 뇌*triune* *brain*로 기능하도록 만들었다. 이들 사이에 소통이 가능하다는 사실은 경이로운 일이다." 파충류 뇌는 원초적인 충동을 담당하고, 변연계는 이를 통제하며, 신피질은 기존의 본능적 메커니즘 위에서 복잡한 문제 해결 능력을 구축하는 방식으로 작동한다.

삼위일체 뇌 가설은 1960년대 중반에 정식으로 발표되었으며, 학계에서 빠르게 환영받았다. 이는 직관적으로 이해하기 쉬웠고, 시각적으로도 쉽게 표현할 수 있었기 때문이다. 또한, 뇌 구조의 층위별 구분이 심리학적 개념과도 자연스럽게 연결되었다. 예를 들어, 아드레날린 분비와 투쟁-도피 반응을 규명한 월터 캐넌의 연구, 한스 셀리에의 생리적 스트레스 반응 연구는 매클레인의 가설과 완벽하게 맞아떨어졌다. 매클레인은 이러한 생리학적·심리학적 연구 결과를 기반으로, 뇌를 단순하면서도 우아하게 구분하는 체계를 제시하며 학계에 큰 영향을 미쳤다.

삼위일체 뇌 가설은 지그문트 프로이트가 인간 정신을 이드, 에고, 슈퍼에고로 구분한 개념과도 자연스럽게 연결되었다. 프로이트는 원초적인 충동과 욕망을 담당하는 이드, 현실을 인식하고 사회적 규범과 타협하는 에고, 도덕적 판단과 자기 반성을 담당하는 슈퍼에고를 제시했다. 매클레인은 이 정신적 구조를 현대 신경학의 개념으로 재구성함으로써, 직관적으로 이해하기 쉬운 모델을 제시할 수 있었다.

반면 매클레인은 '파충류의 뇌'가 문자 그대로 도마뱀의 뇌라고 주장한 적이 없으며, 다른 동물들에게 나머지 두 층이 존재하지 않는다고 말한 적도 없었다. 그의 목표는 인지적 정교함이 진화적 역사에서 어떻게 형성되었는지 설명하는 것이었다. 또한 그는 삼위일체 뇌 모델을 통해 개인의 정신건강뿐만 아니라, 더 넓은 사회적 안녕에도 중요한 영향을 미칠 수 있다고 보았다. 인간은 엄청난 수준의 이성과 감정을 다룰 수 있는 능력을 갖추었지만, 뇌 속에는 원초적인 충동이 남아 있다. 이 충동이 사회적 스트레스 상황에서 강화되면, 개인적·집단적으로 파괴적인 결과를 초래할 수 있다고 보았다.

이 가설에 따르면, 극심한 사회적 스트레스는 고등한 인지 기능을 억제하고, 더 원시적인 본능적 반응을 강화한다. 이는 칼훈이 실험을 통해 관찰한 '행동의 붕괴' 현상과도 연결될 수 있었다. 그는 병리적 행동을 보이는 쥐의 사례를 분석하며, 도시 환경에서 인간이 겪는 문제와 연결지었다. "인간은 천성적으로 무리를 짓는 동물이 아닙니다. 하지만 지난 한 세기 동안, 인구 증가와 도시 밀집이라는 조건이 인간을 점점 더 부자연스러운 군집 생활로 몰아넣고 있습니다."

매클레인 역시 칼훈과 마찬가지로 인구 밀집과 사회 병리의 연관성을 고민하기 시작했다. 그는 인구 과밀이 가져올 문제를 심각하게 받아들였으며, 1969년 토론토에서 삼위일체 뇌 모델을 처음 발표하는 자리에서, "가장 시급한 문제는 인간의 파충류적 본능—영역 쟁탈과 편협한 태도를 통제하는 동시에, 급증하는 인구를 조절할 방법을 찾는 것입니다"라고 밝혔다.

그의 발언은 로버트 아드리의 '킬러 유인원'을 떠올리게 했다. 인간의 원초적인 공격성과 영역 본능이 통제되지 않을 경우, 현대 사회가 직면한 인구 문제는 더욱 폭발적인 결과를 초래하리라는 경고였다.

세계 인구 위기

1950년대 후반부터 정치계, 학계, 문화계에서는 인구 과잉에 대한 우려가 끊임없이 제기되었다. 특히, 빠른 인구 증가가 가져올 사회적·경제적 위기에 대한 경고가 점점 더 격해졌다. 1957년, 매사추세츠주 상원의원 첫 임기를 마치면서 존 F. 케네디는 시카고 경제 클럽 연설에서 "최근 급격하고 압도적이며 전례 없는 세계 인구 폭발"에 대해 경고했다. 당시 회의의 주제는 해외 원조의 배분이었지만, 케네디는 논의를 인류 전체로 확장하며, 인간을 인구 과잉으로 인해 집단적 죽음의 행진을 벌이는 나그네쥐 떼에 비유했다. 그는 이렇게 물었다.

> "이 나라, 그리고 이 세계가 나그네쥐와 같은 운명을 향해 나아가고 있는 것인가? 우리는 눈이 멀어 비대해지고, 탐욕스러워지며, 즐거움만을 추구하는 가운데 호전적이고 멈출 수 없는 상태로 돌진하고 있는 것은 아닌가? 인구 증가와 경제적 탐욕이 우리를 자살적 경로로 몰아가고 있다는 사실을 깨닫지 못한 채, 우리는 멸망을 향해 질주하고 있는 것은 아닌가? 우리가 믿고 싶어 하는 것은 '살진 송아지'나 '황금알을 낳는 거위'의 시대이지만, 사실은 '나그네쥐의 시대'에 살고 있는 것은 아닌가?"

1960년, 오스트리아 출신의 미국 학자이자 사이버네틱스연구의 선구자인 하인츠 폰 푀르스터*Heinz von Foerster*는 〈사이언스〉에 논문을 발표하며 인류 인구 증가의 위험성을 수학적으로 경고했다. 그는 세계 인구가 일정한 간격으로 2배씩 증가해왔으며, 그 속도가 점점 가속화되고 있다고 분석했다. 만약 이 추세가 계속된다면, 2026년 11월

13일 금요일에는 세계 인구가 무한대에 가까워질 것이라고 예측했다. 그는 이 시점을 "심판의 날Doomsday"이라 불렀다. 푀르스터는 "이 시점에서는 생물권에서 더 많은 칼로리를 추출하려는 시도 자체가 무의미해질 것이며, 우리의 증손자들은 굶어 죽지 않고 압사당할 것이다"라고 결론지었다. 이 문장은 다소 해학적으로 쓰였지만, 그 결말은 전혀 우스꽝스럽지 않았다.

또한, 페어필드 오즈번은 1948년 《약탈당한 지구》를 출간하며 환경 파괴와 인구 증가의 관계를 경고한 인물이었다. 이후 그는 세계자연기금World Wildlife Fund, WWF 산하 보전재단Conservation Foundation의 회장으로 활동하면서, 1964년 《혼잡한 지구Our Crowded Planet》를 출간했다. 이 책은 "세계 인구의 지나치게 빠른 증가가 모든 지역에서, 모든 사람에게 가장 근본적인 문제로 작용한다"라고 전제한 에세이집이었다.

1966년 3월과 4월, 미국 의회에서는 '인구 위기'를 주제로 한 청문회가 열렸다. 알래스카주 상원의원 어니스트 그리닝Ernest Gruening은 "칼훈 박사의 소름 끼치는 기사"라며 그의 〈인구 밀도와 사회 병리〉와 〈인구 동태의 사회적 동학The Social Dynamics of Population Dynamics〉에서 발췌한 내용을 증거로 제출했다. 또한, 도시환경 전문가 이언 맥하

그의 〈인간과 환경 Man and Environment〉과 덜이 편집한 '우주 비행을 꿈꾸는 사람들'의 에세이도 함께 제출되었다.

이 청문회에선 덜이 전문 증인으로 소환되었다. 그는 환경 문제의 심각성을 강조하며 "생태학자들은 한 유기체가 다른 유기체와 맺는 복잡한 관계를 밝혀냈다. 특정 유기체의 개체 수 증가 문제를 이런 관계를 고려하지 않고 다루는 것은 극히 어렵다"라며, 인구 증가 문제를 "전쟁만큼이나 심각한 문제"라고 했다.

추가 청문회에서 증언자로 소환된 또 다른 인물은 《성공의 길》을 쓴 윌리엄 보그트였다. 그는 미국 가족계획연맹 Planned Parenthood Federation of America의 전국 이사로 활동하고 있었다. 그는 위원회에서 "우리는 산아제한보다 적어도 1,000배 더 많은 돈을 죽음 억제 death control에 쓰고 있습니다"라고 주장했다.

이처럼 인구 문제에 대한 논의는 1968년 폴 R. 에를리히 Paul R. Ehrlich의 《인구 폭탄 The Population Bomb》이 출간된 이후 최고조에 달했다. 초반에는 큰 주목을 받지 못했지만, 토크쇼 진행자 조니 카슨 Johnny Carson이 열렬한 팬임을 밝히고 〈투나잇 쇼〉에 에를리히를 초청한 후 200만 부 이상 판매되며 폭발적인 반응을 얻었다.

에를리히는 인구 증가가 환경 파괴의 근본 원인이라

고 주장했다. "너무 많은 자동차, 너무 많은 공장, 너무 적은 물, 너무 많은 이산화탄소, 모든 문제의 원인은 결국 '너무 많은 사람들' 때문입니다." 그리고 책에서 더욱 과격한 표현을 사용했다.

> "암은 세포가 통제되지 않고 증식한 것이다. 인구 폭발은 사람들이 통제되지 않고 증식하는 것이다. 치료할 때 암을 잘라내듯, 인구 문제도 강력한 개입이 필요하다. 이 과정은 필연적으로 잔인하고 냉혹한 결정을 요구할 것이다."

그가 제안한 대책 중에는 셋 이상의 자녀를 둔 가족에게 의무적으로 불임 시술을 시행하지 않는 국가에 해외 원조를 중단하는 식의 급진적인 정책도 포함되어 있었다. 이러한 주장은 즉각 거센 반발을 불러일으켰다. "인구 억제는 필연적으로 인간 혐오적 사고방식을 내포한다"라는 비판이 뒤따랐다. 캐나다의 사회학자 네이선 키피츠 *Nathan Keyfitz*는 1969년의 당시 분위기를 다음과 같이 요약했다.

> "뭄바이에서는 식량 폭동이 발생하고, 뉴어크와 멤피스, 워싱턴 D.C.에서도 시민 폭동이 일어나고 있다. 이는 모든

대륙에서 나타나는 인구 밀도의 궁극적인 표현이며, 더 이상 미룰 수 없는 도전 과제다. 인구 통제가 현실이 될 때까지 이 문제는 멈추지 않을 것이다."

1960년대 중반까지만 해도 과잉 인구 문제는 범죄와 사회적 불안과 같이 지역적 문제로 여겨졌지만, 1960년대 후반에 이르면서 지구 전체가 직면한 위협으로 인식되기 시작했다.

네 번째 뇌와 문화의 붕괴

뇌 진화 및 행동 연구소 소장으로서, 매클레인은 인구 과잉이 단순한 사회적 문제가 아니라 인간의 신경생리학과 깊이 연결된 문제라고 보았다. 그는 인구 밀집으로 인한 환경적 스트레스가 인간의 뇌 기능과 행동에 미치는 영향을 연구하면서, 이러한 압박이 신경학적 수준에서 어떻게 반응을 유도하는지 설명하려 했다. 삼위일체 뇌 가설은 칼훈의 '행동의 붕괴' 현상과 긴밀하게 연결되었고, 존 크리스천과 한스 셀리에의 연구와도 맞닿아 있었다. 이러한 연구를 바탕으로 매클레인은 칼훈에게 지속적 스트레스가 신경계에 미치는 영향을 설명하는 신경과학적 모델을 제공했다.

칼훈은 이 모델을 통해 고차원적인 인지 기능이 손상되는 과정을 설명할 수 있었다. 내분비선이 과도하게 활성화되면 면역 체계가 약화되어 신체적 질병을 유발하는 것처럼, 장기간의 사회적 스트레스는 고등한 정신 기능을 방해하여 점차적으로 이를 붕괴시키고, 원시적인 뇌 구조가 활성화되는 결과를 초래했다.

칼훈은 사회적 스트레스로 사회적 규범과 문화적 행동이 가장 먼저 손상된다고 보았다. 실험에서, 쥐들은 정상적인 사회적 행동, 즉 교미 의식, 서열 유지, 둥지 보호 등을 유지하지 못하고 점차 혼란스러운 행동 패턴을 보였다. 그는 사회적 질서가 지속적으로 유지되며 공유될 때 '문화'라고 부를 수 있다고 했는데, 과밀한 환경에서는 이런 요소들이 가장 먼저 붕괴되었다.

칼훈은 이를 매클레인의 모델에 확장하며, 사회적 조직이 유지되는 과정 역시 신경학적 층위로 작용할 수 있다고 보았다. 그는 이를 '네 번째 뇌'라고 불렀다. 즉, 사회적 규범과 문화적 조직이 뇌의 확장된 기능으로 작동하며, 이 구조가 무너지면 개체의 행동이 더욱 원시적인 단계로 퇴행할 가능성이 크다는 것이었다.

자비로운 혁명

인류가 점점 밀집된 환경에서 살아가면서, 신체적 근접성이 한계에 도달한 순간이 있었다. 칼훈은 이를 해결하기 위해 인간이 새로운 유형의 공간을 발견했다고 보았다. 그는 이를 "개념의 공간space of ideas"이라고 불렀다.

그가 보기에, 문명의 발전은 신체적 공간 부족을 개념적 사고로 보완하는 과정이었다. 작은 무리가 마을이 되고 마을이 도시가 되면서, 인간은 물리적 환경에서의 제약을 극복하기 위해 개념적·기술적 혁신을 이루었다. 농업혁명, 종교혁명, 르네상스, 산업혁명 등은 이러한 과정에서 나타난 단계적 도약이었다. 특히 각 혁명은 이전의 혁명보다 점점 더 빠르게 발생했다는 점에 주목했다. 이는 하인츠 폰 푀르스터가 제시한 인구 증가 곡선과 유사한 패턴을 보였다.

칼훈은 인구 증가가 지속될 경우, 다음 단계의 혁명은 필연적으로 통신전자 혁명이 될 것이라 보았다. 그는 인간의 대뇌피질이 처리할 수 있는 정보량이 한계를 넘어서면, "대뇌피질처럼 기능하는 전자 보조 장치"가 필요해질 것이라고 주장했다.

그의 예측에 따르면, 1988년쯤에는 '전자통신 네트워크'가 구축되며, 이를 통해 인간의 문제 해결 능력이 향상될 것이라 보았다. 이를 강조하기 위해, 그는 예측 연도를 1984년으로 수정해서 조지 오웰의 디스토피아적 상징성을 덧붙였다.

그가 제안한 다음 도약은 '자비로운 혁명*Compassionate Revolution*'이었다. 인구 수준이 임계점을 넘기 전에 이를 줄여야 한다는 필요성을 인류가 집단적으로 인식하는 순간이 올 것이며, 이를 통해 인류는 단결할 수 있을 것이라 보았다.

또 다른 가능성도 존재했다. 인구 증가가 아니라, 오히려 인구 감소가 미래의 특징이 될 수도 있었다. 이는 인간 진화의 새로운 국면을 열어, 개개인의 잠재력이 더욱 꽃피우는 시대를 가져올 것이라 보았다. 폰 푀르스터가 2026년 11월 13일을 농담처럼 '심판의 날'이라 불렀다면, 칼훈은 이를 인류의 새로운 시작인 '새벽의 날'로 재해석한 것이다. 모든 개념은 급진적이고 상상력이 풍부했으며, 칼훈이 추구한 실험적 사고방식의 전형이었다.

그가 인류의 미래를 개념적으로 구상하는 동안, 실질적인 연구도 진행되고 있었다. 그는 마침내 URBS 실험동에서 실험 공간을 확보하고, 새로운 실험 설계를 준비하기 시작했다. 그러나 이번에는 과밀 환경에서의 행동 변화만 연구하는 것이 아니라, 사회적·문화적 시스템의 붕괴와 진

Photo courtesy of John B. Calhoun Archives, National Library of Medicine, Bethesda, MD

유니버스25를 내려다보는 칼훈. 1968년경.

화를 실험하려 했다.

그는 도시 블록이나 쥐 군집이 아니라, 과밀한 행성의 축소판을 만들고 싶었다. 그는 허페이커가 오렌지로 진드기들에게 '유니버스'를 구현했던 방식을 떠올렸다. 허페이커처럼 칼훈도 쥐들의 세상을 만들 참이었다. 그는 이를 '유니버스'라고 불렀다.

17장 | 케슬러 현상과 유니버스25

붕괴 없는 과밀 번식

칼훈은 URBS에서도 쥐 군집 실험을 진행할 예정이었지만, 과거의 실험을 반복할 생각은 없었다. 한때 신시내티 대학의 심리학자 해럴드 D. 피시바인*Harold D. Fishbein*이 아이들이 공간을 개념화하는 방식을 연구할 때, 칼훈은 "정확한 복제가 필요하다고 생각하지 않는다. 오히려 행동의 붕괴 개념의 근간이 되는 일반적인 가설을 비판적으로 검증하는 것이 바람직하다"라고 조언했다.

1963년에는 록펠러 대학에서 박사 학위를 준비 중이

던 의사 알렉산더 케슬러*Alexander Kessler*의 연구를 자문한 적이 있었다. 케슬러는 칼훈의 실험을 재현하여 인구 밀도가 유전적 특성의 유전에 미치는 영향을 학위 논문 주제로 삼았으며, 유전적 특성을 털색을 기준으로 분류하기 위해 생쥐를 사용했다. 이에 칼훈은 여러 세대에 걸쳐 높은 사회적 밀도에서 소수의 쥐를 사육할 수 있도록 직경 3미터 크기의 대형 팔각형 우리에 대한 세부 설계도를 제공했다. 또한 조기 개체 수 붕괴를 방지하기 위한 방법을 담은 메모도 함께 전달했다.

그러던 중, 예상치 못한 상황에 직면했다는 케슬러의 소식을 듣게 되었다. 자문위원으로서 이를 직접 확인하기 위해 뉴욕으로 향한 칼훈은 연구실에서 믿기 힘든 장면을 목격했다. 공간이 제한된 뉴욕 환경에서 케슬러는 칼훈이 제안한 3미터 크기의 우리 대신, 1.5미터 크기의 팔각형 금속 용기 2개를 사용했다. 하나에는 800마리, 다른 하나에는 1,000마리 이상의 쥐가 빽빽이 들어차 있었다. 어떤 쥐도 다른 쥐와 접촉하지 않고는 움직일 수 없는 상태였다. 그야말로 '입석 전용*standing room only*'과 같은 상황이었다.

쥐들은 거대한 덩어리처럼 보였으며, 끓어오르는 털뭉치 같았다. 그런데 칼훈을 더욱 놀라게 한 점은 폭력적인 행동이나 번식 중단 같은 행동 붕괴 현상이 나타나지 않았다는 것이었다. 쥐들은 서 있을 뿐이었고, 여전히 번식을 계속하고 있었다. 기존 개체군 생태학의 관점에서 보면, 이는 불가능한 상황이었다.

일반적으로 박테리아, 초파리, 설치류, 인간 등 모든 개체군은 S자형 성장 곡선을 따른다. 초기에는 서식지에 적응하는 단계에서 천천히 증가하다가, 번식이 활발해지면서 급격히 개체 수가 늘어난다. 이후 밀도가 높아지면서 영역 경쟁과 사회적 충돌이 심화되고, 질병과 사망률이 증가하고 번식이 둔화되며 성장 말기에 접어든다. 이 단계에서 설치류는 심각한 스트레스 반응을 보여야 했지만, 케슬러의 실험에서는 이러한 과정이 전혀 나타나지 않았다. 칼훈은 충격을 받았다. "케슬러의 쥐들을 보고 저는 전혀 다른 인상을 받았습니다. 행동적으로 보면, 쥐들은 지친 듯 보였습니다."

쥐들은 고요하고 수동적이었으며, 주변의 다른 쥐의 시체에 끊임없이 부딪히면서도 아무 반응을 보이지 않았다. 행동은 극도로 둔화된 듯 보였지만, 번식은 계속 이루어지고 있었다. 새끼들은 성체 무리 사이에 무작위로 흩어져 있었고, 수유 중인 암컷마저 거의 움직이지 않았다. 암컷들은 모성애가 부족했으나, 새끼들은 살아남았다.

케슬러는 아주 우연히, 폭력이나 행동 병리 없이 전례 없는 수준의 인구 밀도를 달성한 것으로 보였다. 칼훈은 이를 '케슬러 현상Kessler Phenomenon'이라 명명했는데, 기존 개체군 밀도 이론으로는 설명하기 어려운 현상이었다. 그리고 이를 역설계하기 위해 풀스빌로 돌아갔다.

불확실한 변수

풀스빌로 돌아온 칼훈은 케슬러에게 보냈던 메모와 계획을 뉴욕에서 목격한 실험 환경과 비교하며 복기하기 시작했다. 특히, 케슬러의 실험이 기존의 실험보다 작은 우리에서 더 많은 개체 수로 시작되었다는 점에 주목했다. 칼훈은 직경 3미터 너비의 우리를 제안했으나, 맨해튼 중심부에 위치한 록펠러 대학에서는 필요한 공간을 확보하기 어려웠기 때문에, 케슬러는 이를 절반으로 축소할 수밖에 없었다.

칼훈은 '최초의 식민지 주민'이라 불렀던 개체들과 함께 새로운 우리를 조성할 때, 의도적으로 매우 적은 수의 개체만 사용했다. 이는 야생에서 새로운 서식지를 개척하는 동물이 영역을 점령하는 방식을 시뮬레이션하기 위한 것이었다. 실제 자연에서는 소수의 개체만이 새로운 영역을 점령할 가능성이 높기 때문이다.

"사람이 살지 않는 곳에 새로운 개체군이 유입되는 가장 일반적인 방식은, 방황하는 임신한 암컷 한 마리나 방랑하는 한 쌍이 우연히 그러한 낙원을 발견하는 것이다. 생태학자들은 이런 일이 어떻게 일어나는지 잘 알고 있다."

타우슨 실험에서 칼훈은 1,000제곱미터 규모의 우리에 4쌍의 생쥐로 시작했으며, 케이시 헛간에서도 각 칸마다 어미 한 마리만 배치했다. 그러나 케슬러는 새로운 개체군의 정착 과정보다는 세대 간 유전 연구에 집중했기에, 실험 속도를 높이기 위해 칼훈이 권장한 1~2쌍이 아닌 16쌍의 생쥐를 투입했다. 이 생쥐들은 직경 1.2미터 크기의 우리에 수용되었으며, 칼훈은 이를 "겨우 팔을 뻗을 정도의 커다란 세탁통 같은 상자"라고 묘사했다.

칼훈은 결국, 실험의 초기 조건, 즉 더 높은 개체 밀도에서 시작한 환경이 이 실험의 결과를 설명하는 단서가 될 것이라 확신했다.

또 다른 미스터리는 생쥐들의 수동성이었다. 생쥐도 쥐와 같은 설치류속에 속해 인구 밀도 증가에 대한 행동 반응은 유사할 것이다. 그는 케슬러가 네 가지 털 색깔이

다른 품종을 사용한 것에 주목했다. 이는 유전적 식별을 쉽게 하기 위해서였지만, 품종을 섞으면서 털색뿐만 아니라 행동에서도 예측 불가능한 잡종이 나타날 가능성이 있다.

케슬러의 '오류'

풀스빌로 돌아온 칼훈은 본격적으로 URBS 실험동에서 우리 크기와 초기 개체군을 조정하며 실험을 설계하기 시작했다. 하지만 케슬러와 달리 유전적 다양성을 변수로 포함하지 않았다. 행동 차이가 순전히 환경적 경험에서 비롯된 것인지 확인하기 위해서였다. 케슬러가 네 가지 유전적 계통을 사용한 반면, 칼훈은 실험군으로 BALB/c 생쥐를 선택했다. 이들은 흰 털을 가진 알비노 계통으로, NIHAC에서 충분한 개체를 확보할 수 있었고 색소로 쉽게 개체 식별이 가능했다. 또한 생리적으로 안정적이고 견고하며, 실험실 환경에서 다루기 쉬운 장점이 있었다.

칼훈은 유니버스의 크기와 초기 개체군을 등비수열에 따라 설정했다. 우리 크기는 단일 셀에서 시작해 2, 4, 8, 16개까지 확장되었고, 식민지 개체군 크기는 1쌍, 2쌍, 4쌍, 8쌍, 16쌍으로 구성되었다. 총 25개의 유니버스를 설계할 계획이었다.

그러나 우리를 구축하면서 칼훈은 자신의 계획이 지나치게 야심차다는 점을 깨달았다. 간단한 계산만으로도, 만약 케슬러의 실험에서 나타난 성장 패턴과 유사한 결과가 나온다면, 몇 세대 만에 3~4만 마리의 생쥐를 관리할 상황이 될 것이었다. 이는 제한된 연구 인력으로는 감당할 수 없는 규모였다. 계획을 조정하기 위해, 칼훈은 식민지 개체군 변수를 통일하고, 모든 우리에서 초기 개체군을 4쌍으로 고정했다. 최종적으로 5개의 유니버스만을 실험 대상으로 삼았다.

1968년 중반까지 5개의 유니버스가 완성되었고, 각각의 유니버스에는 4쌍의 어린 생쥐가 투입되었다. 예상대로, 쥐들이 성적으로 성숙함에 따라 초기 번식 속도는 매우 빠르게 증가했다. 그러나 설계를 축소했는데도, 연구팀이 감당하기 어려운 수준으로 개체 수가 증가했다. 몇 세대 만에 5개의 유니버스에 5,000마리가 넘을 만큼 번식했다. 이러한 폭발적인 개체 증가로 인해 연구팀은 한계에 부딪혔다. "우리 연구팀은 비서와 컴퓨터 프로그래머를 포함해 총 8명에 불과했고, 모두 관찰 작업과 데이터 기록에 자주 동원되었다." 그러나 동료들의 협력에도 불구하고 결국 "이 작업은 점점 불가능해지고 있다"라고 인정했다.

한 해가 지나면서 연구비가 부족해질 상황에 처했고,

더 이상 손실을 방치할 수 없었다. 5개의 우리는 크기가 달랐지만, 번식률에는 차이가 없었다. 칼훈은 오히려 실험이 의도대로 진행되었다는 증거로 여겼다. 즉, 개체 수 증가와 밀집에 대한 내성을 결정하는 요인은 우리의 크기가 아니라 초기 식민지 개체군의 크기라는 점이 분명해졌다.

칼훈은 이제 케슬러 실험의 '오류'를 이해할 수 있었다. 초기 개체군이 많을수록 개체들은 독립적인 영역을 형성하기 어려울 것이다. 공간이 부족한 상태에서 태어난 개체들은 성장하는 동안 개인 공간에 대한 개념을 발달시킬 기회가 없었다. 결국, 이들은 근접에 대한 높은 내성을 가진 채 성장했다. 칼훈의 표현을 빌리자면, "케슬러 우리에 있던 생쥐들의 자아 경계는 피부에서 멈췄다. 오직 가죽을 뚫을 만큼 강한 직접적인 접촉만이 스트레스 반응을 유발할 것이다".

이 새로운 고밀도 생활 방식에서 사회적 스트레스는 낮아졌고, 그 결과 더 많은 개체가 생존할 수 있었다. 그러나 이는 자아 정체성을 희생한 대가로 이루어진 생존이었다. 칼훈은 이를 "케슬러가 관찰한 비정상적으로 높은 개체 밀도의 퍼즐에 대한 가능성 있는 해석"이라고 설명했다.

그는 가장 크고 정교한 구조물인 '유니버스25'만 남기고 다른 실험을 종료했다. 유니버스25의 16개 셀 환경은 장기적인 개체군 변화와 복잡한 사회적 과정을 연구할 수 있는 최적의 조건이었다. 연구팀은 "끝까지 추적하거나, 혹은 새로운 번식을 통한 회복 가능성을 시험하기로 했다".

이 실험은 칼훈이 수행한 가장 유명한 연구로 남은 동시에, 그가 완성한 마지막 실험이었다.

유니버스25, 풍요로운 시작

유니버스25 실험은 약 5년 동안 진행되었는데, 초기 군집 형성부터 개체군의 붕괴까지 모든 과정을 보여주었다. 이 닫힌 공간에는 새로운 개체가 유입될 수 없었고, 누구도 떠날 수 없었다. 칼훈은 "유니버스 안에서 무슨 일이 일어나든, 쥐들은 그곳에 남아 그 상황을 견뎌야만 했다"라고 설명했다.

실험 환경은 한 변이 3미터인 정사각형 형태의 우리였다. 외부는 나무 틀이 지지했고, 내부는 1.4미터 높이의 아연도금 금속으로 둘러싸여 있었다. 천장은 개방되어 있었지만, 가장자리는 탈출을 방지하기 위한 울타리가 설치되어 있었다. 내부 공간 외에도 쥐들이 벽을 올라탈 수 있도록 철망이 둘러져 있었고, 벽면에는 균일하게 배치된 256개의 원룸형 둥지가 설치되어 있었다. 둥지는 철망 뒤에 위치한 터널을 통해 접근할 수 있었으며, 연구팀은 이를 '아파트'라고 불렀다.

우리의 바닥은 중앙에서 방사형으로 뻗어나가는 낮은 칸막이로 총 16개의 셀로 구획되었다. 각 셀에는 4개의 물병과 1개의 먹이통이 배치되었다. 먹이통은 최대 25마리의 쥐가 동시에 먹이를 먹을 수 있도록 설계되었으며, 물병은 2마리가 동시에 물을 마실 수 있었다. 각 셀의 실험대 위에 오래된 깡통을 올려놓아 둥지 재료를 보관할 수 있도록 했다.

유니버스25는 1968년 7월 9일, 어린 4쌍이 도입되면서 시작되었다. 'A단계'로 불린 이 시기는 개체들이 새로운 환경에 적응하는 시기였다. 이들은 풍부한 공간을 활용하여 네 구석에 각자의 영역을 형성하고 둥지를 만들어 서식지를 구축했는데, 칼훈은 이를 사회적 적응 단계 Strive period라고 했다.

첫 번째 새끼들은 104일 후에 태어났다. 이후로 약 55일마다 개체 수가 2배로 증가해 급격한 기하급수적 성장이 시작되었고, 개체 수가 증가하면서 점점 더 많은 공간을 차지했다. 칼훈은 이 단계를 'B단계' 혹은 '확장기 Exploit period'라고 했다. 이 시기에는 약 2개월마다 개체 수가 2배로 늘어났으며, 우세한 수컷들이 둥지를 차지하며 번식 활동이 가장 활발했고, 특정 영역에서 먹이와 물의 소비량이 증가하는 현상이 관찰되었다. 그러다가 미성숙한 개체의 수가 성숙한 개체 수의 3배에 달하는 불균형이 발생했다. 개체 수가 600마리를 넘었을 때는 모든 셀이 가득 찼다. 타우슨 실험처럼 셀마다 번식률이 달랐는데, 가장 번식력이 높은 셀에서는 111마리의 새끼가 태어났고, 가장 밀도가 낮은 셀에서는 14마리만 태어났다. 어린 쥐가 성체 쥐보다 3배 많았지만, 대부분 양육은 잘 이뤄졌다. "모성애가 꽃피었고, 대부분의 어린 쥐가 살아남았으며, 모든 쥐가 쥐 사회에 적합한 조기 교육을 받았다."

유니버스25, 붕괴된 균형

315일이 지나면서 개체 수 증가 속도는 점차 둔화되기 시작했다. 이전까지 약 2개월마다 2배씩 증가하던 개체군은 이제 5개월이 지나야 2배로 늘어났다. 개체 수는 여전히 많았지만, 내부에서는 점차 미묘한 변화가 감지되기 시작했다. 칼훈은 이 'C단계'를 '정체기 *Stagnation period*'라고 명명했다.

이 시기에 가장 두드러진 변화는 사회적 질서의 붕괴였다. 이전까지 영역을 지키며 암컷과 새끼를 보호하던 우세한 수컷이 점차 그 역할을 포기하기 시작했다. 일부 수컷은 더 이상 영역을 방어하지 않았고, 그 결과 암컷의 공격성이 눈에 띄게 증가했다. 군집 내에서 폭력적인 행동이 급격히 늘어나며, 이전에는 관찰되지 않던 동성 간 교미 행동도 자주 나타났다. 번식률 또한 현저히 감소했고, 출산 후 새끼를 방치하는 암컷이 많아졌다. 살아남은 새끼도 정상적인 애착 행동을 형성하지 못했다.

이 시점에 실험 공간이 부족했던 것일까? 전체 둥지 중 20%가 여전히 비어 있었다. 물리적 공간이 부족해서 이러한 문제가 발생했다면, 남은 공간을 활용할 수도 있었다. 그러나 개체군은 이미 사회적 붕괴의 초기 단계에 접어들었다. 환경적 자원이 충분한데도, 사회적 질서가 무너지고 개체 간 관계가 정상적으로 유지되지 않는 현상이 본격적으로 나타나기 시작한 것이다.

새로운 둥지가 남아 있었지만, 젊은 수컷은 자신만의 영역을 구축하지 못했다. 이미 영역을 차지한 나이 든 수컷들이 점유하고 있었기 때문이다. 금속 벽에 갇힌 채, 어린 수컷은 자신만의 공간을 확보할 기회도, 다른 영역으로 이주할 가능성도 없었다. 결국, 더 많은 젊은 수컷들이 우리 바닥에 모여들더니 아무 행동도 하지 않았다. 칼훈은 "좌절하고 거부당한 젊은 수컷들이 나이 든 개체들을 피하기 시작하고, 암컷과의 구애 활동에서도 배제되다가 결국 모든 사회적 상호작용에서 물러난다"라고 기록했다. 이들은 먹이를 먹거나 몸을 돌보는 등의 기본적인 행동만을 유지한 채, 사회적 역할을 상실한 상태로 점점 더 무기력해졌다. 칼훈은 이들의 상태를 "사회적으로 스스로를 제거한 존재, 심리적으로 이주한 *psychologically emigrated* 개체들"이라 묘사했다.

정적에 휩싸인 우리 안에서는 몇 시간마다 갑작스러운 폭력이 발생했다. 보금자리를 찾던 수컷 쥐들이 이미 웅크려 있던 무리 속으로 파고들려 할 때, 공황 상태에 빠진 한 마리가 예측할 수 없이 폭력적인 반응을 보이며 주변 개체들을 공격했다. 이러한 경련은 대체로 한 마리의 공황 반응에서 비롯되었고, 그 피해를 입은 개체들은 반격하거나 도망치는 대신 공격을 감내했다. "우리가 본능적이라고 생각했던 도피 반응조차 완전히 사라져버렸다."

한편, 젊은 암컷은 바닥을 떠나 우리 상층부로 이동하며 가장 높은 층, 따라서 가장 선호도가 낮은 빈 둥지에 자리를 잡았다. 이곳에서는 상대적으로 보호받을 것이라 기대할 수 있었지만, 오랫동안 안전하지는 않았다. 우리 바닥에 머무르던 독신 수컷이 점점 늘어나면서, 둥지를 지키던 수컷은 끊임없는 도전에 직면했다. 결국, 많은 수컷이 지쳐버린 끝에 둥지를 포기했고, 보호받지 못한 암컷과 새끼는 무방비 상태가 되었다. 둥지 침입이 빈번해지면서 수유 중이던 암컷은 점점 더 폭력적으로 변했고, 그 분노는 결국 새끼에게까지 향했다. 학대받은 암컷들은 새끼를 침입자로 여겨 공격하기 시작했고, 그 결과 많은 새끼가 둥지를 떠날 준비가 되지 않은 상태에서 쫓겨나 정상적인 사회화를 경험할 기회를 잃어버렸다. 칼훈은 버려진 새끼들의 절망적인 상황을 다음과 같이 기록했다.

"이들은 적절한 정서적 유대를 형성하지 못한 채 독립적인 삶을 시작했다. 하지만 이미 밀도가 높은 군집에 들어서면서, 다른 개체들과 상호작용을 시도할 때마다 방해받았다."

이제 번식도 이루어지지 않았다. 둥지가 침입당하면서 임신이 이루어지긴 했지만, 태어난 새끼가 이유기까지 살아남는 경우는 극히 드물었다. 이후 부검 결과, 많은 배아가 재흡수되었다는 사실이 밝혀졌다. 때로는 어미가 새끼를 옮기려 시도했지만, 도중에 방치되었다. 연구진이 태어난 새끼들을 세어 기록해두었지만, 이후 조사에서는 그 흔적조차 사라졌다. 개체 수 증가는 끝을 향하고 있었으며, 사회적 구조는 점차 붕괴되었다. 칼훈은 냉정하게 기록했다.

"C단계가 끝날 때쯤, 사회적 조직은 사실상 죽음을 맞이했다."

유니버스25, 세기말의 쥐들

실험 600일째, 최대 개체 밀도에 도달했다. 이때 유니버스25의 바닥에는 0.1제곱미터당 30마리가 넘는 쥐가 있었다. 케이시의 헛간은 13제곱미터였으며, 개체 수가 90마리를 넘은 적이 없었다. 반면, 유니버스25의 바닥 면적은 6.6제곱미터에 불과했다. 개체 수가 절정에 달했을 때는 약 2,200마리의 쥐가 이 공간을 공유했다. 이제 실험의 마지막 단계가 시작되었다. 칼훈은 이를 'D단계' 혹은 '멸망의 단계 *The Death Period*'라 불렀다.

이 시점부터 유니버스25의 환경은 칼훈의 이전 연구들과 뚜렷한 차이를 보이기 시작했다. 케이시의 헛간에서는 강박적인 집단 행동이 쥐들을 점점 폭력적으로 몰아갔던 반면, 유니버스25에서는 서로를 파괴하기보다는 존재하는 데 만족하는 듯한 수컷 개체들이 등장했다. 이러한 차이는 성장 환경과 깊은 관련이 있는 것으로 보였다.

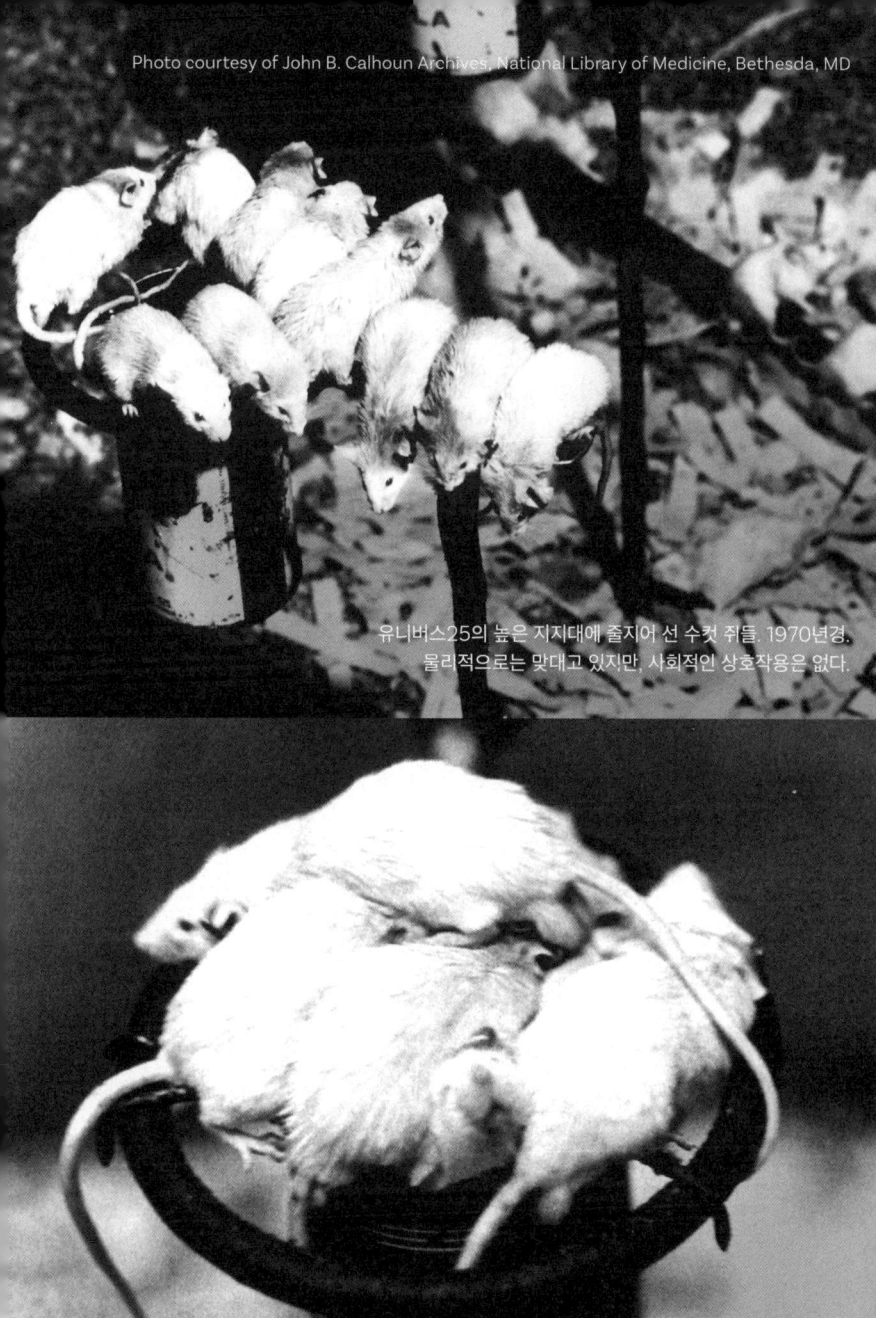

Photo courtesy of John B. Calhoun Archives, National Library of Medicine, Bethesda, MD

유니버스25의 높은 지지대에 줄지어 선 수컷 쥐들. 1970년경.
물리적으로는 맞대고 있지만, 사회적인 상호작용은 없다.

높은 링에 몰려 있는 수컷 쥐는 신체적 접촉에 대한 초기 발달적 욕구를 보여준다.
이들은 유니버스25의 '죽음의 단계'까지 살아남은 '아름다운 자들'이다. 1970년경.

이 시기에 태어난 생쥐들은 대부분 어미의 방치 속에서 자라났다. 의미 있는 사회적 상호작용 없이 '사회적 사막Social Desert'에서 성장한 이들은 정상적인 사회적 관계를 형성하는 데 실패했다. 둥지에서 제대로 사회화되지 않은 채 쫓겨난 개체들은 개인 공간에 대한 감각을 전혀 발달시키지 못했으며, 자신의 영역을 주장하거나 방어하려는 욕구도, 다른 개체의 영역을 차지하려는 충동도 나타내지 않는 형태로 발현된 것이다.

칼훈은 이들을 "이전에 본 적 없는 유형의 생물"이라 불렀다. 이들은 성체가 된 후에도 본질적으로 공격성을 띠지 않았으며, 구애나 교미를 시도하지도 않았다. 무성적이고 비사회적인 존재가 된 것이다. 싸움조차 일어나지 않았으며, 다른 개체와의 충돌로 인해 생긴 상처 자국도 남지 않았다. 대신, 이들은 몸을 단장하는 데 많은 시간을 소비했다. 외모를 가꾸는 것만이 유일한 삶의 의미인 듯, 지속적으로 털을 정리하고 몸을 매만졌다. 그들에게는 먹고, 마시고, 자는 것 외에 할 일이 없었다.

칼훈은 이들을 '아름다운 자들'이라 불렀다. 이들은 근접성을 받아들였을 뿐만 아니라, 오히려 필요로 하는 듯 보였다. 주로 둥지 깔집이 담긴 깡통 주위에 자리를 잡았으며, 서로 몸을 밀착시킨 채 앉아 있었다. 하지만 이들은 서로 반대 방향을 바라볼 뿐 교류하지 않았다. 마치 어린 새끼들이 서로 밀착되어 있기를 바라는 본능적인 갈망에서 벗어나지 못한 듯했다. "성체 수컷들은 같은 배에서 태어난 새끼들이 서로 신체 접촉을 갈구하는 경향을 더욱 강화한다."

칼훈은 매클레인의 삼위일체 뇌 가설을 적용하여, 아름다운 자들이 원래 그들 종이 수행할 수 있는 복잡한 행동을 전혀 발달시키지 못했다고 보았다. 신체적으로 성숙했으나, 정신적으로는 초기 유아기에 멈춰 있었다. 칼훈은 "35세 성인의 몸에 18개월 된 아기의 정신을 가진 존재"에 비유했다.

일반적으로 볼 수 있는 의사소통 활동, 즉 음성 신호나 일어서서 싸우는 물리적 행동은 완전히 사라졌다. 쥐들이 모여 있는 공간에는 기묘한 침묵과 고요함이 감돌았으며, 신체적으로는 함께 있었지만 사회적으로는 철저히 분리되어 있었다. 제한된 행동 레퍼토리와 상호 교류의 부재로 인해, 칼훈은 이들을 '자폐적'이라고 표현했다.

반면, 암컷 사이에서는 수컷과는 또 다른 방식으로 이상 행동이 나타났다. 수컷들이 우리 중앙에서 모여 사회적 활동을 전혀 하지 않는 반면, 암컷들은 우리 벽과 더 높은 표면을 끊임없이 돌아다녔다. '거부당한 암컷*rejected*

Photo courtesy of John B. Calhoun Archives, National Library of Medicine, Bethesda, MD

유니버스25에 들어가 있는 칼훈. 1970년경. '하멜른의 피리 부는 사나이'처럼 그의 발치에 몰려 있는 한 무리의 쥐 떼는 암컷으로, 주변 환경에 나타난 새로운 물체로 몰려든다.

females'들은 높은 층의 아파트로 올라갔다. 이들은 일반적인 쥐들과 달리 높이에 대한 두려움이 없었으며, 극도로 억제되지 않은 행동을 보였다.

이들의 성향은 기존의 쥐가 보이는 자연스러운 경계심과는 전혀 달랐다. 새로운 물체에 대한 수줍음과 경계심은 사라졌고, 대신 강한 호기심이 자리 잡았다. 우리 안에 새로운 물체가 놓이면, 거침없이 다가가 탐색했다. 칼훈이 우리 안으로 들어가 먹이를 채우고 바닥 깔짚을 교체하거나 죽은 쥐를 치울 때도 마찬가지였다. 대부분의 쥐는 인간의 접근을 경계하며 도망치거나 숨는 반면, 이 암컷들은 오히려 칼훈을 향해 다가왔다.

그는 "내가 바닥을 천천히 걸어 다니기 시작하면, 쥐들이 파도처럼 따라오는 모습을 보았다"라고 기록했다. 이들은 오히려 칼훈을 따라다니며, 때로는 발밑에 100마리 이상이 몰려들었다. 일반적으로 인간이 쥐를 통제하는 방식과는 정반대로, 오히려 이들이 인간을 쫓아다니는 기이한 장면이 연출된 것이다. 칼훈은 이러한 쥐를 반어적으로 "피리 부는 쥐 Pied Pipers"라 불렀다.

발달적으로 볼 때 이들은 정상적인 성체로 성장하지 못했으며, 정신 수준이 45일 된 어린 쥐에 머물러 있다고 분석했다. 이는 인간으로 치면 약 5세에 해당하는 수준이었다.

개체의 소멸, 개체의 평온

개체 수 밀도가 높은데도 개체들이 스트레스를 받지 않는 것은 쉽게 납득하기 어려운 일이었다. 따라서 생리적 스트레스 지표를 확인하기 위해 법의학적 분석이 진행되었다. 케이시의 헛간에서 연구된 쥐가 존 크리스첸에게 보내졌던 것처럼, 유니버스25의 개체는 NIMH의 동료이자 세계적인 아드레날린 대사 전문가였던 줄리어스 액셀로드 Julius Axelrod 에게 조직 분석을 의뢰했다. 액셀로드는 1970년 노벨 생리학·의학상을 수상한 인물로, 스트레스와 신경전달물질 연구의 권위자였다.

부검 결과는 흥미로운 차이를 보여주었다. 정체기 동안 폭력적인 공격을 경험했던 초기 세대 수컷의 조직에서는 높은 수준의 카테콜아민 catecholamines 흔적이 발견되었다. 이는 이들이 지속적으로 극심한 스트레스 상태에 있었음을 시사했다. 그러나 후기 단계에서 관찰된 '아름다운 자들'의 부검에서는 스트레스의 흔적이 전혀 발견되지 않았다. 그들의 부신 대사는 번영기의 지배적 수컷과 차이가 없을 정도로 안정적인 상태였다. 칼훈은 이를 다음과 같이 기록했다.

"두 유형의 수컷 모두 비교적 스트레스를 받지 않았다. 차이점이 있다면, 한쪽은 환경을 통제할 수 있었고, 다른 한쪽은 통제할 필요조차 느끼지 못했다."

물론 '아름다운 자들'의 심리적 상태를 완전히 파악할 수는 없었지만, 신체적 증거만 놓고 보면 그들은 비교적 평온하고 안정적인 삶을 살았던 것으로 보였다. 의미 있는 사회적 활동에 전혀 참여하지 않았지만, 유순하고 만족스러운 상태 *a state of docile contentment*였던 것 같다.

유니버스25의 멸망 단계에서 가장 중요한 점은 개체 수가 급격히 감소하거나 파괴적인 폭력 상태로 빠져들지 않았다는 것이다. 마지막 단계는 오히려 케슬러의 연구에서 나타난 패턴과 유사했다. 멸망기의 개체들은 극단적인 개체 수 밀도에도 불구하고, 이를 받아들이는 안정적인 생존 전략을 개발한 듯했다.

유니버스25가 절정에 달했을 때는 서 있을 공간밖에 없었지만, 쥐들은 아무 저항 없이 상황을 받아들였다. 비활동적이고 차분하며 만족스러운 상태로 지냈고, 생리적으로 건강하게 살다가 대부분 자연사했다.

아이러니하게도, 개인에게는 최적이었던 삶의 방식이 전체 종에는 치명적인 재앙이었다. 자연 생태계에서는 개체군이 주기적으로 번영과 쇠퇴를 반복하는 것이 정상적인 현상이다. 이는 찰스 엘턴이 기록한 들쥐 개체군의 순환 주기에서도 나타나며, 제임스섬 사슴이 겪었던 멸종 과정에서도 확인된다. 자연에서는 개체 수가 감소하면 생존자들이 개체군을 지속 가능한 수준으로 회복시키지만, 유니버스25에는 더 이상 사회를 재건할 능력이 남아 있지 않았다. 완벽한 풍요 속에서, 생쥐 사회는 결국 자멸했다.

최후 개체의 죽음

유니버스25의 후기 단계에 접어들면서, 폐경이 시작되기 전 일부 암컷들을 비어 있는 소규모 유니버스로 옮겨 번식 가능성을 시험했다. 이곳에서 이들은 새로운 번식 개체군에서 데려온 건강한 수컷과 함께 지냈다. 이주한 암컷은 임신해서 새끼를 낳았지만 제대로 양육하지 않았으며, 태어난 개체들 중 이유기를 넘긴 쥐는 한 마리도 없었다. 번식은 이루어졌으나, 어미로서의 본능이 완전히 소멸된 상태였다. 이 암컷들은 더 이상 생명 순환의 한 축을 담당할 수 없었고, 사실상 번식 능력을 영구적으로 상실한 셈이었다.

한편, 유니버스25의 잔존 개체들 사이에서는 사회적 상호작용이 전혀 이루어지지 않았으며, 번식률은 0에 가까워졌다. 마지막으로 성공적인 수정은 1970년 1월 중순, 실험이 시작된 지 920일째였다. 1972년 3월까지 생존 개체의 평균 나이는 2년을 넘어섰는데, 이는 야생에서 평균 6개월인 수명을 훨씬 초과해 이상적인 환경에서 도달할 수 있는 최대치였다. 이후 약 2년 동안 지속된 멸망의 단계에서는 쥐들은 노화해서 하나둘씩 죽어갔다. 1972년 7월 중순에는 개체 수가 100마리 미만으로 줄어들었다.

최적 밀도의 2배 이상에서 비교적 평화로운 공존 상태를 유지했으나, 그 결과는 사회적 침체로 인한 개체군의 점진적인 종말이었다. 칼훈은 이를 "므두셀라 Methuselah(성경에 나오는 969세까지 산 노인—옮긴이)처럼 죽을 운명이었다"라고 표현했다.

마지막 수컷은 1972년 12월 5일에 사망했다. 인간의 나이로 환산하면 102세였다. 마지막 암컷은 한 달 뒤 사망했다. 인간으로 환산하면 108세였다. URBS 팀은 그 암컷 쥐를 "위대한 할머니 Grand Old Lady"라 불렀다. 1973년 1월 8일, 한 연구원이 차가워져 무기력해진 암컷 쥐를 옥수수 껍질과 종이 사이에서 발견했다. 칼훈은 텅 빈 유니버스에서 데리고 나와 전구 아래에 놓아 몸을 따뜻하게 해주었으며, 먹이를 먹이고 물을 마시게 했다. "하루 종일 그녀를 지켜봤다", "한때 그녀가 살아날 것 같았지만, 결국 그러지 못했다"라고 기록했다.

칼훈은 마지막 세대에 대해 "애도는 없었다"라고 말했다. "이들은 더 이상 쥐가 아니었다. 그들은 움직였지만, 그 움직임에는 아무런 의미가 없었다. 그것은 신체 기계를 유지하기 위해 필요한 최소한의 움직임일 뿐이었다." 그녀의 시신은 부검을 위해 포장되었고, 오염된 유니버스는 해체되었다. '위대한 할머니'는 마지막 생존 개체였으나, 그

유니버스25 안에 있는 칼훈. 1970년경. 이 단계의 쥐는 유순하고, 먹이를 둘러싼 밀집된 군집에 병리학적으로 이끌린다.

녀의 몸이 멈추기 훨씬 전에 이미 죽어 있었다. 칼훈은 이렇게 말했다. "아무것도 하지 않으면 아무 의미도 없다 *You can't identify with nothing*."

18장 인기 관리

유니버스25, 대중의 관심을 받다

1970년, 유니버스25 실험이 아직 끝나기도 전에 소문이 퍼졌다. 인구조회국의 창립자이자 오랜 친구였던 밥 쿡 *Bob Cook*은 1955년 그를 NIMH에 추천한 이후 칼훈의 연구를 꾸준히 지켜봐왔다. 그는 〈뉴스위크 *Newsweek*〉 칼럼니스트인 스튜어트 올솝 *Stewart Alsop*에게 칼훈을 직접 만나보라고 권유했고, 올솝은 이를 흔쾌히 수락했다.

7월의 어느 맑은 오후, 올솝은 메릴랜드 풀스빌의 NIHAC를 방문했다. 실험이 진행 중인 112번 건물로 들어갔다가, 얼마 후 충격과 경이로움이 뒤섞인 표정을 한 채 밖으로 나왔다. "실험이 정말 흥미롭긴 했어요. 하지만 솔직히 말하자면, 덕분에 멋진 하루를 망쳤습니다."

그해 8월, 〈뉴스위크〉는 '칼훈 박사의 끔찍한 생쥐 실험 Dr. Calhoun's Horrible Mousery'이라는 제목의 전면 기사를 실었다. 프로젝트는 아직 3년이나 남아 있어서, 실험의 주요 결과가 수집되거나 발표되기도 전이었다. 기사에는 실험 사진이 없었지만, 올솝은 실험 환경을 생생하게 묘사했다. 특히 "처음엔 숨이 막힐 정도로 강렬한 쥐 냄새"에 대해 언급하며, 실험 공간의 분위기를 독자들에게 극적으로 전달했다.

하지만 올솝의 관심은 실험에만 머물지 않았다. 그는 현대 미국 사회의 변화를 칼훈의 연구와 연결 지으려 했다. 특히 사회에서 단절된 생쥐들, 즉 '아름다운 자들'이 당시 미국 청년 문화 중 히피 문화와 마약 중독 현상과 닮아 있다고 주장했다. 그는 칼훈에게 "이 아름다운 자들이라는 현상을 오늘날의 청년 문화, 즉 사회에서 이탈한 히피나 마약 중독자와 연결지을 수 있지 않을까요?"라고 물었다. 그러나 칼훈은 과학자로서 섣부른 추측은 할 수 없다는 입장이었다.

하지만 올솝은 거리낌이 없었다. 그는 기사에서 자신

만의 논리를 전개하며, 예언과도 같은 결론을 내렸다.

"현재 젊은 세대는 이전 세대와 달리 칼훈 박사가 말한 '사회적 수용 한계*upper threshold*'에 도달하는 순간을 직접 목격할 것이다. 우리가 맞이할 미래는 출산율 조절이나 전쟁이 아닌, 유니버스25에서 생쥐의 번식을 끝장낸 그 신비롭고도 끔찍한 과정에 의해 인구 증가가 멈추는 시대가 될지도 모른다. 혹시 젊은 세대는 이러한 운명을 무의식적으로 예감하고 있는 건 아닐까?"

이 기사 이후, 1970년대 내내 칼훈의 연구는 대중 매체에서 비슷한 방식으로 해석되었다. 〈뉴스위크〉의 방대한 독자층 덕분에, URBS 연구팀의 실험은 순식간에 국제적 관심을 받았다. 칼훈은 이를 연구의 분수령으로 회고했다. "이 기사 이후 신문과 TV에서 엄청난 관심이 쏟아졌고, 연구가 정식 논문으로 발표되기도 전에 전 세계적으로 알려졌습니다."

전국 각지에서 사람들이 몰려왔다. 그들은 유니버스25의 기이한 풍경에 매료되었고, 이 실험이 담고 있는 메시지에 불안을 느꼈다. 〈내셔널 지오그래픽*National Geographic*〉은 기자 로버트 L. 콘리*Robert L. Conly*를 풀스빌로 파견했고, 덴버의 〈록키 마운틴 뉴스*Rocky Mountain News*〉 역시 '군집이 괴상한 설치류를 만든다*Crowding Produces Weirdo Rodents*'는 제목으로 유니버스25를 보도했다. 기자는 실험에서 나타난 생쥐들의 기형적 사회성을 두고 "바우어리 거리의 노숙자*Bowery bum*의 동물적 대응물"이라고 묘사했다.

〈스미스소니언 매거진*Smithsonian Magazine*〉도 마찬가지였다. 그들은 이 실험을 "존 B. 칼훈의 작은 악마적 세계 *The Small Satanic Worlds of John B. Calhoun*"라 칭하며, 그의 실험동을 "지옥 속의 애완동물 가게 *A pet shop in hell*"라고 표현했다. 특히 이 기사는 실험의 세 번째 단계에서 나타난 어린 개체들의 이상 행동에 집중했다. 실험 결과가 현재적 관찰을 넘어 미래 세대에까지 영향을 미칠 가능성이 크다는 점을 강조하며, 다음과 같이 경고했다.

> "칼훈 박사는 그들이 다시는 정상적인 상태로 돌아갈 수 없을 것이라 의심한다. 그는 이러한 믿음을 인간 사회에 대입하며, 기존 사회학자들은 고려하지 않았던 암울한 가설을 제시한다. 즉, 빈민가에서 자란 아이를 이상적인 환경으로 옮겨주더라도, 그가 성장하는 동안 이미 입은 손상을 완전히 회복할 수 없을 것이라는 점이다."

이 기사의 파급력은 컸다. 〈스미스소니언 매거진〉은 칼훈을 가리켜 "예언자 *Prophet*"라고 불렀다.

같은 해, 〈캔자스시티 타임스 *The Kansas City Times*〉도 칼훈과의 인터뷰를 진행했다. 칼훈은 이 인터뷰에서도 현대 청년 문화와 유니버스25의 생쥐들을 직접 비교하길 꺼렸지만, "과밀 환경에서 사회성이 붕괴하는 현상은 인간에게도 적용될 수 있다"라고 말하며 인간 사회에 영감을 주고자 했다.

우드스톡 페스티벌이 끝난 지 불과 1년 뒤, 〈캔자스시티 타임스〉는 유니버스25에서 경고 신호를 읽어냈다. 그들은 새로운 세대가 점점 생산적이고 창의적인 활동을 포기하고, "대규모 집회에 참여하거나 약물을 복용하는 방식으로 현실을 회피할 가능성"을 제기했다. 이제 논의의 초점은 폭력에서 권태 *ennui*로 옮겨 가고 있었다.

실험의 희화화와 의미의 변질

1971년, 〈워싱턴 포스트〉는 유니버스25에 관한 첫 번째 기사를 실었다. 이후 몇 차례 추가 보도가 이어졌는데, 이때만 해도 실험이 2년이나 남아 있는 상황이었다. 그렇지만 기사의 부제는 "개체군 증가로 인한 멸종 *Colony*

Overpopulates to Extinction"이라 단정적으로 명시했다. 이는 당시로서는 입증되지 않은 주장이었다.

기사를 작성한 톰 후스 *Tom Huth* 는 칼훈의 실험을 과학적 연구가 아니라 기이한 구경거리처럼 묘사했다. 특히, 칼훈이 우리 안으로 들어서자 '하멜른의 쥐'가 그의 발을 따라 몰려다니는 장면을 생생하게 전했다. 당시 NIMH의 사진작가 닐로 올린 *Nilo Olin* 이 이 장면을 포착했고, 칼훈이 우리 중앙에서 쥐 떼에 둘러싸인 채 서 있는 모습은 널리 퍼져 대중의 관심을 끌었다.

이 장면은 방송사의 주목을 받았다. CBS 촬영팀이 방문했을 때, 칼훈은 카메라 앞에서 똑같은 장면을 재연했다. 이후 타임라이프 *Time-Life* 에서 인수한 맥그로힐 브로드캐스팅 *McGraw-Hill Broadcasting* 의 TV 취재팀이 찾아왔을 때도 마찬가지였다. 칼훈은 우리 벽을 가뿐히 뛰어넘어 우리 안으로 들어갔고, 멍하니 있는 생쥐를 조심스레 손으로 들어 올려 카메라가 클로즈업할 수 있도록 보여주었다. 한때 굴뚝을 오르내리던 '머슬 잭'은 이제 50대 중반이었지만, 여전히 유연하고 날렵했다.

NIMH는 칼훈의 연구는 정부에 보고하는 연구 경과 보고서에도 자세히 실렸고, 그의 연구 경력과 미래 계획을 담은 6,000자 분량의 기념 기사를 출간했다.

여러 대중 매체에 기사가 나왔지만, 칼훈이 가장 마음에 들어 했던 기사는 경영 전문 잡지 〈이노베이션 *Innovation*〉에 실린 '매일 세상을 구하는 실험실에 들어설 수 있는 것은 아니다*It's Not Every Day You Walk into a Laboratory Whose Mission Is to Save the World*'라는 심층 보도였다. 기자 니나 래서슨*Nina Laserson*은 칼훈의 연구 배경을 상세히 소개했으며, 그가 인간 사회의 미래에 관한 급진적인 통찰을 제시할 수 있도록 충분한 지면을 할애했다. 특히, 기사에 맞춰 그려진 삽화가 칼훈의 마음을 사로잡았다. 들라크루아*Eugène Delacroix*의 〈민중을 이끄는 자유의 여신〉을 패러디한 것으로, 인간 군중 대신 생쥐들이 혁명을 일으키는 모습으로 대체했다. 칼훈은 이를 따로 소장했다.

더불어 기사 말미에는 이 잡지의 기업 친화적인 시각을 반영한 코멘트가 실렸다.

"칼훈이 강조하는 환경적 사고를 할 수 있는 인재를, 여러분의 조직에도 최소한 한 명은 두어야 하지 않을까?"

〈이노베이션〉의 기사는 칼훈의 연구에 대한 보도 중 드물게도 낙관적인 메시지를 담고 있었다. 이 글은 칼훈이 주장한 바와 같이, 인류가 창의적 혁신을 통해 그의 실험

풀스빌의 행동시스템연구소에 있는 칼훈. 뒤쪽의 문에는 혁명적인 쥐를 보여주기 위해 〈혁신〉 잡지에 사용했던 이미지의 복제품으로, 칼훈의 '진화를 위한 처방' 모티프에서 따온 것이다. 1978년경.

에서 나타난 '과밀한 유순한 설치류'의 운명을 피할 가능성을 강조했다. 그러나 이러한 긍정적인 메시지는 〈이노베이션〉의 폐쇄적인 구독자층이라는 벽을 넘지 못했다. 연회비가 무려 75달러에 달했던 이 잡지는 나중에 '세계에서 가장 비싼 잡지 중 하나'로 평가되기도 했다.

반면, 대중 매체에서 칼훈의 연구는 일반적으로 기괴한 공포와 우스꽝스러운 희극쯤으로 다루어졌다. 마지막 생쥐인 '위대한 할머니'가 죽었을 때, 〈워싱턴포스트〉의 기자 톰 후스는 이를 부고 기사처럼 풍자적으로 보도했다.

> "최후의 쥐 MOUSE, THE LAST.
> 1973년 1월 8일, 뇌 진화 및 행동 연구소에서, 극심한 과밀로 인한 사망. 생존자 없음. 장례식 없음. 더 이상 중요하지 않음."

그의 연구가 던지는 심오한 사회적 경고에도 불구하고, 칼훈의 실험은 여전히 희극적 요소를 덧입혀 소비되었고, 대중은 깊은 의미는 보지 못한 채 흥미로운 괴담처럼 여겼다.

칼훈은 언론과 적극적으로 소통하며 자신의 연구를 대중적으로 확산시키는 데 관심이 컸다. 하지만 그는 이 과정에서 위험한 도박을 하고 있었다. 기자들은 그의 실험과 인간 사회를 연결하는 유용한 매개체였지만, 보도의 방향까지 통제할 수는 없었다. 언론이 주목할수록 그는 의도치 않은 방향으로 끌려갔고, 자신이 원했던 청중에게 다가가기는커녕 전혀 다른 집단의 관심을 끌었다.

유니버스25의 정치적 도구화

1970년대 초, 과학계뿐만 아니라 인구 통제 운동 진영에서도 그의 연구에 관심을 보이기 시작했다. 그는 이미 1969년, 페어필드 오즈번이 주최한 보전재단 회의 '인구, 환경 그리고 인간 복지에 관한 논의*A Conversation on Population, Environment, and Human Well-Being*'에 초대되었다. 그 자리에는 폴 에를리히를 비롯해, 험프리 오스먼드와 네드 홀도 참석했다. 그러나 이 회의에서 칼훈이 느낀 분위기는 전반적으로 암울했다. 참석자들은 급격한 인구 증가와 환경 파괴를 비관적으로 바라봤다. 칼훈은 여전히 희망을 놓지 않았다. 그는 "우리가 좀 더 빠른 문화적 변화를 이끌어내지 못한다면, 우리가 꿈꾸는 미래는 사라질 것"이라며, 비관주의에 휩쓸리지 말고 해결책을 찾아야 한다고 강조했다.

이 시점까지만 해도 인구 통제론, 환경보호 운동, 정신건강 문제는 같은 방향을 바라보는 듯했다. 그러나 시간이 지나면서 이들의 목표는 점점 분열되기 시작했다. 1971년 칼훈은 스위스 제네바에서 열린 UN 세미나에 참석하여, 1972년 스톡홀름에서 개최될 세계인구회의의 논의 주제를 사전 조율했다. 흥미롭게도, 그 자리에는 케슬러도 있었다. 우연히 세계 최초로 '입석 전용' 현상을 발견한 인물이었고, 이제는 WHO 산하의 인간 생식 프로그램 *Human Reproduction Programme*의 초대 국장이 되어 있었다. 칼훈은 반가운 동시에 실망스러움을 감추지 못했다. 논의의 초점이 이미 태어난 이들의 삶의 질을 개선하는 것이 아니라, 출생률을 줄이는 피임 정책에만 집중되었던 것이다.

그의 연구는 오랫동안 도시 빈곤층을 대상으로 한 출산율 조절의 중요성을 주장하는 자료에서 인용되곤 했다. 이제는 전 세계적으로 인구 증가를 억제하려는 집단들이 그의 연구를 자신들의 논리를 뒷받침하는 결정적 증거처럼 활용하기 시작했다. 그들은 그를 동맹자로 여겼다. 그러나 칼훈은 그렇지 않았다. 그는 인구 통제론자들이 내세우는 논리와 그들이 내포한 이데올로기에 불안을 느끼기 시작했다.

1969년, 〈의료계 뉴스 *Medical World News*〉는 "인간 공해 *people pollution*"라는 표현을 사용하며, 과밀로 인한 심리적 장애가 물리적 질병보다 치명적인 결과를 초래할 수 있다는 주장을 펼쳤다. 또한, "이제는 전 세계적으로 많은 연구자들이 칼훈 박사의 연구가 인간 생존에 대한 단서를 제공한다고 동의하고 있다"라는 보도를 내보냈다. 그때부터 칼훈은 더 많은 편지를 받기 시작했다. 특히 제로 인구 성장*Zero Population Growth*, ZPG 운동의 지지자들이 그에게 연락을 취했다. ZPG는 환경운동가이자 《인구 폭탄》의 저자인 폴 에를리히가 공동 창립한 단체로, 인구 증가를 완전히 멈추는 것을 목표로 하고 있었다.

ZPG의 입장은 명확했다. 이 모임에서 생태학자 월터 하워드*Walter Howard*는 "궁극적인 목표는 제로 인구 성장이다. 출생률이 사망률을 초과해서는 안 된다"라고 단언했다. 더욱이 그들 중 일부는 '비자발적 출산 통제*involuntary fertility control*'를 고려할 의향이 있다고 공공연히 밝혔다. 칼훈의 연구가 직접적으로 언급되지 않더라도, 그가 강조해온 사회적 밀집과 행동 장애 간의 관계는 이들의 논리를 뒷받침하는 데 자주 이용되었다.

하버드 의과대학 인구학 교수 로이 그리프*Roy Greep*는 "과밀 환경은 인간의 가장 원초적인 본능을 자극하며, 폭력과 범죄뿐만 아니라 냉혹한 비인간성을 부추긴다"라고 주장했다. 그는 인구 증가를 경제적 인플레이션과 같은 개념으로 보았고, "인구 과잉은 결국 인간 개개인의 가치까지도 하락시킨다"라고 강조했다. 이를 뒷받침하는 근거로, 인도에서 굶주린 거지가 길가에 쓰러져 죽어도, 군중은 무심히 그 옆을 지나치거나 밟고 지나가는 모습을 예로 들었다. 이에 덧붙여, 월터 하워드는 "과잉 인구의 운명은 결국 문명화된 삶의 붕괴로 이어질 수밖에 없다"라고 결론 내렸다.

칼훈은 이들의 주장을 들으며 점점 더 불편하게 느꼈다. 그는 인구를 줄이는 것이 아니라, 사회적 공간을 확장함으로써 과밀로 인한 심리적 문제를 극복할 수 있다고 믿었다. 하지만 언론과 대중은 그의 연구를 '인구 억제'라는 방향으로만 몰아가고 있었다. 그의 실험이 전혀 의도하지 않게 정치적 도구로 사용되기 시작한 것이다.

인구 통제에 대한 반감

칼훈은 좌절감을 느꼈다. 그는 1940년대 후반에 화학자 유진 라코우가 '최대 인간 원형질' 개념을 언급한 이후, 인구 문제를 자원 부족 또는 피임의 문제로만 바라보는 시각에 불만을 품었다. 그가 보기에, "이러한 문제도 중요하긴 하지만 본질적인 문제는 아니며, 장기적으로 볼 때 가장 중요한 요소도 아니다". 그래서 그는 존 에버하트에게 편지를 보내 이렇게 불평했다.

> "지금까지 다른 기관들은 인구 위기를 다룰 때 출생률 조절과 식량 생산 문제에 우선적으로 초점을 맞추고 있습니

다. 환경 문제에 있어서도 대부분의 관심은 오염과 생물권 보호에 집중되어 있습니다."

그러면서 그는 NIMH야말로 사회적 밀집과 관련된 사회적·심리적 문제를 해결할 독자적인 역량을 가진 기관이라고 강조했다. 과잉 인구 문제는 단순한 생태학적 위기가 아니라, 정신건강의 문제이기도 하다는 것이 그의 주장이었다.

칼훈이 ZPG 운동을 반대한 이유는 강압적인 정책 제안 때문만은 아니었다. 인구 성장을 억제하려는 주요 대상이 개발도상국이었다는 점 때문만도 아니었다. 그가 보기에, ZPG의 목표는 근본적으로 잘못된 것이었다. "진화적 관점에서 ZPG의 원칙이 매우 교묘하고 위험한 발상이라고 생각합니다."

ZPG가 추구하는 것은 완전히 정체된 인구 구조였다. 외부에서의 이주도 없고, 내부에서의 이탈도 없으며, 경쟁도 존재하지 않는 정체된 부족 사회, 마치 유니버스25에서 움츠러든 생쥐들과 다를 바 없는 세계였다.

그는 볼티모어의 주택가에서 데이비스와 크리스천과 함께 연구하던 시절을 떠올렸다. 이때 '사회적 갈등'이 인구 조절에 핵심적인 요소라는 점을 깨달았다. 이후 케이시의 헛간에서 진행한 실험에서는 높은 수준의 사회적 갈등이 폭력과 불안을 유발한다는 점을 확인했다. 그러나 유니버스25를 통해 그는 사회적 스트레스가 완전히 사라진 환경 또한 장기적으로는 치명적이라는 사실을 깨달았다.

개체들은 신체적으로 건강했지만, 일정 수준의 사회적 압박이 없으면 사회적 상호작용도, 환경에 대한 적응도 일어나지 않았다. 그리고 적응 능력을 잃어버린 종은 결국 소멸의 길을 걷는다. 이미 타우슨 실험에서도, 계층 구조가 형성되지 않는다면 쥐 개체군이 오래 살아남을 수 없을 것이라는 결론을 내린 바 있었다. 유니버스25 실험은 그 가설을 확증해주었다. 그는 자신의 논지를 설명하기 위해, 탄자니아의 마냐라 호수 Lake Manyara 에서 살아가는 허파고기 lung fish 를 예로 들었다.

> "수백만 년 동안, 허파고기는 위기를 피하는 방식으로 생존해왔습니다. 그들에게 가장 큰 위기는 호수가 말라버리는 순간입니다. 이들은 물이 마를 때마다 진흙에 몸을 숨긴 채 둥근 보호막을 만들고, 대사 활동을 극도로 낮추어 깊은 수면 상태에 들어갑니다. 그렇게 해서 가혹한 환경을 견뎌내죠. 인간도 똑같이 할 수 있습니다. 각자 자신의 지적 고립 intellectual isolation 으로 들어가, 닥쳐오는 모든 위

기가 지나갈 때까지 그저 기다릴 수도 있을 것입니다. 나는 결코 탄자니아 마냐라 호수의 허파고기로 살아가고 싶지는 않습니다."

그의 결론은 명확했다. ZPG가 추구하는 인구 정체 상태는 '진화적 막다른 길 *evolutionary dead end*'이었다.

다윈의 무대에서 논쟁하다

칼훈이 유니버스25에 대한 첫 공식 연구 결과를 발표하기도 전에, 그의 실험은 이미 언론과 대중의 뜨거운 관심을 받고 있었다. 하지만 그가 이 연구의 핵심을 직접 설명할 기회를 얻은 것은 1972년 여름, 영국 왕립의학회 *Royal Society of Medicine*에서 열린 심포지엄이었다. 이 자리에서 그는 잘못된 해석을 바로잡고, 이번 실험이 단순한 반복이 아니라는 점을 강조하려 했다. 그러나 모든 것이 계획대로 진행되지는 않았다.

칼훈이 초청된 것은 런던의 피카딜리 근처, 벌링턴 아케이드에 위치한 린네 학회 *Linnean Society of London*에서 열린 '인간과 그의 자리 *Man in His Place*' 심포지엄이었다. 이곳은 1858년 찰스 다윈과 앨프리드 러셀 월리스 *Alfred Russel*

*Wallace*가 자연선택 이론을 처음 발표했던 곳이다. 진화 이론이 처음 세상에 소개된 역사적인 장소였다. 이 순간이 그에게는 너무나도 특별하게 여겨졌다.

그는 기대에 차 있었다. 최근 언론의 극찬을 받은 영향 때문인지, 아니면 역사적인 무대가 주는 흥분 때문이었는지, 그는 강연의 제목부터 강한 메시지를 담아서 '제곱으로 불어난 죽음*Death Squared*: 생쥐 개체군의 폭발적 성장과 소멸'이라고 명명했다.

발표는 대부분 유니버스25 실험의 연구 절차와 그 결과를 설명했지만, 칼훈은 서론과 결론에서 자신의 급진적인 철학적 해석을 담았다. 그는 쥐를 연구했지만, 결국 인간을 논하고 싶었다. 그의 강연 첫 문장은 이렇게 시작되었다.

"나는 주로 생쥐에 대해 이야기할 것이지만, 내 생각은 인간, 치유, 삶 그리고 진화에 닿아 있다."

네 번째 문장에서 그는 《요한계시록》을 인용하며, "네 명의 묵시록의 기사"와 "생명나무", "영혼의 죽음"을 언급했다. 그는 '영적인 죽음'을 성경적 의미의 '첫 번째 죽음', 그리고 육체적 죽음을 '두 번째 죽음'으로 구분하며, "정신적으로 패배하지 않는 자만이 두 번째 죽음에 다치지 않을 것이다"라는 2장 11절의 의미를 되새겼다.

칼훈이 강조한 것은 생리적 죽음과 심리적 소멸 사이의 차이였다. 그는 유니버스25에서 관찰된 생쥐들의 사회적 붕괴가 신체적 질병이나 자원 부족이 아닌, '정신의 상실'에 기인한 것임을 강조하고자 했다. 그러나 성경에 바탕해 신비주의적인 표현을 사용한 그의 강연은 학술적 논의를 넘어선 비유로 흘렀다.

강연이 끝난 후 질의응답 시간이 시작되었을 때, 그는 청중의 반응이 예상과는 다르다는 사실을 깨달았다. 그의 철학적 메시지에는 아무도 관심을 두지 않았다. 오히려 학계 인사들은 실험의 기술적인 부분에만 집중했다.

"우리 내부의 위생 상태는 어떠했습니까? 바닥 재료와 침구는 얼마나 자주 교체했나요?"
"개체를 구별하기 위해 사용한 염료가 다른 생쥐들의 인식에 영향을 미칠 가능성은 고려했습니까?"

무엇보다도 칼훈이 가장 충격을 받은 순간은 '개념적 공간conceptual space'에 대해 논의할 때였다. 발표의 좌장을 맡은 존 자카리 영John Zachary Young 교수가 그를 단호하게 막았다. 그는 학계를 대표하는 신경해부학자이자, 옥스퍼드에서 엘리트 교육을 받은 학자였다. 학회 회의록에는 "좌장이 칼훈 박사를 제지하며, 생쥐를 연구하는 자리에서 인간에 대한 논의를 삼가야 한다고 경고했다"라고 기록되어 있다. 칼훈은 그 순간을 생생히 기억했다.

"내가 발언을 마치기도 전에, 영 교수가 갑자기 나를 가로막으며, 생쥐와 인간을 직접 비교하는 것은 위험하다고 경고했다. 나는 순간 할 말을 잃었다."

그는 깊은 상처를 받고 벌링턴 하우스를 나왔다. "그 세션을 마치고, 나는 심각하게 우울해졌다." 그는 학회 만찬에도 참석하지 않았다. 런던의 거리를 방황하며, 강연이 왜 그렇게 좋지 않게 끝났는지 곱씹었다. 가장 큰 실수는 메시지의 균형을 맞추지 못한 것이었다. 실험 결과의 세부적인 과학적 설명과 광범위한 철학적 해석이 조화를 이루지 못했던 것이다.

메타포와 과학을 별개로 취급하는(즉, 실험과 철학적 요소를 분리하는) 학계에서, 그는 실험 결과 곳곳에 철학적 해석을 담았던 것이다. 하지만 그에게 철학적 요소는 실험적 사실과 분리될 수 없는 본질적인 요소였다. 유니버스25에서 나타난 생쥐들의 사회적 붕괴는 단순한 행동 변화가 아니었다. 그것은 신체적 상처나 부신 비대와 마찬가지로 실제적인 생물학적 현상이었다.

그는 성경 구절을 인용한 방식이 부적절했음을 인정했지만, 실험의 본질은 확고했다. 그날 밤, 그는 괴로운 의문에 사로잡혔다. "존 자카리 영 같은 석학조차도 인간 사회에 대한 시사점을 거부한다면, 내가 지금까지 해온 연구는 대체 무엇이란 말인가?"

칼훈에게 유니버스25는 단순한 쥐 실험이 아니었다. 그에게 생쥐의 행동 연구는 인간의 심리와 사회적 행동을 이해하기 위한 도구였다. 그는 인간과 생쥐의 차이를 간과한 것이 아니라, 두 종이 공유하는 심리적·행동적 원리를 탐구한 것이었다. 그러나 그는 학계가 여전히 인간과 동물을 완전히 분리된 존재로 취급하고 있음을 절감했다. 그것도 1858년 다윈과 월리스가 인간과 동물의 경계를 허물었던 그 강연장에서 말이다.

동물 실험을 넘어 인간을 향한 실험으로

칼훈은 런던에서의 굴욕적인 경험을 통해 자신의 연구가 인간 사회에 어떤 의미를 갖는지에 대해 더욱 분명하게 깨달았다. 학회 발표를 시작하며 그는 생쥐에 대해 언급하지만 인간으로 향한다고 말했는데, 정작 학회장에서는 이러한 연결이 강한 반발을 불러일으켰다.

사실, 1962년 네드 홀은 존 크리스천에게 "당신이 포유류 연구에서 사용한 기법을 인간 인구 연구에 적용해보면 어떨까요?"라며 제안한 적이 있었다. 예를 들어, 과밀한 빈민가에서 폭력적으로 사망한 사람이나 범죄자의 부신을 분석해보는 식으로 말이다. 그러나 크리스천은 이를 거절했다. 인간 사회에 관심이 없어서가 아니었다. 그는 생리학을 전문으로 하는 개체군 생태학자였고, 연구의 초점은 동물에 맞춰져 있었다. 제임스섬의 사슴 개체군이 인간 문명에 대한 메시지를 담고 있을지도 모르지만, 그 연결을 논하는 것은 그의 역할이 아니었다. 그런 연구는 인류학자인 네드 홀의 몫이었다. 그는 철저하게 동물 연구에 집중했다.

그러나 칼훈은 전혀 다른 길을 걸었다. 초기에는 동물 실험을 통해 간접적으로 인간 사회에 대한 시사점을 제공하는 연구자였다. 그러나 타운슨 실험을 거쳐 유니버스25 실험에 이르면서, 그의 연구 방향은 완전히 뒤집혔다. 그의 목표는 "과밀한 환경에서 인간의 삶을 개선하는 것"이었고, 실험용 설치류는 그 목표를 위한 도구에 불과했다.

그렇다고 토마스 쿤이 언급한 전통적인 '정상 과학'으로 돌아갈 수도 없는 상황이었다. 바로 옆 건물에서 매클레인은 인간 두뇌 연구의 패러다임을 바꿀 과감한 가설을 발표하며 학계의 찬사를 받았다. 삼위일체 뇌 가설을 제시하며, 인간의 본성과 행동을 설명하는 새로운 시각을 제시했던 것이다. 매클레인은 위험을 감수했고, 성공했다.

칼훈 역시 도전하기로 했다. 그는 인간의 미래를 위한 중요한 통찰을 제시할 수 있다고 믿었다. 그의 연구는 단순한 동물 실험이 아니었으며, 과학 이상의 무언가를 말하고 싶었다. 이를 통해 인류가 유니버스25의 생쥐와 같은 운명을 피하게 하고 싶었다.

문제는, 세상이 그를 어떻게 받아들일 것인가였다.

19장 진화를 위한 처방

개념적 공간

칼훈은 언론이 자신의 연구에 관심을 보이는 것만큼이나, 사회에서 벌어지는 사건을 면밀히 관찰하고 있었다. 그는 신문에서 갱단 폭력, 폭동, 강간, 살인, 국제 분쟁, 환경 위기, 성적 일탈과 관련된 기사들을 모았다. 사회적 붕괴를 암시하는 듯한 사건이었다. 뿐만 아니라, 문학 작품과 철학서에도 밑줄을 그으면서 자신의 실험 결과와 유사한 사회적 패턴을 발견하려 했다.

그의 관심은 새로운 정신병리의 출현으로도 확장되

었다. 그는 1962년 처음 기술된 '학대당한 아동 증후군 Battered Child Syndrome'에 대한 의료 보고서를 읽으며, 자신의 실험에서 과밀한 환경에서 어미 쥐들이 새끼를 공격했던 장면을 떠올렸다. 부모로부터 사랑받지 못한 아이들과 새끼를 돌보지 않는 쥐 어미들, 과연 인간 사회에서도 같은 현상이 벌어지고 있는 것일까?

'아름다운 자들'이 보여준 사회적 단절 역시 그가 주목한 현상이었다. 1960년대 후반에서 1970년대 초반의 사회적 폭력이 정점에 달하던 시기에, 칼훈은 오히려 사회적 고립이 더욱 심화될 것이라 예상했다. 실제로 그는 정신의학 잡지와 대중 매체에서 자폐증과 정서적 위축 Emotional Withdrawal에 관한 보고가 증가하는 데 주목했다. 혹시 지금 태어나는 아이들은, 유니버스25의 생쥐들처럼 영원히 유아기 상태에서 벗어나지 못하는 건 아닐까?

그는 절박함을 느꼈다. 인류가 의식적으로 미래를 조직해야 하는 시점에 도달했다고 확신했다. 그는 인구 증가와 개념적 혁신이 항상 함께 움직여왔음을 관찰했다. 새로운 인지 혁명 cognitive revolution이 발생할 때마다 인류는 증가하는 사회적 밀도를 견뎌낼 수 있었고, 이를 통해 새로운 '개념적 공간'을 개척하며 적응해왔다. 그러나 이 과정이 무한정 지속될 수는 없었다. 언젠가 위기가 닥칠 것이며, 푀르스터가 예견한 '심판의 날'이 현실화될 수도 있었다.

ZPG가 제안한 정체된 인구 구조 역시 그에게는 재앙이었다. 인구가 일정 수준에서 멈추어버린다면, 사회와 인지적 발전도 함께 정체될 것이기 때문이다. 그렇기에 그는 조만간 인구가 자연스럽게 감소할 것이라 예상했다. 하지만 인구 감소가 해답이 될 수는 없었다. 문제는 인구가 줄어드는 과정에서 개인의 삶의 질이 위협받을 것이라는 점이었다.

그는 노령화 사회에서 젊은 세대가 다양한 사회적 역할을 맡아야 할 것이라 보았고, 정보의 홍수 속에서 길을 잃지 않기 위해서는 더욱 정교한 데이터 처리와 커뮤니케이션 기술이 필요할 것이라 예측했다. 인구 증가가 기술 발전을 이끌었던 과거와 달리, 인구 감소가 새로운 혁신을 자극하는 시대가 도래할 것이라 생각한 것이다.

칼훈은 결심했다. 이제는 더 이상 암시하듯 말해서는 안 된다. 그는 '정신의 죽음'이 정확히 무엇을 의미하는지 명확히 밝혀야 했고, 인류가 '새벽의 날'을 맞이하는 과정에서 어떠한 '자비로운 혁명'이 필요한지 설명해야 했다. 그에게는 더 깊이 사고할 시간이 필요했다.

자의적 고립

1974년 초, 칼훈은 매클레인과 존 에버하트에게 안식년을 요청하는 편지를 보냈다. 마지막 안식년은 12년 전 팰로앨토에서였다. 그때와 달리, 이번에는 연구 기관에 소속되지 않은 채 혼자서 깊이 생각하고 공부할 계획이었다. 학문적 발전에는 세부 사항을 집요하게 파고드는 전문가들과 이를 종합하고 대중화하는 사상가들이 필요하다. 존 크리스천 같은 학자들은 실험 데이터를 수집하고 분석하는 데 집중했고, 네드 홀 같은 연구자들은 이를 널리 퍼뜨리며 이론적 틀을 구축했다. 칼훈은 이 두 가지 일을 동시에 하려 했다.

그가 남긴 엄청난 양의 기록은 일을 더 복잡하게 만들었다. 수집한 데이터는 언제나 분석 속도를 앞질렀다. 타우슨 실험은 1949년에 끝났지만, 대부분의 자료는 정리되지 않은 채 남아 있었고, 1963년 《시궁쥐의 생태와 사회학》이 출간되기까지 공식적인 분석이 이루어지지 않았다. 게다가 그는 그 당시의 데이터를 추가적으로 분석할 필요가 있다고 느꼈다. 또한 1960년대 초에 케이시 헛간에서 수행했던 연구도 다시 들여다봐야 했고, 바 하버에서 진행한 연구, 특히 소형 포유류 개체 수 조사를 통해 수행했던 '유도된 침입' 실험 데이터도 되짚어보고 싶었다. 그는 매클레인과 에버하트에게 보낸 편지에서 "이러한 데이터를 효과적으로 종합하려면, 오랜 기간 방해받지 않고 완전히 몰입할 수 있는 시간이 필요합니다"라고 말했다. 결국 요청은 승인되었고, 6개월간의 연구 휴직이 주어졌다. 시작 날짜는 1974년 6월 1일이었다.

5월 마지막 주, 칼훈은 밤마다 풀스빌 연구소에서 논문, 책, 컴퓨터 테이프, 수많은 연구 데이터가 인쇄된 종이를 집으로 가득 실어 왔다. 그가 작업을 시작할 곳은 집 지하에 있는 서재였다. 방은 산처럼 쌓인 자료로 가득했고, 그는 철저한 고립을 선언했다. 그는 연구팀과 동료들에게 완전히 연락을 끊을 것임을 알렸다. 누구의 전화도 받지 않고 아내 이디스의 전화만 정해진 시간에 답할 것이었다.

그는 진행 과정을 기록하기 위해 '안식년 일지'를 쓰기로 했다. 1974년 6월 4일, 첫 번째 기록을 남겼다.

"시간을 가장 효과적으로 활용할 수 있는 전략을 수립하는 데 시간이 필요할 것이다. 우선, 여러 자료들을 반복적으로 훑어보며 전체 맥락에 다시 익숙해지는 과정이 필요하다. 또한 다양한 연구에서 공통적으로 발견되는 주제나 문제를 연결할 수 있어야 한다."

그러나 다음 기록은 9월 10일이었다.

"이 일지를 오랫동안 쓰지 않은 걸 보면, 안식년 동안 스스로 정한 계획에 제대로 따르지 못한 듯하다."

그는 자료 분석에 몰두한 나머지, 일지를 작성할 여유조차 없었다.

혁신에 대한 압박

1974년 초 칼훈은 연구에 몰두하려 했지만, 과거의 자료를 읽을수록 추가해야 할 것이 끝없이 떠올랐다. 연구의 흐름을 정리하고 체계적 서사를 구축하려 했지만, 과거의 자료를 검토할 때마다 새로운 연구 프로젝트의 실마리가 계속 발견되었다. 그는 미완성한 논문들, 끝맺지 못한 실험들, 실현되지 못한 연구 계획들에 파묻혀 점점 압도당하는 것 같았다.

몇 년 전, 출판사 W. W. 노턴의 편집장이자 후일 부사장이 된 캐롤 후크 스미스 *Carol Houck Smith*가 연락해 왔다. 그녀는 〈뉴스위크〉에 실린 생쥐 실험을 읽고, "당신의 연구와 그것이 시사하는 가능성을 도저히 잊을 수 없었다"

라고 말했다. 그리고 다른 독자들도 같은 감정을 느낄 것이라 확신한다며, "쥐에 대한 이야기지만, 결국 인간을 다루는 책"을 써볼 생각이 없느냐고 물었다. 뿐만 아니라, 몇몇 대학 출판사에서도 그의 연구를 학술 서적으로 출간하는 데 관심을 보이고 있었다. 이러한 관심은 고무적이었지만, 동시에 자신의 연구가 얼마나 중요한지 스스로 평가해야 한다는 부담으로 다가왔다.

그 와중에, 예상치 못한 일로 그의 관심이 다른 방향으로 향했다. 당시 국립 의학 도서관에서 의료 용어 색인을 정리하는 일을 하던 아내 이디스가 자료 보관용 복사지를 집으로 가져왔다. 그는 처음엔 호기심으로 자료를 들여다보다가, 곧 그것이 정보에 대한 새로운 사고방식을 제공한다는 사실을 깨달았다. 자신은 과학자로서 연구의 의미와 그 사회적 함의를 중심으로 사고했지만, 도서관 사서들은 정보를 '세상과의 연결'이 아닌 '다른 정보들과의 연결'이라는 관점에서 바라보고 있었다. 이 방식은 그에게 익숙했던 분석 방법과는 달랐지만, 독립적인 진실성을 지닌 방법론이었다. 이는 그가 연구를 해석하는 방식에도 영향을 미치기 시작했다.

그해 여름과 가을 동안, 그는 연구를 정리하고 책을 쓰기로 결심했다. 몇백 페이지에 이르는 원고를 작성하며,

연구를 기술하고, 자서전적 요소를 섞고, 실험 계획과 철학적 사유를 담았다. 몇 편의 시와 그림까지 포함했다. 그는 이 원고의 제목을 'Rxevolution'이라 붙였는데, 이는 약사의 처방 기호 'Rx'에서 착안한 것이었다. 1974년 11월 14일, 원고는 어느 정도 정리됐지만 미완성으로 남았다. 나중에 그는 친구에게 "이디스는 내가 절대 책을 끝내지 못할 거라고 생각해. 언제나 책을 절반쯤 쓰고 나면 더 시급한 일로 관심이 옮겨 가고, 글을 쓰는 과정에서 새로운 아이디어가 떠올라 전혀 다른 길로 빠져버리니까"라고 털어놓았다.

그리고 이번에도 역시 그렇게 흘러갔다. 그가 발견한 것은 과거 연구의 마무리가 아니라, 다음에 갈 길이었다. 결국 그는 연구소 측과 협의해, 1974년 12월 31일에 끝나기로 되어 있던 안식년을 1975년 6월까지 연장했다. 그는 매주 이틀은 연구소에서 일하고, 나머지 시간은 새로운 연구 프로젝트를 계획하는 데 집중하기로 했다. 후일 〈볼티모어 선〉과의 인터뷰에서 그는 이 시기를 다음과 같이 회상했다.

"나는 집 지하 서재에서 과거를 되돌아보며 깊이 고민했습니다. 그리고 전환점이 찾아왔습니다. 앞으로 남은 시간 동안, 어떻게 하면 인류에게 가장 의미 있는 과학적 기여를 할 수 있을까? 인구 증가 문제와 관련해, 가장 현실적인 해결책을 제시할 가능성이 높은 연구는 무엇일까? 나는 그것을 종이에 적었고, 기관은 내 연구 계획을 받아들였습니다."

그가 제안한 것은 세 가지 연구를 하나의 주제로 묶어 연결하는 야심찬 계획이었다. 그는 과거 연구의 패턴을 분석하여, 한 개의 과밀 환경 실험을 계획하고 수행하고 분석하는 데 약 10년, 그 결과를 출판하고 학계에 확산하는 데 2~4년이 걸린다는 결론을 내렸다. 1975년, 58세였다. 이제 시간이 얼마 남지 않았다는 사실을 알고 있었다. 이번 연구가 마지막 기회였다. 마지막으로, 무언가 혁신적인 것을 해내야 했다.

유니버스33

칼훈은 여전히 몇 가지 핵심적인 질문에 대한 답을 찾지 못했다. 유니버스25 실험을 통해 과밀 환경이 개체군의 붕괴를 초래한다는 사실을 확인했지만, 개체들이 번식을 멈추고 무성적인 존재가 되어가는 과정은 충분히 관찰하지 못했다. 개체군 내에서 사회적 행동이 점차 사라지는 정확한 메커니즘을 밝혀내기 위해, 그는 새로운 실험을 설계하기로 했다.

그렇게 탄생한 것이 유니버스33이었다. 이번에는 실험 공간을 정사각형이 아닌 팔각형으로 만들고, 크기를 2배 가까이 확장하여 직경 5.2미터에 이르는 거대한 우리를 제작했다. 유니버스25에서는 처음에 쥐들이 구석으로 몰리는 경향이 있었고, 이로 인해 초기 개체 밀도가 고르지 않았다. 이를 해결하기 위해 그는 모서리를 없애고, 내부를 방사형의 8개 구역으로 균등하게 나누었다.

이 구획들은 다시 낮은 칸막이로 나뉘어 총 16개의 작은 하위 구역을 형성했다. 단, 유니버스25와 달리 방사형 구획을 나누는 칸막이가 중앙까지 연결되지 않도록 설계했다. 그 결과, 중심 공간은 모든 개체가 공유하는 '공동 구역'이 되었으며, 개체가 둥지에서 멀리 이동할수록 더 많은 사회적 상호작용의 기회가 생기도록 했다.

그는 이번 실험에서도 개체군이 최적 밀도의 약 8배에 도달하면 어떤 개체도 더 이상 번식하지 않을 것이며, 개체군은 서서히 노화하며 마지막 개체가 사망할 때까지 자연 도태가 진행되어 결국 멸종에 이를 것으로 예측했다.

그렇다면 같은 실험을 다시 수행하는 이유는 무엇일

유니버스33의 세부도.

까? 그가 유니버스33을 설계한 목적은 반복하기 위해서가 아니었다. 유니버스25 실험에서 URBS 연구팀은 예상보다 훨씬 이른 시기에 번식이 중단된 탓에, 개체군이 무성적인 집단으로 전환되는 초기 과정을 제대로 관찰하지 못했다. 이번 실험에서는 구획 내부에 더 많은 칸막이를 배치하여 더 다양하게 개체군 하위 그룹이 형성되도록 유도했다. 이를 통해, 칼훈은 사회적 구조가 붕괴하는 속도를 늦추고, 행동적 복잡성이 사라지는 과정을 정밀하게 추적하려 했다.

그가 '궁극적 병리*The Ultimate Pathology*'라고 명명한 것, 즉 개체 수의 감소만이 아니라 사회적 상호작용의 완전한 소멸이야말로 생태적 붕괴의 핵심이라는 가설을 확인하고 싶었다.

유니버스34, 35

칼훈은 과밀 환경에서 장기간 스트레스가 가해지면 변연계가 과부하되고, 신피질의 기능이 약화된다고 보았다. 그 결과, 개체들은 두 가지 극단적인 행동 패턴을 보였다. 하나는 폭력적이고 무절제한 행동이 증가하면서 사회 구조가 무너지는 형태였다. 다른 하나는 사회적 상호작용을 완전히 거부하며, 성적 활동도 하지 않는 무성적인 존재로 변하는 것이었다.

하지만 인간은 단순한 물리적 공간의 한계를 극복하는 방법을 찾아냈다. 개념적 공간을 확장함으로써 높은 사회적 밀도에서도 복잡한 사회 구조를 유지할 수 있었다.

그렇다면 쥐들도 같은 방식으로 과밀 환경에서 협력을 배울 수 있을까? 이번 사고 실험은 바로 그 질문에 대한 답을 찾기 위한 것이었다.

칼훈은 생쥐보다 인지 능력이 뛰어나고 더 복잡한 행동을 수행할 가능성이 높은 쥐를 대상으로 실험을 구상했다. 실험실 흰쥐와 야생에서 포획한 갈색 쥐를 교배하여 하이브리드 개체군을 만들고자 했다. 그는 야생 쥐들이 실험실 쥐보다 더 영리하고 순종적이지 않다는 사실을 리히터의 연구와 타우슨 실험에서 확인한 바 있었다. 실제로 심리학계에서도 실험실에서 수십 세대에 걸쳐 번식된 흰쥐는 퇴화되고 지적 능력이 떨어진다는 비판이 나오고 있었다.

하지만 현실적인 이유로 인해 순수 야생 개체군이 실험에 사용되지 않는다. 야생 쥐를 대상으로 실험을 진행하는 것은 실험실 쥐보다 5~10배 더 많은 노력과 비용이 필요했다. 결국 그는 야생성과 지능을 어느 정도 유지하면서도 실험이 가능한 '적당히 똑똑한' 실험용 쥐를 만들어야 했다. 이 과정에서 그는 순수한 야생 쥐를 더 영리하게 만든 것이 아니라, 실험실 쥐보다 약간 더 똑똑한 하이브리드 쥐를 만들어냈다.

쥐의 개념적 발달을 평가하기 위해 칼훈은 '사회적 속

도'라는 개념을 도입했다. 그는 쥐의 사회적 상호작용 빈도를 측정하여 두 가지 유형으로 분류했다. 사회성이 높고, 서열이 우위에 있으며, 번식 성공률이 높은 개체와 사회적 교류가 적고, 서열이 낮으며, 번식 가능성이 낮은 개체로 나누었다. 하지만 칼훈이 진정으로 주목한 것은 후자의 개체들이었다. 그는 이들이 단순히 사회성이 결핍된 것이 아니라, 오히려 더 창의적이고 새로운 행동 패턴을 개발할 가능성이 높다고 보았다.

이를 실험하기 위해 칼훈은 '속도 실험장'이라는 독특한 구조를 설계했다. 기존의 우리와는 전혀 다른 형태였다. 과거 바 하버 연구소에서 실내 공간이 부족했을 때 '수직 아파트'를 만든 적이 있었는데, 이를 더 크고 복잡한 구조로 확장했다.

그가 설계한 공간은 높이 3.7미터에 이르는 직사각형 구조였다. 벽면에는 세 개의 수직 경사로가 설치되어 있었으며, 내부에는 여러 개의 단이 있는 구조였다. 이 경사로들은 벽을 따라 3개 층으로 나뉜 발코니로 연결되었으며, 각 층의 발코니는 둥지 공간으로 이어지도록 설계되었다. 전체 공간은 두 개의 2.7미터 정사각형 구조로 나누어졌다.

그의 설계 도면을 보면, 마치 모더니즘의 콘크리트 아파트 단지를 연상시켰다. 각 층의 발코니들은 깊은 중앙

안뜰을 바라보는 형태로 배치되었으며, 칼훈은 이런 실험장을 2개 건설할 계획이었다. 그는 이 동일한 구조물을 각각 유니버스34와 유니버스35로 명명했다.

각 구획, 발코니, 계단, 먹이 공간, 음수 공간 사이에는 전자 출입구를 구상했다. 쥐 복부에는 금속 코일이 내장된 작은 유리 캡슐을 이식하여, 쥐가 구획 사이를 이동할 때마다 전자기장이 이를 감지해 컴퓨터가 24시간 개별 개체의 움직임을 기록하도록 설계되었다.

칼훈은 감시 시스템 같은 느낌이 들지 몰라도, 그의 목적은 전적으로 긍정적인 것이라고 강조했다. 그가 말하는 '긍정적인' 활용이란, 쥐들에게 협력적인 사회적 역할을 학습시키는 것이었다. 실험이 진행되면서 개체군이 증가하면, 한쪽 실험군에는 아무런 개입도 하지 않고 자연스럽게 환경에 적응하도록 두었다. 이것이 통제군인 유니버스34였다. 반면, 다른 실험군인 유니버스35에는 특정 과제를 제공할 계획이었다. 그리고 개체 수가 2배로 증가할 때마다 새로운 과제가 도입될 것이었다.

유니버스35에서는 한 쥐가 물을 마시려면 반드시 다른 쥐가 장치 안에 함께 있어야 하도록 설계했다. 쥐는 레버를 눌러 물을 얻을 수 있으며, 한 마리가 자리를 떠나면 2개의 레버가 모두 잠겨버린다. 이를 통해 쥐들은 서로의 존재가 필수적이라는 개념을 학습했다. 이는 곧 쥐들을 대상으로 한 사회공학 실험이었다.

칼훈은 이러한 환경에서 쥐들이 협력적 행동을 학습하면, 결국 이타성이라는 개념을 습득할 것이라 기대했다. 그는 이 실험을 '문화 유도적 환경'이라 명명하며, 이를 통해 개체군이 더 안정적인 사회를 형성하고, 높은 밀도에서도 적응력을 유지할 수 있을 것이라 판단했다.

또한 '부족 소속감'을 형성하도록 유도했다. 실험 공간의 좌우를 서로 다른 색으로 칠해 낮과 밤을 구분하도록 했다. 쥐는 본래 야행성이라 어두운 공간을 선호한다. 그는 사회적 속도가 높은 개체는 어두운 방에서, 반대로 낮은 속도의 내향적 개체는 밝은 공간에서 머물 가능성이 높을 것으로 예측하고, 이를 통해 사회적 계층이 나뉘도록 유도할 계획이었다.

이러한 실험이 성공하면, 유니버스25에서 관찰되었던 '사회적 실업' 상태가 완화될 것이라 보았다. 즉, 유니버스35에서는 모든 개체가 각자의 역할을 가지게 되고, 이를 통해 사회적 기능을 효과적으로 유지할 수 있을 것이라 판단했다. 그는 유니버스35에서 길러진 '문화적 쥐'들이 더 크고 복잡한 의사소통 네트워크를 형성하고, 유니버스34의 개체들보다 훨씬 높은 밀도를 견딜 수 있을 것이라 확신했다.

그는 UN 인구활동기금의 학술지에 기고한 글에서, 인간이 문화를 발전시켜왔듯이 연구자들도 쥐에게 문화를 제공할 수 있다고 설명했다. 〈볼티모어 선〉과의 인터뷰에서는 더욱 대담한 주장을 펼치며, 실험이 성공한다면 쥐의 개념적 발달이 고등 영장류 수준에 도달할 수도 있을 것이라 말했다.

그가 목표로 한 것은 행동 적응을 넘어, 행동의 붕괴를 완화하여 인구 소멸 단계를 극복하는 쥐를 만드는 것이었다. 이 실험의 전제는 대단히 야심차며, 기술적으로도 상당한 도전을 요구했다. 컴퓨터 기반 모니터링 시스템이 마련되어 있긴 했지만, 지금까지 진행한 그 어떤 실험보다 연구자의 개입이 더욱 적극적으로 이루어져야 했다.

표면적으로 보면 이 실험 환경은 고층 건물처럼 보였다. 하지만 내부 설계에는 더 깊은 의도가 담겨 있었다. 칼훈은 실험 공간의 다양한 방과 구획이 연결되도록 도면을 제작하면서, 좌우 대칭 구조를 이루며 일부 공간이 서로 연결되도록 했다. 실험 공간은 층별로 기능이 분화되었다. 가장 하층에는 생존을 위한 필수 요소인 먹이와 물이 배치되었고, 중간층에는 일반적인 사회적 활동을 위한 공간이 마련되었다. 그리고 최상층에는 복잡한 과제를 수행할 수 있는 공간이 있었다.

칼훈은 이런 설계를 통해 실험 공간 자체를 매클레인의 삼위일체 뇌 이론을 물리적으로 구현하는 모델로 만들었다. 하층은 생명 유지에 필수적인 기본적인 기능을 담당하는 변연계 구조를, 중간층은 사회적 상호작용과 감정 조절을 담당하는 영역을, 최상층은 논리적 사고와 복잡한 문제 해결이 이루어지는 신피질을 상징하도록 설계한 것이다.

확장된 두뇌

칼훈이 설계한 실험 환경은 얼핏 보면 고층 주택과 유사하고, 사회공학과 감시 체계가 적용된 것처럼 보였다. 그러나 그는 유니버스35 같은 환경을 인간 사회에 그대로 적용하자고 주장하려는 게 아니었다. 이 모델은 쥐를 위한 것이며, 그들의 특정한 행동 특성과 필요에 맞춰 설계된 것이었다. 대신, 그는 다음과 같은 질문을 던졌다. "그렇다면 인간의 개념적 역량을 확장할 수 있는 시스템을 구축한다면, 어떤 모습일까?"

그가 구상한 세 번째 프로젝트는 기존의 실험과는 달랐다. 물리적인 실험 공간을 만들지는 않았지만, 그것이 가진 실험적 성격은 여전히 강렬했다. 그가 연구한 모든 설치류 실험에서 핵심적인 요소는 바로 의사소통이었다. 그는 쥐 사회를 개체 간 정보를 교환하는 네트워크로 바라보았으며, 어떤 개체군은 이 네트워크를 성공적으로 유지한 반면, 어떤 개체군은 그렇지 못했다. 유니버스25에서는 사회가 붕괴하면서 개체들이 '자폐적' 특성을 보였고, 결국 사회적 의사소통이 단절되었다. 그들은 더 이상 울음소리를 내지 않았고, 이는 사회적 밀도를 견딜 수 있는 능력을 잃어버린 동시에, 결국 멸종에 이르렀던 것이다.

그는 연구실에서 가져온 엄청난 양의 자료에 둘러싸인 채 안식년의 몇 달을 보냈다. 산더미처럼 쌓인 책, 논문, 연구 기록에서 미처 완성하지 못한 연구들, 활용되지 못한 데이터들을 마주했다. 전 세계에서 그와 비슷한 문제를 겪고 있는 연구자가 얼마나 많을까? 과학적 발견들은 기존의 논문, 단행본, 학술지, 학회 발표 자료에 묻혀 있으며, 중요한 연구 결과가 무시되거나 제대로 평가받지 못한 채 수십 년 뒤에야 다시 재발견되곤 했다. 인구가 증가하고 정보가 기하급수적으로 쌓이는 상황에서 지식에 접근하는 문제는 더욱 심각해질 것이고, 이에 대한 해결책은 더욱 시급해질 것이다.

그는 연구자들 사이에서 정보 교류를 원활하게 만들

새로운 형태의 지식 네트워크를 구축해야 한다고 보았다. 따라서 세 번째 프로젝트는 인간의 개념적 공간을 확장하기 위한 새로운 지식 전달 체계를 설계하는 것이었다. 그는 이를 "보조 뇌prosthetic brain의 개발을 위한 정면 돌파"라고 표현했다.

돌이켜보면, '소통 시스템'이라는 개념은 그의 연구 전반에 걸쳐 존재해왔다. 타우슨 실험에서는 쥐들이 어떻게 군집을 형성하고 분포하는지 결정하는 것이 핵심 요인이었다. 메인주의 숲에서는 밭쥐와 땃쥐가 서로 겹치지 않고 서식지를 나누는 메커니즘이었다. 북미 소형 포유류 개체수 조사를 조직할 때도, 그는 광범위한 설치류 생태학자 네트워크를 구축하여 데이터를 수집했다. 또한 '우주 비행을 꿈꾸는 사람들'이라는 전문가 그룹을 운영하며 다양한 기관과 학문 분야에 속한 12명의 연구자들이 해마다 2번씩 데이터를 공유하고, 연구 방법론과 기술, 아이디어를 교환하도록 했다.

1960년대 중반부터 그는 환경, 인구, 정신건강에 관한 학술 논문에서 3,000개 이상의 발췌문을 수집했다. 하지만 방대한 양의 자료를 한곳에 모아놓는 것만으로는 정보 접근성이 개선되지 않았다. 그는 정보 검색이 제대로 이루어지려면 색인 작업이 필요하다는 사실을 깨달았다. 이에 따라 관련된 키워드를 연결하는 방식으로 자료를 정리하기 시작했고, 서로 다른 연구들 간의 개념적 연관성을 찾았다.

그가 구축한 것은 일종의 '개념적 연결망'이었다. 이는 과학을 바라보는 새로운 접근 방식이었으며, 연구자의 관점이 아니라 사서를 통해 과학을 조직하는 방식이었다.

그러나 개념을 적절한 수준에서 분류하는 작업은 생각보다 훨씬 까다로웠다. 하나의 발췌문에서도 최소 2개, 많게는 5개의 서로 다른 용어가 같은 의미를 지녔다. 게다가 같은 개념을 다루면서도 저자마다 전혀 다른 단어를 사용했다. 따라서 그가 구축하려는 '연구자 중심 용어 색인*author's-own-term index*'이 유용한 도구가 되려면, 비슷한 개념을 나타내는 다양한 용어를 하나의 보편적 개념으로 묶어낼 수 있는 체계가 필요했다.

그가 구축하는 개념적 색인은 점차 기존 학문 분야에서 벗어나 근본적이고 추상적인 개념으로 이동하기 시작했다. 심리학, 생물의학, 물리학 같은 전통적인 학문적 구분이 아니라, 폭력, 전통, 창의성 같은 원초적인 개념이 중심이 되었다. 그리고 이러한 개념은 대립적인 축을 형성하기 시작했다. 공격성과 연민, 희망과 비관이 서로 반대되는 위치에 놓쳤다. 하지만 이분법적 구성으로는 개념 간의 연관성을 설명하기엔 부족했다.

그는 개념을 연결하는 방식을 고민했다. 격자 구조를 시도해보고, 계층적 트리 구조도 실험했지만, 어느 것도 충분한 벡터를 제공하지 못했다. 결국 그는 자신의 실험에서 반복적으로 등장했던 방사형 구조를 떠올렸다. 허페이커의 오렌지 표면처럼, 혹은 유니버스 실험에서 사용했던 방사형 우리처럼, 중심에서 바깥으로 뻗어가는 방식으로 개념들을 배열하기 시작했다.

메인주 숲속에서 서로 겹쳐진 다양한 종의 서식지를 지도화했을 때, 그는 이 공간을 서로 맞물린 육각형 타일 패턴으로 표현한 적이 있었다. 이슬람식 모자이크 타일처럼, 개념 역시 정형화된 방식으로 연결될 수 있지 않을까? 그는 예전 연구에서 분홍등 들쥐와 땃쥐가 같은 공간이지만 다른 깊이에서 서식했던 사례를 떠올렸다.

그러던 중, 1964년 랜드RAND 연구소에서 발표한 보고서를 읽었다. 이 보고서는 거주 가능한 행성을 찾는 확률을 다루었고, 그 가능성 있는 후보지를 공간 내 등거리로 배치하는 방식을 사용하고 있었다. 그는 이 아이디어에 영감을 받아, 개념 지도를 평면에서 입체 구조로 변환해보기로 했다.

먼저 방사형 다이어그램의 삼각형 조각들이 공간상에

이어 붙여서 정20면체 *icosahedron*를 만들어보았다. 정20면체는 20개의 면과 12개의 꼭짓점을 가졌다. 각 꼭지점은 5개의 면과 만난다. 그는 각 개념을 꼭지점에 배치시키고, 유의성 높은 개념을 변을 통해 연결하도록 배치시켰다. 이를 통해 개념 지도를 3차원으로 그려나갔다.

더 이상 쥐의 세계가 아니라 '개념의 세계'에 관한 프로젝트였다. 그가 구상한 것은 '전자통신 네트워크' 수준에는 미치지 못했지만, 가까운 미래에 반드시 필요해질 지식 조직 체계를 미리 설계하는 시도였다. 궁극적으로 정보 교환을 최대한 효율적으로 만들기 위한 모델을 구축하는 것이 목적이었다.

칼훈은 가까운 미래에 닥칠 위기를 예상하며, 그 위기에서 전문가들이 신속하게 정보를 공유할 수 있는 네트워크를 구축하려 했다. 그는 이를 '글로벌 경보 시스템 *Global Alerting System*'이라고 불렀다. 하지만 이 아이디어는 기존 연구와 달리, 그가 속한 학계에서도 쉽게 받아들여지지 않았다. 따라서 그는 유니버스33을 이 개념을 홍보하기 위한 장치로 설계했다. 그리고 1975년 6월에 안식년이 끝나갈 무렵, 그는 세 가지 프로젝트를 연구 계획으로 제출하며 정년까지 진행할 연구 과제로 제안했다.

프로젝트는 크게 3단계로 이루어졌다. 첫 번째 프로

젝트인 유니버스33은 팔각형 구조의 새로운 실험 공간으로, 과밀 환경에서 대뇌피질인 '세 번째 뇌'가 무너지고, 개체들의 복잡한 행동이 점차 사라지는 과정을 재현하는 것이 목표였다. 두 번째 프로젝트는 유니버스34 및 35로, '문화 유도 실험'을 통해 쥐들이 인지적 확장을 이루도록 유도함으로써, 높은 개체 밀도를 견딜 수 있는 방법을 탐구하는 것이었다. 마지막 프로젝트는 설치류가 아니라 인간을 대상으로 한 실험이었다. 이 프로젝트는 정보 조직 체계인 '네 번째 뇌'를 정교하게 설계하여 글로벌 커뮤니케이션을 극대화하는 방법을 탐색하는 연구였다.

그의 연구 초점은 더 이상 과밀 환경에서 나타나는 병리학적 문제를 진단하는 것이 아니었다. 인구 증가는 피할 수 없는 현실이며, 이 자체를 억제하는 것은 해결책이 될 수 없다고 보았다. 중요한 것은, 어떻게 이 밀도를 감당하며 살아갈 것인가 하는 문제였다. 그는 기존의 인구 통제 방식, 즉 강제적인 불임 시술이나 경제적 제재를 통한 출산율 감소를 대안으로 보지 않았다. 대신, 전혀 다른 해결책을 모색했다. 그것은 '랫 시티'가 아니라, 현대 도시에서 점점 밀집해 살아가는 인간들이 이 환경을 효과적으로 받아들이고 적응할 수 있는 전략이었다.

그는 정보를 처리하는 기계의 진화와 상호 연결성을

촉진함으로써 인간의 환경 적응력을 확장할 수 있을 것이라 생각했다.

> "이 기계들은 점차 스스로의 삶을 가질 것이다. 그것은 곧 우리의 삶을 확장하는 것이며, 우리가 이 땅의 모든 저차원 인지 생명체들에게 더 나은 환경을 제공해야 하듯, 그 기계들 또한 인간의 사고를 보완하는 방향으로 발전할 것이다. 아주 먼 미래, 어쩌면 10만 년 후, 이 정보 처리 기계들의 가치는 결국 일정한 수준에 도달할지도 모른다. 하지만 지금 당장은, 우리의 '부속 기관'이 되어버린 이 기계들이 또 다른 '진화적 한계'에 갇혀버릴 순간을 걱정할 겨를이 없다."

어느 순간부터 그는 그가 구축한 유니버스들의 공통점을 인식하기 시작했다. 그리고 이제는 그 관계가 일방적인 것이 아니라, 서로 영향을 주고받음을 깨달았다. 우리가 살아가는 이 세상 역시 거대한 '셀들의 우주'였다. 그는 이렇게 자문했다.

> "우리도 결국, 서로 연결된 작은 방들로 이루어진 닫힌 세계 속에서 살아간다. 우리는 아파트나 주택 단지라는 셀에

살고, 직장에서는 사무실 건물이라는 또 다른 셀에서 일한다. 도로와 복도, 문은 이 셀들을 연결하는 통로 역할을 한다. 마트나 레스토랑도 마찬가지다. 모든 공간이 서로 비슷한 방식으로 연결된 구조 속에서 이동하며 살아간다. 친분을 쌓는 과정도 이러한 환경적 연결성과 밀접하게 연관되어 있다. 이웃끼리 얼마나 자주 마주치는가? 어느 공간에서 얼마나 오랫동안 함께 머무르는가? 이 모든 것이 우리가 형성하는 관계의 형태를 결정지을 것이다. 공간과 환경에 의해 변화하는 인간의 행동이 과연 쥐의 반응보다 더 지능적이라고 할 수 있을까?"

20장 시스템 오류

경보 시스템

칼훈이 몸담았던 NIMH는 해리 트루먼 대통령 시절인 1949년, NIH 산하 연구소로 설립되었다. 이후 지속적으로 성장하여 한때는 전체 NIH 예산의 20%를 차지할 정도로 영향력을 확대했다. 그러다 린든 존슨 대통령 시기인 1967년, 공중위생국 내에서 하나의 부서로 독립하며 NIH와 동등한 지위를 누렸다. 그러나 1974년, 리처드 닉슨 대통령 행정부에서는 NIMH를 알코올·약물남용·정신건강청 *Alcohol, Drug Abuse, and Mental Health Administration*,

ADAMHA 산하로 편입시키며 사실상 강등시켰다. 이 과정에서 NIMH의 연구 방향도 바뀌었다. 정신건강 전반을 다루던 기존의 포괄적 접근 대신, 약물 및 알코올 남용 문제 해결에 집중하는 방향으로 정책이 전환되었다.

특히, 기초 연구 예산이 대폭 삭감되면서 NIMH는 점차 임상 치료 센터 중심으로 운영되었고, 이에 따라 기초 신경생리학부터 행동 및 심리 연구까지 다층적으로 정신건강을 탐구하던 NIMH 소속 신경과학자들과 인지과학자들 사이에서 강한 반발이 일어났다.

안식년을 마치고 돌아온 칼훈은 변화하는 연구 환경을 인지하고, 곧바로 상급자들을 설득하려 했다. 그는 두 가지 논리를 내세웠다. 첫째, 미래 사회가 나아갈 방향과 그 본질을 탐색하기 위해 과학과 철학적 전문성을 적극적으로 활용해야 한다는 것이다. 둘째, 이러한 변화에 대중과 정책 결정 기관이 적절히 대응할 수 있도록 NIMH가 가치 재정립을 주도해야 한다는 점이었다.

사실 칼훈은 이미 10여 년 전부터 이와 같은 시스템이 필요하다고 생각하고 있었다. 하지만 이를 본격적으로 추진하지는 않았다. 그러나 이제 그는 NIMH와 자신의 연구 인생 모두 중요한 전환점을 맞이했다고 느꼈다. 게다가 그의 연구에 대해 대중적 관심이 높아지면서, 더 이상

미룰 수 없다고 판단했다.

우선 그는 당시 소장이었던 버트램 브라운_Bertram Brown_을 직접 찾아가 '경보 시스템_Alerting System_'을 NIMH 내부적으로라도 시범 운영해보자고 제안했다. 그가 구상한 경보 시스템은 각 지역에 분포한 과학자 및 전문가를 연결하는 글로벌 네트워크였다. 이 개념의 원형은 그가 델과 함께 설립한 연구회에서 비롯된 것이었다.

그는 대외적으로도 나섰다. 저명한 과학자, 정치인, 정책 입안자에게 편지를 보내 이 시스템의 필요성을 강조했고, 그중에는 닉슨 대통령에게 보낸 서한도 있었다. 서한에서 그는 대통령이 직접 풀스빌 연구소를 방문해 인류의 미래에 대해 논의할 것을 정중히 요청했다. 그는 세계가 '메가크리시스_Megacrisis_', 즉 인구 폭증으로 인한 거대한 위기에 직면해 있으며, 이제 문명은 '멸망', '단순 생존' 혹은 '과거의 성취를 뛰어넘는 비전' 중 하나를 선택할 중요한 갈림길에 서 있다고 경고했다. 편지의 마지막에는 다음과 같은 문장이 덧붙여 있었다. "풀스빌 연구소에는 대통령님을 위한 헬기 착륙 공간도 마련되어 있습니다."

관료주의적 압박

칼훈이 NIMH에 합류했던 초창기에는 창의적인 연구와 새로운 사고방식이 비교적 자유롭게 허용되었다. 딜과 점심을 먹으며 연구회를 구상했고, 이는 이후 10년간 지속된 연구회의 기반이 되었다. 그러나 ADAMHA 산하 기관으로 편입되면서 연구소의 방향은 급격히 변화했다. 정부는 국민의 세금이 투입되는 연구에 대해 즉각적인 실용성과 성과를 요구하기 시작했다. 모든 연구는 가시적 성과 중심으로 평가되었으며, 이러한 환경에서 칼훈은 조직과 부딪힐 수밖에 없었다.

그는 원래 전통적인 연구소 운영 방식과는 거리를 두고 있었다. 그의 연구소에서는 직위 체계가 없었고, 연구팀은 공동체처럼 운영되었다. 그는 연구원들과 같은 공간에서 생활하며 실험을 직접 수행했다. 한 기자는 연구소를 방문한 후, "연구 책임자가 실험복을 입고 거대한 쥐 우리 한가운데서 가장 힘든 작업을 하고 있는 모습이 놀라웠다"라고 회상하기도 했다. 하지만 실상은 그 일을 할 사람이 없어서 직접 나선 것뿐이었다.

정부 기관의 특성상 연구비 확보는 더욱 어려운 문제가 되었다. 기업이나 재단을 통한 수탁 과제 수행이 쉽지 않았고, 개인 후원자의 기부 역시 규정과 절차에 막혀 좌절되기 일쑤였다. 한때 휴스턴의 메닐재단Menil Foundation이 6년 동안 매년 10만 달러를 기부하겠다고 약속했으나, 복잡한 규제와 행정 절차로 인해 결국 무산되었다. ADAMHA-NIMH의 새로운 운영진은 연구 지원을 계속하겠다고 했지만, 칼훈이 요청했던 연구 인력 15명은 대규모로 축소되었고 연구 성과 보고 역시 지나치게 자주 요구했다.

결국 연구팀은 급격히 축소되었다. 1976년에는 연구원이 10명으로 줄었고, 1977년 말이 되자 절반으로 감소했다. 남은 인력의 업무량은 폭발적으로 증가했고, 과중한 업무로 인해 병가를 내는 연구원도 늘어났다. 칼훈은 이를 '인력 위기personnel crisis'라고 불렀다. 그러나 그는 연구가 아예 종료될까 봐 걱정했다.

그는 정부 기관 내에서 연구를 지속하는 것이 어렵다고 토로했다. "전통적인 관료주의, 수많은 규칙과 제약 속에서 연구를 진행하는 것은 한계가 있다"라고 불평했다. 하지만 그의 위기는 아직 끝이 아니었다. 상황은 점점 악화되고 있었다.

압박 속에 지속된 진보

안식년 동안 칼훈은 유니버스33, 34, 35의 설계를 구상했고, 연구소로 복귀한 후 URBS 실험동에 새로운 우리를 설치했다. 그의 팔각형 쥐 서식지인 유니버스33은 1976년부터 가동되고 있었으며, 실험은 예상대로 진행되었다. 초기에는 개체들 사이에 폭력과 경쟁이 발생했지만, 점차 사회적 상호작용을 포기하는 단계로 접어들었다. 개체들은 점점 무기력해졌고, 환경에 순응하며 사회적 고립을 선택했다. 처음의 소란스러움은 사라지고 우리 안은 점점 고요해졌다. 결국, 유니버스33에서도 유니버스25에서 나타난 패턴이 반복되었다. 이에 대해 칼훈은 "한번 이 단계에 접어들면 돌이킬 방법이 없다. 결국 이들은 멸종할 수밖에 없다"라고 말했다.

반면, 유니버스34와 35는 개체 위치 인식 시스템 등의 장비 개발이 지연되면서 예상보다 늦게 진행되었다. 본격적인 실험이 시작된 것은 1978년 9월이 되어서였다. 한 달 뒤인 10월 말, NIMH 자문위원회 *Board of Counsellors* 소속 위원들이 연구소를 방문했다. 이날은 가을 햇살이 밝고 쾌청한 날이었다. 오전에는 각 연구 책임자의 발표가 있었고, 오후에는 연구 현장을 직접 둘러보는 일정이 마련되었다.

칼훈은 자문위원들에게 새롭게 개발한 RF 센서 기반의 개체 위치 추적 시스템을 소개했다. 당시 실험 공간에는 16마리의 쥐만 있었지만, 출입구마다 설치된 안테나가 개체의 이동을 정밀하게 기록하고 있었다. 아직 실험이 본격적으로 진행된 것은 아니었지만, 시스템이 정상적으로 작동하고 있음을 보여줄 수 있었다.

그해 NIMH 내부 뉴스레터에는 유니버스35에 처음으로 투입된 개체에 대한 소식이 실렸다. 기사 제목은 '개체 수 과밀을 막기 위해 문화를 창발한 쥐들'이었다. 기사에서 칼훈은 과밀 환경이 종의 가장 복잡한 고등 행동을 점진적으로 붕괴시킨다고 설명했다. 쥐 사회에서는 이러한 고등 행동이 사라지면서 영토성, 특정 장소에 대한 애착, 새끼 양육, 구애 및 짝짓기 같은 사회적 상호작용이 점차 소멸한다.

또한 집단 내에서 협력적 역할 수행을 학습할 수 있는 환경이 조성되면 '사회적 네트워크'를 형성하고, 이를 통해 개체들은 과밀 환경에서도 행동의 붕괴에 효과적으로 저항할 수 있을 것이라고 이론화했다. 이번 실험은 단순한 동물 실험이 아니라, 인간을 포함한 사회적 동물들이 스트레스가 많은 환경에서도 사회 구조와 학습된 문화를 통해 생존과 고등 행동을 유지할 수 있는지를 검증하는 실험이라는 점을 강조했다.

다행히 실험 지속이 승인되었고, 유니버스34와 35는 몇 달이 지나자 뚜렷한 차이를 보이기 시작했다. 유니버스 34, 즉 통제군에서는 개체들 사이의 폭력이 점점 심화되었고, 사회적 분열이 가속화되었다. 우위에 있는 개체들은 출입구를 종이로 막아 서열이 낮은 개체들의 이동을 제한하기 시작했다. 힘이 약한 개체들은 점점 더 소외되었고, 사회적 구조는 폐쇄적으로 변해갔다.

한편, 유니버스35에서는 전혀 다른 양상이 나타났다. 이 우리에 칼훈은 짝을 이뤄야 물이 나오는 물통을 넣어서 상호 협력을 통해 사회적 유대를 유도했다. 이 장치가 개체 간 협력과 번식 행동을 촉진할 것으로 기대했다. 즉, '문화적 환경'을 설계한 것이다. 초반에는 개체들 사이의 갈등이 줄어들었고, 사회적 서열에 따른 배척이 덜했다. 기존 실험에서 반복적으로 관찰되었던 '사회적 붕괴'가 이곳에서는 완화되는 듯 보였다. 그는 보관 중이던 NIMH 뉴스레터 기사 사본에 직접 "이 가설은 증명되었다"라고 메모를 남겼다.

협력이 낳은 슈퍼 쥐, 풀리지 않은 번식의 수수께끼

시간이 지나면서 유니버스35는 예상대로 진행되지 않았다. 협력을 통해 물을 마시는 환경에서도 쥐들이 유대를 형성하지 않거나, 특정 개체가 물을 독점하는 등의 예상치 못한 문제가 발생했다. 칼훈은 결국 실험을 중단할 수밖에 없었고, 이를 '해결 불가능한 오류 glitch, unresolvable'라고 표현했다. 이는 기술적 문제가 아니라, 그가 기대한 사회적 유대 형성이 설계된 '문화적 환경'에서 자연스럽게 이루어지지 않았음을 인정한 셈이기도 했다.

반면 유니버스35에서 지금껏 보지 못한 유형이 나왔다. 칼훈은 이를 전환점이라고 보았다. 이 쥐들은 인간과의 접촉을 피하지 않았다. 오히려 연구자가 공간에 들어왔을 때, 도망가는 대신 연구자를 유심히 쳐다보거나 탐색하는 행동을 보였다. 보통 야생 쥐는 인간을 경계하고, 실험실 쥐는 인간한테 무관심하다. 칼훈은 이들을 '슈퍼 쥐 Super Rats'이라 불렀다. 그가 지난 30년간 관찰해온 쥐들과는 완전히 다른 유형이었다. 아마도 협력을 유도하는 환경이 개체들의 인지와 정서에 영향을 미쳤을 것이다.

이 밖에 예상하지 못한 변화도 있었다. 유니버스35의 개체들은 번식률이 낮아졌다. 초기에는 짝짓기 행동이 관찰되었으나, 시간이 지나면서 번식 빈도가 급격히 줄어들었다. 칼훈은 이 결과가 당혹스러웠다. 사회적 역할 수행이 강조되면서, 개체들이 번식보다는 사회적 안정성을 우선하는 방향으로 진화하고 있는 것일까? 아니면 사회적 협업을 학습하는 과정에서 번식 본능이 억제되는 부작용이 발생한 것일까? 유니버스25에서는 무기력과 사회적 붕괴가 번식을 중단시켰다면, 유니버스35에서는 협력적 행동이 번식률 감소와 연결된다는 점에서 중요한 차이가 있었다. 하지만 실험을 지속할 시간은 없었다.

유니버스35에서 진행된 문화적 학습을 통한 슈퍼 쥐 관찰은 연구비와 인력 삭감 속에 1982년에 종료되었다. 칼훈이 원했던 것보다 훨씬 이른 시점이었다. 그는 최소 4번의 개체 수 증가 과정을 지켜보며, 사회적 속도(사회성)와 연령, 성별이 다양한 개체들이 자연스럽게 어우러지는 '이웃 그룹'이 형성되는 과정을 관찰하고 싶었다. 그러나 실험이 계획보다 늦게 시작되었기 때문에, 단 한 번의 개체 증가, 즉 20마리에서 40마리로 늘어나는 과정까지만 실험을 진행할 수 있었다.

이때는 몰랐지만, 이것이 그의 마지막 쥐 실험이었다.

전문 지식의 연결망

칼훈은 연구 방향을 전환했다. 이제 그의 초점은 세 번째 프로젝트인 '글로벌 경보 시스템'의 구축이었다. 이를 실현하기 위해, 그는 전 세계 연구자들의 핵심적인 사상을 모아 하나의 책으로 엮는 작업을 시작했다. 책의 가제는 '적응, 환경 그리고 인구에 대한 전망*Perspectives on Adaptation, Environment, and Population*'이었다.

그는 162명의 과학자들에게 1,800단어 이내로 견해를 압축해 보내달라고 요청했고, 직접 검토와 편집을 거쳐 핵심 개념을 추출해 색인을 만들었다. 그는 이 작업을 연구 인생에서 가장 중요한 프로젝트라고 확신했다. 칼훈의 경보 시스템은 과학자들이 효과적으로 정보를 교환할 수 있는 새로운 네트워크였다. 인구 증가와 사회 붕괴가 가속화되는 시대에, 기존의 학술지와 학술회의만으로는 지식이 제대로 공유되지 않을 것이라고 보았기 때문이다.

칼훈의 구상이 완전히 새로운 것은 아니었다. 1930년대 후반, 《타임머신》의 작가인 허버트 조지 웰스*Herbert George Wells*는 '월드 브레인*World Brain*'이라는 개념을 제시했다. 인류가 획득한 모든 지식을 종합적으로 정리하고 누구나 접근할 수 있도록 하는 글로벌 지식 저장소였다. 웰스는 이를 통해 국가 간에 불필요한 갈등을 줄이고 사회적 진보를 촉진할 수 있다고 주장했다. 그는 이 개념을 단순한 이상론이 아니라 실현 가능한 계획으로 보았다.

당시 유럽은 제2차 세계대전을 앞둔 상황이었고, 웰스는 '월드 브레인'을 통한 지식의 교류가 전쟁을 막을 수 있을 것으로 믿었다. 그의 최종 목표는 인류 전체를 하나의 개념적 네트워크로 연결하는 것이었다. 그것은 신경망처럼 전 세계에 퍼진 '정신 통제 시스템 *mental control system*'으로 기능할 것이었다. 그는 이를 "특수한 인간생태학 *human ecology*의 한 분야"라고 설명했으며, 이는 "일반생태학의 갈래이자 생물과학이라는 거대한 학문군의 일부"라고 보았다. 웰스에게 인간의 사고 과정은 인간생물학의 연장이었으며, 지식은 자연스러운 생태 시스템이었다.

또한 1940년대 중반에는 과학행정가이자 맨해튼 프로젝트 초기 단계를 총괄한 버니바 부시 *Vannevar Bush* 역시 유사한 개념을 제시했다. 그는 세계의 지식 총량이 이미 개인이 감당할 수 있는 범위를 초과했다고 판단했다. 학문 분야가 점점 더 세분화되고 단절되면서, 서로 다른 분야 간의 유의미한 연결이 사라지고 있다고 우려했다. 따라서 즉각적으로 접근할 수 있는 외부 기억 저장소가 필요했다.

부시는 이를 '메멕스 *Memex*'라고 명명했다. 웰스의 '월드 브레인'이 백과사전식이라면, 부시는 정보가 사전식 배열이 아니라 다차원적으로 연결된 저장소에 보관되어야 한다고 주장했다. 그는 마이크로필름을 활용한 기계 장치를 제안했다. 이 장치의 작동 방식은 후대에 월드와이드웹 WWW의 전신으로 평가받는다.

1960년대에 발명가이자 건축가인 버크민스터 풀러 Buckminster Fuller는 멘사 2대 회장이며 본인이 고안하지 않은 지오데식 돔geodesic dome의 미국 특허를 확보하며 이를 브랜드 정체성으로 삼았는데, 이를 건축물을 넘어 일종의 세계관으로 포장했다. '버키볼Buckyball', '다이맥시온Dymaxion'이나 '시너지틱스Synergetics' 같은 우주 시대적인 신조어도 만들어냈다.

그가 제안한 수많은 구상 중 하나는 '월드 게임World Game'이라는 글로벌 평화 중재 시스템이었다. 이는 놀이가 아니라 게임 이론가들이 정의하는 의미에서의 '게임', 즉 다양한 시나리오 중에서 최적의 것을 결정하기 위한 의사 결정 체계였다. 풀러의 월드 게임은 국제 정치가 국가 간 외교에 의해 좌우되어서는 안 되며, 시민들이 직접 참여하는 완전한 세계민주주의로 운영되어야 한다고 주장했다. 이상적인 미래에는 개별 국가의 이익이 아닌, '우주선 지구Spaceship Earth(인류를 태운 자원이 유한한 우주선에 지구를 비유한 말—옮긴이)'의 전체 인구의 필요에 따라 의사결정이 이루어져야 한다고 구성했다.

이 시기에는 사이버네틱스 cybernetics와 시스템 이론 systems theory이 학문적으로 융합되며, 지식을 생태학적 모델로 조직하고자 하는 움직임이 활발했다. 동시에 마이크로칩 기술이 발전하여, 컴퓨터가 실제로 이러한 이상을 구현할 수 있는 수준에 도달했다. 당시에는 공상과학과 실제 과학의 경계가 모호했다. 그러나 1970년대가 끝날 무렵, 거대 시스템 이론은 점차 인기를 잃어갔다. 사이버네틱스와 시스템 이론이 내세운 장대한 약속들은 실질적인 성과를 내지 못했으며, 부시의 메멕스 같은 사례만이 예외적으로 인정받을 뿐이었다. 한때 혁신적이었던 개념이 이제는 과장된 SF적 공상으로 취급되었다.

따라서 칼훈이 1960년대 후반에 제시한 '보조 뇌'는 당시로서는 참신하기보다는 식상한 개념이었다. 그가 책을 쓰기 시작한 1980년대가 되면서 이러한 이상은 점점 시대에 뒤처진 개념으로 여겨졌고, 결국 '글로벌 경보 시스템'도 시대의 관심에서 멀어졌다.

모의 실험

칼훈의 책은 1983년 말에 출간되었다. 《환경과 인구: 적응의 문제 Environment and Population: Problems of Adaptation》에는 "162명의 기고자가 참여한 실험적 서적"이라는 부제가 있었다. 짙은 녹색 천으로 장정된 이 책은 겉보기엔 특별할 것 없는 학술서처럼 보였다. 그러나 칼훈은 독자들이 이 책을 읽는 방식을 달리해야 한다고 썼고, 이에 대한 안내말을 머리말에 적었다.

"이것은 책이다. 그러나 책이 아니다. 이것은 책장을 자유롭게 넘나들 수 있는 제본된 종이의 묶음이다."

그는 독자들이 키워드를 따라 탐색하도록 책을 구성했다. 그는 안식년 기간 동안 랜드 연구소의 3차원적 확률 네트워크 지도에서 착안한 정20면체 구조의 개념 지도를 기반으로 책을 설계했다. 하나의 개념이 12개의 다른 개념과 연관되는 방식으로 설계하고, 한 꼭지점이 5개의 면과 만나듯이 말이다. 한 꼭지점이 흔들리면 다른 꼭지점도 흔들리듯이 개념 집합 내의 정보는 빠르게 확산된다. 이러한 방식이 발전한 것이 오늘날 정보과학에서의 '하이

퍼텍스트hypertext'인데, 칼훈이 이미 시도했던 것이다.

이러한 기존에도 선형적 읽기를 벗어난 입체적 읽기 책은 존재하긴 했다. 1962년 프랑스에서 출간된 마르크 사포르타Marc Saporta의 《구성 1번Composition No.1》이나, 1969년 영국 작가 B. S. 존슨B. S. Johnson의 《불행한 자들 The Unfortunates》은 책이 묶여 있지 않고 낱장으로 인쇄되어 독자들이 마음대로 읽을 수 있다. 이 책들은 우연성이 의미를 생성한다.

그러나 칼훈의 방식은 체계적이다. 그는 독자들이 그의 책을 읽는 방식을 추적해 인간의 뇌가 개념을 어떻게 연결하는지 시뮬레이션했다. 독자들이 쉽게 다가가도록 그는 42개를 '핵심 단락'으로 강조해두었다. 이는 그와 독자 간의 '사고의 융합'을 꾀하는 것이기도 했다. 그러나 그의 시도에 대한 출판계의 반응은 시들했다. 한 평론가는 이를 조롱하듯 평가했다. "읽다 보면 정말 '융합'이 일어나긴 한다. 하지만 그것은 혼란confusion이라는 이름의 융합이다."

칼훈은 처음부터 이 책의 성공을 목표로 삼진 않았다. 그는 책을 통해 정보가 효율적으로 교환되는 방식을 실험한 것이다. 이는 과밀 사회에서 인간이 효과적으로 정보를 교환하는 데 활용될 수 있을 것이다. 즉, 그가 제시한 글로벌 경보 시스템의 실물 버전이었던 것이다.

그러나 책의 실험적 형식은 과학계에서도 큰 반향을 일으키지 못했다. 〈인간생태학 *Human Ecology*〉에서는 이 시도를 긍정적으로 평가했지만, "새로운 시도를 하는 사람은 언제나 비판받기 쉽다. 하지만 칼훈의 도전은 인정할 만하다. 다만, 다음번에는 몇 가지 수정이 필요할 것이다"라며 슬며시 불만을 표시했다.

안타깝게도, 칼훈은 교정할 기회가 없었다.

쇠약해진 몸, 멈추지 않는 의지

10대 시절부터 굴뚝을 오르며 칼새를 찾던 그는 평생 신체를 단련했다. 그는 늘 쥐 우리가 있는 낮은 공간을 기어 다니거나 좁은 출입구를 오가며 몸을 유연하게 움직였다. 평생 장시간 연구를 했지만, 그의 연구 인력이 삭감되며 더 일해야 했다. 하루에 12시간, 길게는 16시간씩 실험실에 머무는 일이 잦아졌다. 이런 헌신과는 달리, NIMH 원장단과의 관계는 악화되고 있었다. 끊임없이 행정적 감시와 업무 요구가 따랐고, 그를 정신적으로 지치게 했다. 피로는 점차 육체적 증상으로 나타났다. 가슴이 조이는 듯한 통증이 주기적으로 찾아오기 시작했다.

그러나 그는 여전히 활동적이었고, 기본적인 건강은 유지하고 있었다. 매년 성탄절이 다가오면, 그는 집 앞 히말라야삼나무에 직접 크리스마스 전구를 걸었다. 상자 속에는 그가 만들었던 작은 정20면체들도 들어 있었다. 이제는 크리스마스트리 장식이 된 다면체를 바라보며, 그는 연구의 흔적을 되새겼다. 1981년 12월, 64세가 된 그는 어김없이 나무에 전구를 달러 올라갔다. 그러나 그날은 중심을 잃고 6미터 높이에서 미끄러졌다. 나뭇가지에 부딪히며 땅으로 곤두박질쳤지만, 다행히도 심한 타박상을 입는 데 그쳤다. 문제는 몸이 예전처럼 빠르게 회복되지 않았다는 것이었다.

여름이 지나면서 가슴 통증이 심해졌고, 이제는 다리까지 아팠다. 협심증 진단을 받고 니트로글리세린을 처방받았지만, 약물은 효과가 없었고 심한 두통만 유발했다. 1982년 12월 크리스마스를 열흘 앞둔 어느 날, 연구실로 가던 중 차가 고장 났다. 한겨울 영하의 날씨 속에서 그는 외투도 없이 황량한 길가에 홀로 서 있었다. 그는 도움을 청할 곳을 찾기 위해 걷기 시작했지만, 가슴 통증과 극심한 피로로 몇 번이나 멈춰 서야 했다. 차가운 공기가 그의 몸을 더욱 심하게 몰아붙였고, 결국 그는 다시 길을 나설 수밖에 없었다. 그렇게 그는 11킬로미터를 걸어가 겨우 가

정집을 찾아서 도움을 요청할 수 있었다.

이런 일이 있었지만 매해 해온 크리스마스 장식을 포기할 수 없었다. 일주일도 지나지 않아, 아내 에디스의 만류에도 불구하고 그는 다시 전구 상자를 들고 마당으로 나갔다. 삼나무 위로 올라가 전구를 걸던 중, 갑작스러운 가슴 조임이 찾아왔다. 숨이 가빠지고 가슴이 찢어질 듯한 통증이 엄습했다. 나무 꼭대기에서 심장마비가 왔다. 첫 번째 심장마비였다. 그는 이 일을 "나무에서 내려오는 게 어려웠다"라고 건조하게 기록했다.

이후로 그의 몸은 급격히 쇠약해졌다. 1983년 2월, 그는 걷지 못할 지경에 이르렀다. 원래 160센티미터 남짓이던 그는 6킬로그램 이상 체중이 감소하며 더욱 작아 보였다. 결국, 그는 3월에 심장 수술을 받기로 결정했다. 다행히 수술은 성공적이었고, 그는 집으로 돌아왔다. 하지만 회복은 더뎠다. 책을 완성한 후 실험도 할 수 없었던 그는 1983년의 대부분을 재활과 요양으로 보냈다.

연말이 되어 다시 연구소로 복귀했지만, 직접 실험할 수 없는 현실은 그를 낙담하게 만들었다. 연구자의 삶이 서서히 끝을 향해가고 있었다.

21장 생태적 평형

화학적 전환

1957년 10월의 어느 맑은 밤, 펜실베이니아 동부 포코노 산맥 위로 기존의 별자리에는 없던 새로운 빛이 떠올랐다. 새로운 별은 소련이 쏘아 올린 세계 최초의 인공위성 스푸트니크였다. 같은 시각, 제약회사 호프만라로슈 *Hoffmann-La Roche* 연구진은 신약의 인간 대상 임상시험 승인 소식을 듣고 회의장을 나섰다. 그들은 상쾌한 밤공기를 들이마시며, 신약이 가져올 변화를 기대하고 있었다.

신약의 이름은 클로르디아제폭사이드 *chlordiazepoxide*

로, 벤조디아제핀 계열에서 최초로 개발된 약물이었다. 원래 이 화합물은 레오 스턴바크 Leo Sternbach라는 폴란드 출신 유대인 화학자가 1930년대 인공 염료를 연구하던 과정에서 합성한 물질이었다. 그러나 염료로 적합하지 않아 연구 자료로만 남았고, 실험실 선반 위에 먼지를 뒤집어쓴 채 방치되어 있었다. 아무도 이 화합물이 신경과학과 정신의학을 뒤흔들 혁신적인 약물이 되리라고 예상하지 못했다.

20여 년이 지나, 베릴 카펠 Beryl Kappell이라는 호프만라로슈의 동물 실험 연구원이 실험실을 정리하다가 이 샘플을 발견했다. 당시 그는 근육이완제 후보 물질을 찾고 있었고, 클로르디아제폭사이드를 실험해보았다. 그런데 놀라운 결과가 나타났다. 근육 이완 효과뿐만 아니라, 실험 동물에게서 불안과 공격성이 사라지고 평온한 상태가 유지된 것이다. 이 뜻밖의 발견은 불안과 스트레스를 화학적으로 조절할 수 있는 새로운 시대의 서막을 알리는 신호였다.

1960년, 호프만라로슈는 클로르디아제폭사이드를 리브리움 Librium이라는 상품명으로 출시했다. '균형을 회복한다'는 뜻을 가진 이 약물은 최초의 벤조디아제핀 계열 신경안정제로, 이후 더욱 강력한 계열의 신약 개발을 촉진하는 계기가 되었다. 항불안 효과가 입증되면서, 벤조디아제핀 계열 약물은 알코올 금단 증상 치료, 발작 예방, 공황 억제 등에도 탁월한 효과를 보였다. 3년 후, 1963년 다이아제팜diazepam이 개발되었고, 발륨Valium이라는 상품명으로 출시되었다. 이는 리브리움보다 2배 이상 강력한 항불안제였다.

이 시기, 미국 사회는 점점 '화학적 치료'에 익숙해졌다. 1950년대에는 이미 메프로바메이트meprobamate 계열의 진정제가 널리 사용되고 있었다. 밀타운Miltown이나 에쿠아닐Equanil이라는 상품명으로 출시된 이 약물들은 불안을 완화하는 효과가 있었으나, 사실상 수면 진정제에 가까웠다. 반면, 벤조디아제핀 계열의 신약들은 진정 효과를 넘어 정밀하게 신경 안정 효과를 발휘했다.

발륨은 출시 직후 빠르게 시장을 장악했다. 1969년에는 미국에서 가장 많이 처방된 약물이 되었고, 무려 1982년까지 1위를 유지했다. 1978년, 미국에서 처방된 발륨의 총량은 23억 정에 달했다. 미국의 남녀노소 모두에게 10알씩 지급할 수 있는 어마어마한 양이었다.

항불안제의 급속한 확산과 함께, 항정신병제anti-psychotics도 등장했다. 이 계열의 첫 번째 약물인 클로르프로마진chlorpromazine은 1950년 프랑스에서 처음 개발되었으며, 이후 소라진Thorazine이라는 상품명으로 출시되었다. 1950년대 중반이 되자, 이 약물은 전 세계적으로 정신질환 치료에 널리 사용되기 시작했다.

특히 조현병(정신분열증) 환자들에게 투여되었는데, 소라진은 환자들의 폭력적 행동을 현저히 감소시키면서도 기존의 진정제와 달리 깊은 혼수 narcosis 상태를 유발하지 않았다. 그 덕분에, 정신병원의 운영 방식 자체가 바뀌었다. 환자의 격리와 구속이 줄어들었고, 입원 기간도 짧아졌다.

행동을 지우는 약

월터리드센터에서 조 브래디와 함께 연구했던 칼훈은 동료들이 신경안정제를 실험하는 모습을 지켜보았다. 브래디는 과거 제약 연구소에서 신경안정제를 테스트한 경험이 있었으며, 이를 바탕으로 레서핀을 원숭이와 쥐에 투여해서 신경 안정 효과를 실험했다.

원래 레서핀은 심혈관 질환 치료를 목적으로 개발된 약물이었지만, 예상치 못한 행동이 발견되었다. 연구진은 보통 적대적이고 공격적인 성향을 가진 붉은털원숭이 Resus monkey들에게 이 약물을 투여했다. 그러자 놀라운 변화가 일어났다.

"원숭이들은 깨어 있었지만, 매우 순해졌다. 연구원들이 손가락을 원숭이 입에 넣어도 물려는 반응을 보이지 않았다."

칼훈은 당시 약물에 취한 원숭이들의 모습을 보고 묘한 불안감을 느꼈다고 회상했다. 진정 작용이라기보다는 원숭이들의 행동 양식 자체가 변화한 것이다. 원숭이들은 여전히 깨어 있었지만, 생기라고는 찾아볼 수 없었다.

이 약물의 효과는 험프리 오스먼드가 웨이번 정신병원에서 시도했듯 정상인이 환각제를 맞아서 경험한 정신 질환과는 정반대의 것이었다. 오스먼드는 환자들의 주관적인 경험을 재현하려 했던 반면, 신경안정제는 정신 이상 상태 자체를 억제하는 방향으로 작용했다.

당시 칼훈을 비롯한 정신의학자들은 환경 개선을 통해 환자의 증상을 완화하는 방법을 연구하고 있었다. 개인 공간 개념을 기반으로 좌석을 배치하거나, 막을 통해 공간을 분리하는 설계는 환자들의 심리적 안정에 분명 도움이 되었다. 하지만 소라진과 레서핀이 등장하면서, 이런 노력들은 비효율적인 방식으로 보이기 시작했다. 당시 신경안정제를 홍보하는 광고 문구는 약물의 강력한 효과를 강조했다.

병원 시설의 역할도 변화했다. 이제 정신병원은 환자를 가두는 구속 장치나 보호실이 필요 없어졌다. 궁극적으로, 약물의 보급은 정신병원 자체가 필요 없어지는 상황을 초래할 수도 있었다. 그러나 '병원 밖에서의 치료'란 실질적으로 환자들을 사회로 내보내는 것과 다름없었다. 약물로 인해 정신병원의 문턱이 낮아지고 입원 기간이 줄어들었지만, 환자들의 실질적인 사회 적응과 복지가 충분히 고려되었는지는 의문이었다. 이러한 이유로 신경안정제는 "화학적 구속복 *chemical straitjacket*"이라는 별칭이 붙었다.

1970년대 미국에서 약물의 사용은 더욱 확대되며, 정신병원 입원율이 감소했다. 소라진은 조현병 치료뿐 아니라 갱년기 증상 완화, 심지어 아동의 신경성 구토 조절에도 사용되기 시작했다. 약물의 효과가 입증될수록, 정신질환 치료의 패러다임은 근본적인 환경 개선이 아닌 화학적 조절로 기울어졌다.

칼훈은 이미 1957년에 연구진에게 경고한 바 있었다. 약물 치료가 점점 더 손쉬운 해결책으로 자리 잡을 것이며, "다른 건 다 잊고 이 약만 투여하면 된다"라는 식의 접근이 보편화될 것이다. 그러나 그가 보기에, 이는 행동을 차단하는 것일 뿐, 문제의 근본 원인을 해결하는 방식은 아니었다.

약물은 환자들을 통제하기에 충분했지만, 그들이 겪는 사회적 스트레스와 내면의 갈등까지 사라진 것은 아니었다. 그저 반응하지 못하도록 만들었을 뿐이다. 월터리드 센터에서 보았던 레서핀에 취한 원숭이들처럼, 깨어 있어도 더 이상 반항하지 않는 상태가 되었다. 행동은 사라졌지만, 문제는 여전히 남아 있었다.

1970년대 분위기

1970년대가 되면서, 인간의 행동을 환경적 요인으로 설명하려는 접근법은 점차 설득력을 잃어갔다. 초기에는 도시 설계를 개선하면 범죄와 폭력이 줄어들 것이라는 기대가 있었다. 그러나 시간이 지나면서, 이러한 방식이 빈곤과 불평등의 근본적 문제를 외면하는 것이라는 비판이 커졌다. 그 결과, 환경 설계보다는 화학적 치료가 경제적이고 효과적인 해결책으로 자리 잡았다. 신경안정제와 항정신병 약물의 확산은 개인의 행동을 바꾸는 것이 아니라, 그 행동을 나타나지 않게 만들어서 사회적 문제를 해결하는 듯 보였다.

이러한 흐름은 기존의 사회 개혁 운동에도 영향을 미쳤다. 1960년대 후반까지만 해도 연구자들은 인간의 행동이 공간적 환경과 깊이 연결되어 있다고 믿었다. 하지만 1970년대 후반이 되자, 그러한 기대는 점차 현실적인 타협과 냉소로 변해갔다. 정부가 주도했던 지역사회 기반 프로젝트들은 점차 지원이 줄어들었고, 생물학적 모델을 인간 사회에 적용하는 시도는 점점 거부감을 불러일으켰다. 특히, 동물행동학과 사회생물학적 관점을 활용해 인간의 행동을 설명하는 방식은 점점 더 큰 논란을 불러왔다.

1975년, 개미 연구로 유명한 에드워드 윌슨*Edward O. Wilson*은 《사회생물학: 새로운 종합*Sociobiology: The New Synthesis*》을 출간했다. 그는 곤충에서 포유류까지 다양한 동물의 사회적 구조를 진화론적으로 설명한 뒤, 인간 사회에도 이러한 원리가 적용될 수 있다고 주장했다. 그러나 이는 곧 논란을 불러일으켰다. 윌슨의 설명이 인간의 자유 의지를 부정하고, 사회적 불평등을 생물학적으로 정당화하는 것이라는 비판이 제기되었다.

특히, 1969년 심리학자 아서 젠슨*Arthur Robert Jensen*이 발표한 인종과 지능에 관한 논문이 우생학 논쟁을 다시 촉발했던 전례가 있었기에, 인간 행동을 유전적 요인으로 설명하려는 연구들은 더욱 공격을 받았다. 이러한 분위기에서 사회적 행동을 생물학적 원리로 해석하는 방식은 점점 기피되었고, 유전적 결정론이라는 비판 아래 위축되었다.

이러한 분위기 속에서, 도시 문제를 쥐 실험과 연결하려는 시도도 점점 거부감을 불러왔다. 연구자들 사이에서는 "유토피아 실험을 통해 도시를 해석하려는 접근 방식"에 대한 반감이 커졌고, 칼훈의 연구 역시 비판의 대상이 되었다. 그는 도시 환경이 인간 행동에 미치는 영향을 설명하려 했지만, 많은 사람이 그의 연구를 빈민가 주민들을 쥐에 비유하는 것으로 받아들였다.

더욱이, 일부 행정가들은 도시 밀도를 논의하면서 빈곤층이 둥지를 버리고 새끼를 잡아먹는 것처럼 왜곡된 해석을 내놓으며 대중을 선동했다. 엘리트 층에서 "빈민가가 붐비는 이유는 사람들이 너무 많은 아이를 낳기 때문"이라는 말이 나오기도 했다. 결국 칼훈의 연구는 의도와 달리 빈곤층을 비인간화하는 데 이용되었고, 그가 전달하고자 했던 메시지와는 정반대의 결과를 초래하고 말았다.

20세기 초반, 환경 운동가들은 인구 증가를 환경 파괴의 주요 원인으로 보고, 출산율 조절을 환경 보호의 필수적 조치로 여겼다. 그러나 이러한 시각은 특정 계층과 국가를 겨냥한 인종 차별적 요소를 내포하고 있다는 비판을 받았다. 이에 따라, 1970년대에 설립된 그린피스 *Greenpeace*와 프렌즈 오브 더 어스 *Friends of the Earth* 같은 환경 단체들은 공식적으로 인구 통제 정책과 거리를 두었다. 그들은 환경 파괴의 책임을 특정 인구 집단에 전가하는 논리에서 벗어나, 근본적으로 산업 개발과 자원 남용 문제에 집중하는 방향으로 전환했다. 이 과정에서, 과거 환경 운동의 일부 흐름과도 분명히 선을 그었다.

반면, 대중문화에서는 과잉 인구 문제를 소재로 한 디스토피아 소설이 등장했다. 해리 해리슨 Harry Harrison의 《비켜! 비켜! Make Room! Make Room!》(1966), 존 브루너 John Brunner의 《잔지바르에 서서 Stand on Zanzibar》(1968), 토머스 디시 Thomas M. Disch의 《334》(1972) 등은 과잉 인구로 인해 강제 불임 정책이 시행되거나, 사회적 억압이 강화되는 미래를 그렸다. 특히, 해리 해리슨의 소설은 1973년 영화 〈소일런트 그린 Soylent Green〉으로 각색되었는데, 인구 과잉의 해결책으로 인간을 식량으로 활용하는 충격적인 설정을 담았다. 이러한 작품들은 과밀 문제를 현실적 고민이 아닌 극단적인 SF적 경고로 만들어버렸다.

니임의 쥐들

아이러니하게도, 대중들에게 칼훈의 메시지를 가장 효과적으로 전달한 것은 기사나 논평이 아닌 한 편의 동화책이었다.

1969년 어느 날, 〈내셔널 지오그래픽〉 기자였던 로버트 콘리가 풀스빌 실험실을 방문했다. 그는 그날의 경험을 기사로 쓰지는 않았지만, 실험실에서 본 쥐의 모습이 마음에 깊이 새겼다. 2년 후, 그는 로버트 오브라이언 Robert O'Brien이라는 필명으로 동화책 《프리스비 부인과 니임의 쥐들》을 출간했다. 이야기는 평범한 들쥐 가족이 뛰어난 지능을 가진 쥐들의 도움을 받아 위기에서 벗어난다는 내용이었다. 책 속의 '니임NIMH'은 실험실 이름이며, 이곳에서 하얀 실험복을 입은 인간들이 쥐에게 실험을 진행했다. 이 실험의 결과, 니임의 쥐들은 급격한 두뇌 발달을 이루었다. 그들은 책을 읽고 글을 쓰며, 전기를 사용하고 기계의 작동 원리를 이해할 정도로 지능이 향상되었다. 야생에서 살다 연구실에 잡혀온 쥐들이 인간의 실험을 통해 각성하고, 결국 연구실을 탈출해 새로운 문명을 건설한다는 설정이었다.

안타깝게도, 작가는 이 책이 출간된 1973년에 세상을 떠났다. 따라서 그는 칼훈의 유니버스35 실험이나, 칼훈이 '슈퍼 쥐'를 길러내려 했다는 사실조차 알지 못한 채 생을 마감했다. 하지만 칼훈은 이 소설을 읽으며, 니임의 쥐들과 자신의 실험에서 길러낸 쥐들 사이에 유사점이 많다는 사실에 주목했다.

예컨대, 니임의 쥐들을 이끄는 지도자 니코데무스 *Nicodemus* 는 한쪽 눈이 먼 쥐로 등장한다. 칼훈은 과거 실험에서 한쪽 눈이 먼 쥐가 군집 내에서 지배적인 개체가 된 사례를 직접 관찰한 적이 있었다. 또, 소설 속 연구소 직원들이 야생 쥐를 채집하는 장면에서 쥐들이 "파도처럼 몰려다닌다"라는 묘사는 칼훈이 바 하버 숲에서 수행한 쥐 군집 연구에서 발견했던 현상과 매우 유사했다.

더 나아가, 소설에서는 개체 수 밀도가 높아질수록 쥐들이 이상 행동을 보이는 장면이 등장한다.

"인간들은 우리가 서로를 물어뜯으며 난투극을 벌인다고 하지. 나는 그 말을 믿지 않아. 우리 누구도 믿지 않아. 하지만…… 극도로 열악한 도시 빈민가에서 살아온, '정상적이지 않은' 쥐한테는 가능할지도 몰라. …… 그런데, 그것은 인간들에게도 마찬가지야."

밀려나는 과학자

1983년 3월, 칼훈의 사무실로 잘못 배달된 내부 메모 한 통이 도착했다. 발신자는 프레더릭 굿윈 *Frederick*

Goodwin, 수신자는 당시 ADAMHA 국장 윌리엄 마이어였다. 굿윈은 1981년부터 NIMH 소장으로 재직하며 실험 연구를 총괄하는 역할을 맡고 있었고, 칼훈의 직속 상관이기도 했다.

메모의 제목은 "과학 지도자의 평가 기준*Evaluating Scientific Leaders*"이었다. 굿윈은 연구 책임자들은 동료 연구자들의 철저한 검증을 받아야 하며, 끊임없는 추진력과 창의적 에너지를 유지해야 한다고 강조했다. 그러면서 연구자들이 실험실을 비우는 시간이 길어지는 문제를 지적하며, 연구 책임자들의 근무 시간을 엄격하게 관리할 필요가 있다고 적었다. 그리고 이어진 문장은 노골적이었다.

"나이가 들거나 건강이 악화되면 연구자의 에너지는 떨어지고 창의적인 불꽃도 사그라든다. 연구 성과는 줄어들고, 결국 새로운 세대의 젊은 연구자들에게 자리를 내주게 된다. 그런 경우 우리는 연구 책임자의 역할에서 그들을 물러나게 해야 한다. 쉽지는 않지만, 반드시 해야 하는 일이다. 우리는 해왔고, 앞으로도 해나갈 것이다."

이 메모가 작성된 시점은 칼훈이 심장 수술을 앞두고 이 사실을 연구소에 알린 지 불과 이틀 후였다. 그의 이름이 직접 언급되지는 않았지만, 건강 악화, 연구실 부재, 에너지 저하라는 표현이 의미하는 바는 명확했다. 굿윈이 메모를 잘못 보낸 것이 실수였는지, 경고의 의미였는지는 알 수 없었다. 하지만 행정 시스템이 움직이기 시작했다는 것은 분명했다.

칼훈은 한때 혁신적인 연구자로 각광받았지만, 그의 연구 방식은 점점 시대의 흐름에서 밀려나고 있었다. 연구소는 더 이상 생태환경적 요인을 조절해 행동을 변화시키는 연구에 관심을 두지 않았다. 대신 생물학적으로 접근하는 정신의학이 주류가 되었고, 약물 치료를 통한 행동 교정이 정신질환 연구의 중심으로 자리 잡았다.

굿윈의 전문 분야는 양극성 장애 *bipolar disorder*였다. 그는 생물학적 정신의학 *biological psychiatry*에 관심이 많았다. 그해에 그는 국립아동건강발달연구소 *National Institute of Child Health and Human Development, NICHD*와 협력하여 풀스빌에 새로운 영장류 연구센터를 설립하는 협약을 주도했다. 그리고 "특출난 젊은 연구자"라며 스티븐 수오미 *Stephen Suomi*를 센터장으로 임명했다.

수오미는 위스콘신 대학에서 해리 할로 *Harry Harlow*와 함께 연구하며 심리학계에서 논란이 된 실험에 참여했던 인물이었다. 할로의 연구는 사회적 고립 *social isolation*이 영장류의 정신적·정서적 발달에 미치는 영향을 조사하는 것이었으며, 실험 과정은 잔혹했다. 그는 갓 태어난 원숭이들을 어미에게서 분리한 뒤, 차가운 금속 철창에서 키웠다. 그들에게는 접촉할 수 있는 존재라고는 철사로 만들어진 인형뿐이었다. 몇 달 동안 어떠한 신체적 접촉도 없이 자란 새끼 원숭이들은 점점 공격적이고 정서적으로 위축된 모습을 보였다. 어떤 개체는 극심한 스트레스로 자해를 하며 자신의 살을 뜯어내기도 했다. 할로의 연구는 신체적 접촉과 사회적 상호작용, 그리고 모성 돌봄이 정서적 발달에 필수적이라는 점을 실증적으로 보여주었다.

수오미는 이 연구를 확장하여, 고립으로 인해 우울증을 겪는 원숭이들을 신경안정제와 항우울제로 치료하는 실험을 계획하고 있었다. 그의 연구 목표는 고의적으로 '임상적 우울증 clinically depressed' 상태를 유도한 원숭이들에게 신약을 투여해 심리적 회복 가능성을 확인하는 것이었다. 실험 대상이 된 원숭이들은 사회적 상호작용이 차단된 상태에서 길러졌으며, 이후 신경안정제와 항우울제를 처방받았다. 실험에 사용된 약물은 클로르프로마진, 이미프라민 imipramine, 그리고 최근 개발된 세로토닌 조절제인 플루옥세틴 fluoxetine, 프로작 Prozac 등이었다.

수오미 역시 동물 실험을 수행하는 연구자로서 칼훈

의 연구가 설치류 연구에 있어서는 의미가 있다고 인정했다. 그러나 그는 이 연구를 인간 사회에 적용하는 것에 대해서는 회의적이었다. 그는 칼훈이 "시궁쥐의 경우, 개체 밀도가 높아질수록 새끼를 방치하거나 버리거나 심지어 죽이는 사례가 증가한다는 점을 설득력 있게 입증했다"라고 평가했다. 그러나 이 현상이 인간 사회에서도 동일하게 나타날 것이라고 단정하기는 어렵다고 보았다. 그는 "현재까지의 연구를 보면, 인구 밀도와 아동 학대 사이의 상관관계는 명확하지 않다"라고 지적했다.

또한 그는 원숭이가 설치류보다 인간의 연구 모델로 더 적합하다고 주장했다. 단순히 생물학적 근접성 뿐 아니라, 인지 능력, 행동 양식, 사회적 구조 등에서도 인간과 높은 유사성을 보인다. 특히, 수오미는 "원숭이는 어미-새끼 간의 유대와 사회적 관계 형성 과정에서도 인간과 더 비슷하다"라고 강조했다. 이 밖에 원숭이는 쥐와 달리 정서적 고통을 받는 것이 잘 드러나서 연구자가 행동 변화를 평가하기가 쉽다고 보았다. 따라서 신경생리학과 생화학 연구에 더 적합하고, 약물 실험에도 유리하다고 했다.

그는 정신건강 문제를 개인의 신경생물학적 요인으로 규정하며, 생화학적 조절을 통해 해결할 수 있다고 주장했다. 그의 접근법은 1980년대 들어 점점 주목받던 정신약리학psychopharmacology 및 신경과학적 치료법과도 일치했다. 이를 바탕으로 그는 굿윈을 설득해 대규모 연구비를 확보했으며, 이를 등에 업고 1984년 1월, 칼훈의 URBS 실험실은 '영장류 연구 센터Primate Center'로 전환되었다.

굿윈은 이번 변화를 "폴 매클레인이 오래전부터 꿈꿔 왔던 장기 프로젝트의 시작"이라고 자부했다. 그는 "매클레인 박사님의 유산을 계승하기 위해 풀스빌의 훌륭한 연구 시설을 본래 목적에 맞게, 즉 뇌와 행동의 관계를 연구하는 곳으로 활용하는 것"이라며 새로운 연구소 운영 계획을 발표했다.

칼훈은 연구소에서 완전히 밀려났다. 처음에는 풀스빌의 인접 건물로 옮겨졌지만, 얼마 지나지 않아 베세즈다에 있는 별도의 부속 연구 시설로 다시 이동해야 했다. 그의 새로운 사무실은 수십 년간의 연구 데이터로 가득 차 있었다. 특히, 유니버스35에서 수집한 2,500만 개의 쥐 위치 데이터 포인트는 아직 분석조차 되지 않은 상태였다.

본래 은퇴 전까지 칼훈의 계획은 방대한 연구 결과를 정리하고, 그동안의 연구를 집대성한 저서를 집필할 계획이었다. 그러나 연구소 이전과 조직 개편이 시간을 잡아먹었다.

1983년 12월, 로널드 레이건 대통령은 연방 디자인 개선 프로그램Federal Design Improvement Program, FDIP의 목표를 지속적으로 지원할 것을 약속했다. FDIP는 1971년 리처드 닉슨 행정부에서 시작된 프로젝트로, 정부 기관의 로고부터 도로 표지판에 이르기까지 다양한 공공 디자인을 개선하는 것이 목표였다. 레이건은 이 프로그램의 일환으로 4년마다 수여되는 '대통령 디자인상Presidential Design Award'을 신설한다고 발표했다.

그러면서 1984년 10월, 칼훈이 첫 수상자 4명 중 하나로 선정되었다. 그는 '도시 환경 디자인Urban Environmental Design' 부문에서 공로를 인정받았다. 불과 1년 후, 그는 새 상관 데니스 머피Dennis Murphy에게서 연차 평가를 받았는데, '최소 만족minimally satisfactory'이었다.

대통령상을 받았는데도 'D'를 받은 셈이라, 칼훈은 어이가 없었다. 지난 몇 년간 연구 환경이 악화된 가운데에서도 성과를 냈다고 자부하던 그는 다음과 같이 항의했다.

> "지난 한 해 동안 제 연구 성과는 '매우 성공적Highly Successful'이나 '탁월Outstanding'로 평가받을 가치가 있습니다. 또 연구에 방해받지 않아 집필을 마무리할 수 있었더라면 '완전한 성공Fully Successful'도 받을 수 있었을 겁니다."

막을 수 없는 시대적 변화

변화는 이미 진행되고 있었다. 1977년 버트램 브라운이 NIMH 소장에서 해임되기 전까지만 해도 연구소 연구비의 3분의 2가 사회과학 및 심리학 연구자들에게 지원되었다. 하지만 항우울제와 신경안정제 같은 기분 조절 약물mood drugs이 급부상하면서 사회 연구의 비중이 급격히 감소했다. 1982년, 미국 의회는 NIMH 기관고유 과제 중 사회 연구에 대한 지원을 축소하라는 공식 지침을 내렸다. 이제 연구의 초점은 넓은 범주의 정신건강 문제에서 정신 질환을 생물학적으로 규명하는 방향으로 이동했다.

연구소의 전체 예산은 다시 늘었지만, 모두 생물학적 정신의학에 집중되었다. 사회적 요인을 연구하는 과제들은 풀기 어려운 사회문제를 다룬다는 이유로 점점 배제되는 반면, 특정 정신 질환의 생물학적 원인을 규명하고 신약을 개발하는 연구는 정치적으로도 환영받았다.

칼훈은 이러한 변화에 실망했다. 그는 NIMH가 인간을 '시험관'으로 취급하고 있으며, 신약을 투여한 후 생리적 변화를 관찰하는 방식으로 정신건강을 연구하고 있다고 비판했다. 1982년, 그는 이러한 우려를 〈뉴욕타임스〉의 기자에게 다음과 같이 전했다.

"내가 이해하는 '인류'라는 개념은 더 이상 NIMH의 정책과는 맞지 않다. 현재 그들이 지원하는 유일한 정신건강 연구는 신경과학 기술 neuroscience technology 발전에 기여하는 것뿐이다."

이는 과장이 아니었다. 1981년, 마이어가 ADAMHA 국장으로 취임한 직후, 칼훈은 연구 공로로 공식적인 시상식을 통해 표창을 받았다. 하지만 마이어는 시상식에서 정신건강 연구의 미래는 생물학적 정신의학에 있으며, 그 중심은 약물 치료에 있다고 선언하며 "정신건강이란 곧 '약물'이다. 그 외에 다른 것은 필요 없다"라고 단언했다.

1986년이 되자, 그의 발언은 현실이 되었다. 그해 5월, 칼훈은 APA 연례 회의에서 굿윈이 진행하는 토론회 공지문을 발견했다. 토론 주제는 "앞으로 신경과학 기술이 임상 연구에서 엄청난 영향을 미칠 것이므로, 심리사회적 연구에 대한 예산을 신경과학 연구로 전환해야 한다"는 것이었다. 칼훈은 이 문구를 스크랩하며 이렇게 적었다.

"이제 우리는 더 이상 인간이 어떻게 사회적 관계 속에서 충족감을 찾는지 연구할 필요가 없다. 신경과학 기술만이 사람이 무엇이 되어야 하는지 알고 있으며, 그 방향으로 조정할 수 있다."

이듬해, 수오미가 실험하던 신약 중 하나였던 플루옥세틴이 FDA 승인을 받았다. 1987년, 프로작이라는 상품명으로 출시된 이 약물은 곧 '기적의 항우울제'로 불리며 전 세계적으로 판매되었다.

칼훈에게는 연구할 공간도, 그의 연구를 지지하는 사람도 없었다. 이는 아이러니한 상황이었다. 처음 그가 쥐 개체수 조절 실험을 시작한 계기도 결국 '화학적 해결책' 때문이었다. 1940년대, 커트 리히터가 개발한 쥐약인 ANTU은 쥐를 박멸하는 데 일시적으로만 효과가 있었다. 그래서 칼훈과 그의 동료들이 행동생태학적으로 접근한 것이다. 그런데 40년이 지나, 정신건강 문제도 약리적으로 접근하는 것으로 대체되고 있었다.

1986년 7월 30일, 칼훈은 굿윈에게 사직서를 제출했다. 하지만 2주가 지나도록 아무런 답변도 오지 않았다. 그는 쓸쓸하게 이렇게 적었다.

"굿윈이 대답할 이유가 없지. 1986년은 '1984'다. 끝났다 *C'est finis*."

종결 | | | | 마지막 여정

칼훈의 가족력에는 본래 심장질환이 있었다. 그의 아버지는 심장마비로 세상을 떠났고, 형제들도 심장 수술을 받았다. 한 명은 2번, 다른 한 명은 4번의 수술을 거쳤다. 칼훈도 결국 수술대에 올랐지만, 한 번으로 끝난 것이 다행이라 여겼다. 그러나 그는 알고 있었다. 자신의 운명이 어디로 향하는지, 그리고 피할 수 없다는 것도.

퇴직 후, 그는 아내 이디스와 함께 가족사를 쓰는 데 몰두했다. 오하이오와 테네시를 오가며 오래된 기록 보관소에서 족보와 문서를 뒤지는 일은 새로운 형태의 연구였다. 가계도를 따라 이어지는 가지들은 또 하나의 패턴이었고, 세상을 정리하는 또 다른 방식이었다. 평생 팽창하는 인구를 연구하던 그가 이제는 소멸되며 흩어지는 계보를 살피기 시작했다. 그는 서부 개척자들의 마차 행렬로 뻗어나갔다가, 다시 동쪽으로 되돌아가 사라져버린 이름들, 신호 없는 허공 속으로 흩어진 스코틀랜드 클랜들의 흔적을 좇았다.

그러나 씁쓸했다. 여전히 NIMH에서의 마지막 시간이 마음에 걸렸다. 떠나기 전, 그는 유니버스35의 실험 데이터를 보존하려 했지만, 컴퓨터 시스템이 폐기되면서 모든 기록이 사라져버렸다. 4년 동안 개별 쥐의 움직임과 위치를 기록한 데이터는 검은색 릴 테이프에 갇힌 채, 더 이상 불러낼 수 없었다. 그는 끝내지 못한 연구에 대한 미련과 좌절감을 품은 채 살아갔다.

퇴직 후에도 연구는 놓지 않았다. 조지타운 의과대학 가족 센터에서 강의를 했고, 데이터를 정리하는 데 많은 시간을 보냈다. 매일 지하 서재에서 머물며, 연구 자료를 주제별로 분류하고, 스크랩북을 만들고, 새로운 키워드를 추가하며 다시 정리했다. 같은 연구를 여러 방식으로 재배열하며 삶을 되짚어보듯이. 하지만 그의 필체는 점점 뭉개졌다. 유려했던 필체는 점차 흐트러졌고, 1990년대에 접어들자 더 삐뚤어졌다. 결국 그는 편지를 프린터로 인쇄했지만, 이마저도 힘들어졌다.

1995년 여름이 시작될 때, 이디스는 남편이 집 안 곳곳에서 자신이 좋아하는 책과 논문을 모아 지하 서재로 옮기는 것을 보았다. 그의 모습은 자신의 굴로 소중한 것을 옮기는 쥐와 같았다. 같은 해 8월, 두 사람은 메인주로 가는 뉴잉글랜드 여행을 계획했다. 바 하버를 지나 다시 버몬트와 뉴햄프셔를 거쳐 돌아오는 여정이었다. 칼훈 부부는 집을 정리하고, 북쪽의 작은 집으로 이사할 생각이었다.

출발하는 날, 이디스가 차 옆에서 기다리는 동안 칼훈은 문을 잠그기 전에 잠시 멈춰 섰다. 그리고 조용히 말했다. "나는 다시 돌아오지 않을 거야."

여행에서 돌아올 때, 부부는 버몬트에서 뉴햄프셔로 이어지는 코네티컷강을 건넜다. 밤이 되자 근처 모텔에서 하룻밤을 묵기로 했다. 그곳에서 칼훈은 두 번째 심장마비를 일으켰다. 노동절 새벽이었다. 다행히 병원으로 급히 옮겨졌고, 앰뷸런스 안에서도 의식이 있었으며 대화를 나누었다. 그러나 병원에 도착한 후, 혼수상태에 빠졌다. 그리고 끝내 깨어나지 못했다.

1995년 9월 7일 목요일, 생명 유지 장치가 꺼졌다.

그로부터 정확히 60년 전, 18세의 칼훈은 테네시 조류학회 저널 〈철새〉에 짧은 기고문을 실었다. 첫 번째 공식적인 글이었다. 그는 스프링필드에서 북쪽으로 11킬로미터 떨어진 12만 제곱미터의 습지에서 주말을 보내며 탐조한 경험을 기록했다. 젊은 나이였지만 그는 그곳의 모든 나무와 식물을 알고 있었고, 새의 울음소리만 들어도 종을 구별할 수 있었다. 숲속을 날아다니는 나무오리와 댕기물총새, 박새와 족제비새, 좀처럼 모습을 드러내지 않는 애도

울새까지, 그의 글에 생생하게 묘사되었다.

그 주말 동안, 붉은어깨말똥가리가 하늘 높이 원을 그리며 머무는 모습을 계속해서 지켜보았다. 그는 오래된 오두막에서 밤을 보냈다. 낡았지만, 그에게는 완벽한 장소였다. 그는 이렇게 썼다.

"그날 밤 나를 맞이한 것은 나무개구리들의 가느다란 울음소리, 황소개구리의 깊고 퍼지는 울음, 그리고 멀리서 들려오는 줄올빼미의 웃음 같은 울음이었다."

같은 호에서 〈철새〉 편집진은 안타깝게도 "우리 학회의 가장 젊은 회원 중 하나"인 존 B. 칼훈이 가을부터 대학에 진학하게 되어 이곳을 떠난다고 전했다. 그리고 한 장의 사진이 실렸다. 하얀 셔츠의 단추를 몇 개 풀고, 한 손은 허리에 올린 채 반쯤 미소를 짓고 있는 젊은 칼훈이었다. 최근에 '가장 성공할 가능성이 높은 인물'로 선정된 그였다. 깨끗이 면도한 마지막 모습이 담긴 사진이기도 했다. 대학에 입학한 이후로 그는 평생 수염을 길렀다.

편집진은 "'잭'은 끝없는 에너지와 열정을 지녔으며, 어떤 장애물도 그를 멈추게 할 수 없습니다. 우리는 그를 그리워할 것입니다"라고 썼다.

해가 기울어가는 것을 보며, 그는 자신이 더는 머물 수 없음을 깨달았다. 그러나 떠나는 순간까지도 그는 새들을 세었고, 말라죽은 나무에 뚫린 딱따구리의 구멍을 세었다. 그의 글은 이렇게 끝난다.

"이 풍요로운 관찰의 터전을 떠나고 싶지 않았지만, 시계를 보니 더 이상 머무를 수 없음을 알았다. 그 순간, 붉은어깨매 한 마리가 머리 위를 빙빙 돌며 나에게 마지막 작별 인사를 건넸다."

감사의 글

우리는 2007년 런던정치경제대학교에서 NIMH의 쥐에 대한 글쓰기를 시작했고, 언젠가는 칼훈의 삶과 연구를 본격적으로 정리하고 싶다고 생각했습니다. 이 책이 실제로 세상에 나올 수 있었던 것은 아테나 브라이언Athena Bryan 덕분이었습니다. 그녀가 책을 쓰게끔 격려해주었고, 멜빌하우스Melville House와 연결해주었습니다. 진심으로 감사드립니다.

편집팀인 칼 브롬리Carl Bromley, 미셸 카포네Michelle Capone, 앰버 쿼러시Amber Qureshi에게도 깊이 감사드립니다.

그동안 많은 친구와 동료가 아낌없는 조언과 지지를 보내주었습니다. 특히 LSE의 〈팩트Facts〉 프로젝트팀에서 함께한 메리 모건Mary Morgan, 사비나 레오넬리Sabina Leonelli, 엑시터대학교의 마크 잭슨Mark Jackson, 매트 스미스*Matt Smith*에게 감사드리며, 데이비드 캔터*David Cantor*, 로드리 헤이워드*Rhodri Hayward*, 롭 커크*Rob Kirk*, 앤드루 멘델슨*Andrew Mendelsohn*, 조시 램스던*Josh Ramsden*, 마이크 새폴*Mike Sappol*, 패트릭 소머빌*Patrick Sommerville*, 던컨 윌슨 *Duncan Wilson*에게도 수년간 도움을 받았습니다.

또한 다양한 시점에서 칩 애덤스*Chip Adams*, 제임스 브런*James Bruhn*, 크레이그 폭스*Craig Fox*, 데이비드 보이드 헤이코크*David Boyd Haycock*, 데이비드 미첼*David Mitchell*, 개리 윙필드*Gary Wingfield*, 조너선 윌슨*Jonathan Wilson* 역시 소중한 조언과 피드백을 나눠주었습니다.

미국 베세즈다에 있는 국립약물도서관*National Library of Medicine*의 존 리스*John Rees*는 정리되지 않은 칼훈의 문서들을 추적하고 열람하는 데 큰 도움을 주었습니다.

또한 존스홉킨스의 체스니 의학 기록 보관소*Chesney Medical Archives*의 앤디 해리슨*Andy Harrison*, 록펠러 기록 보관소*Rockefeller Archive Center*, 케네스 스펜서 학술 도서관 *Kenneth Spencer Research Library*, 캔자스 대학교, 컬럼비아 대학교 기록 보관소, 애리조나 대학교, 와이오밍 대학교의 미국유산청*American Heritage Center* 등 아카이브와 도서관의 도움 없이는 이 책이 완성되지 못했을 것입니다.

특히 archive.org를 통해 제공된 자료들은 매우 유용했으며, 독자 여러분께도 이 귀한 자원을 널리 알리고 싶습니다.

칼훈의 가족에게도 깊이 감사드립니다. 에디스와 캣은 사진과 기록을 아낌없이 공유해주셨고, 칼훈의 삶에 대해 많은 이야기를 들려주셨습니다.

마지막으로, 우리 가족들에게 진심으로 고맙습니다. 에마, 샘, 릴리, 실비, 프레더릭, 에이미와 크리스, 디와 앨런, 조, 제니, 샬럿, 마사, 케일럽 모두 늘 인내심을 갖고 기다려줘서 고맙습니다.

옮긴이 후기

 칼훈*John B. Calhoun*의 '유니버스 25' 실험은 군집 동역학을 연구하는 이들에게 익숙한 사례다. 나는 이 실험에서 인구 증가와 함께 나타나는 사회성 붕괴가 오늘날 대한민국에서 관찰되는 현상과 구조적으로 유사하다고 보았다. 이에 연구재단의 지원으로 "출산율 저하 및 사회적 고립 문제 해결" 과제를 기획하며, 과도한 경쟁과 서열화가 사회성 관련 뇌회로를 어떻게 변화시키는지, 또 이를 회복할 방법을 연구하고 있었다.

 이 책은 그 과정에서 발견되었고, 번역 중 세 가지 구조적 대칭이 눈에 들어왔다. 첫째, 칼훈이 인구 증가 문제를 다룬 실험 구조와 우리가 인구 감소 문제 해결을 위해 설계한 구조가 닮아 있었다. 둘째, 한라산 중턱의 고립된 번역 환경과 유니버스 25의 고밀도 환경은 극적인 대비를 이루었다. 셋째, 마지막 고립 개체의 눈빛이 오히려 행복해 보였던 역설적 장면이었다. 물리학자이자 뇌과학자로서 이러한 대칭은 매우 흥미로웠다.

이 책은 이후 "뇌과학과 수리생태학적 모델링을 통한 인구소멸 문제 해결" 글로벌 융합 과제로 이어졌고, 현재 우리는 AI·IoT 기술을 도입해 칼훈의 실험을 재현하고 있다. 그러나 기관의 규제와 생태학 연구 설득의 어려움은 여전히 같다. 이 번역은 실험과 분리될 수 없는 과정이었고, 여러 협업자들의 도움이 큰 추진력이 되었다. 구자욱 교수, 김정섭 박사, 박혜진 교수와 연구실 이규환·김유빈·정다영·장세현, 그리고 해외 협력자 로버트 프롬케, 드미안 바타글리아, 로맹 구타니에게 깊이 감사드린다. 또한 출판 경험이 부족한 출판사에 전문성을 더해준 편집자 한홍, 디자이너 김다혜, 번역과 잡무를 도운 허성우 군에게도 감사를 전한다.

이 책은 사회성과 뇌과학, 생태·물리학적 시각이 결합된 하나의 실험이자 결과물이다. 이 과정에 함께한 모든 분들께 깊이 감사드린다.

한국과학기술연구원 최지현

참고문헌

1장 새로운 세상

1 Andrew White, *A Briefe Relation of the Voyage Unto Maryland* (1634), Maryland Historical Society Fund Publication, 35 (1984).
2 Edward C. Papenfuse, "Thomas Poppelton: The Map that Made Baltimore," online at rememberingbaltimore.
3 Daniel Coit Gilman, "Inaugural address, February 22 1876." Box: 1-5, Folder: 18. Johns Hopkins University collection of university-related ceremonies, speeches, and public events, COLL-0004. Special Collections.
4 Online at planning.baltimorecity.gov
5 Edmund Ramsden, "Rats, Stress and the Built Environment," *History of the Human Sciences* 25.5 (2012).
6 Curt P. Richter, "Experiences of a Reluctant Rat Catcher: The Common Norway Rat— Friend or Enemy?" *Proceedings of the American Philosophical Society* 112.6 (Dec. 9, 1968).
7 Thomas Jefferson, "letter to Benjamin Rush, 23 September 1800," in *7e Papers of 7omas Jefferson, vol. 32, 1 June 1800-16 February 1801*, ed. Oberg, Barbara B. (Princeton: Princeton University Press, 2005).
8 Report from September 20, 1892, qtd. in Garrett Power, "Apartheid Baltimore Style: The Residential Segregation Ordinances of 1910-1913," *Maryland Law Review* 42 (1982).
9 Janet E. Kemp, *Housing Conditions in Baltimore: Report of a Special Committee* (Baltimore Association for the Improvement of the Condition of the Poor and the Charity Organization Society, 1907).
10 Philippeaux, M. "Note sur l'extirpation des capsules surrénales chez les rats albinos," *Comptes Rendus Hebdomadaires des Seances de l'Academie des Sciences* 43 (1856)
11 Garrett Power, "Apartheid Baltimore Style: The Residential Segregation Ordinances of 1910-1913," *Maryland Law Review* 42 (1982).
12 Milton J. Greenman and F. Louise Duhring, *Breeding and Care of the Albino Rat for Research Purposes* (Philadelphia: Wistar Institute, 1923).

13　Helen Dean King, *Studies on Inbreeding* (Philadelphia: Wistar Institute, 1919), 3, 4, 4, 6.
14　Charles Darwin, *The Variation of Animals and Plants Under Domestication*, vol. 2 (London: John Murray 1868).
15　Bonnie Tocher Clause, "The Wistar Rat as a Right Choice: Establishing Mammalian Standards and the Ideal of a Standard Mammal," *Journal of the History of Biology* 26.2 (1993).
16　Henry Hubert Donaldson, *7e Rat: Reference Tables and Data* (Philadelphia: Wistar Institute, 1915).
17　James T. Todd and Edward K. Morris, "The Early Research of John B. Watson: Before the Behavioural Revolution," *7e Behavior Analyst* 9.1 (1986).
18　City of Baltimore, *One Hundred and Twenty-ninth Annual Report of the Department of Health* (Baltimore City Health Department, 1943).

2장 새로운 세상

1　Curt P. Richter, "Experiences of a Reluctant Rat Catcher: The Common Norway Rat—Friend or Enemy?" *Proceedings of the American Philosophical Society* 112.6 (Dec. 9, 1968).
2　John B. Watson, "Psychology as the Behaviorist Views It," *Psychological Review* 20 (1913).
3　Adolf Meyer Archive Series; Collection MeyA I/3974/9; Alan Mason Chesney Medical Archives, Johns Hopkins.
4　John B. Watson and Rosalie Rayner, "Conditioned Emotional Reactions," *Journal of Experimental Psychology* 3.1 (1920).
5　Meyer, letter to Goodnow, Sept. 29, 1920; qtd. in Andrew Scull and Jay Schulkin "Psychobiology, Psychiatry, and Psychoanalysis: The Intersecting Careers of Adolf Meyer, Phyllis Greenacre, and Curt Richter," *Medical History* 53.1 (2009).
6　Andrew Scull and Jay Schulkin, "Psychobiology, Psychiatry, and Psychoanalysis: The Intersecting Careers of Adolf Meyer, Phyllis Greenacre, and Curt Richter," *Medical History* 53.1 (2009).
7　Mark Suckow, Steven Weisbroth, and Craig Franklin, eds., *7e Laboratory Rat* (London: Elsevier/Academic Press, 2005).
8　Curt P. Richter, "It's a Long, Long Way to Tipperary, the Land of My Genes," in *Leaders in the Study of Animal Behavior: Autobiographical Perspectives*, ed. Donald A Dewsbury

(Lewisburg: Bucknell UP, 1985).
9   Richter, "Reluctant Rat-catcher."
10 Paul Rozin, "Curt Richter: The Compleat Psychobiologist," in *7e Psychobiology of Curt Richter*, ed. Elliott M Blass (Baltimore: York Press, 1976), xxv.
11 Donald Fleming, "Walter B Canon and Homoestasis," *Social Research* 51.3 (1984): 609–640.
12 Kathy L. Ryan, "Walter B. Cannon's World War I Experience: Treatment of Traumatic Shock Then and Now," *Advances in Physiology Education* 42 (2018).
13 Walter B. Cannon, *Bodily Changes in Pain, Hunger, Fear and Rage* (New York: Appleton and Company, 1929 [1915]).
14 Walter B. Cannon, *7e Wisdom of the Body* (New York: Norton, 1932).

3장 볼티모어

1   Curt P. Richter, "Total Self Regulatory Functions In Animals and Human Beings," *7e Harvey Lectures 1942-1943* (Lancaster, PA: Science Press Printing Company, 1943).
2   Arthur L. Fox, "The Relationship Between Chemical Constitution and Taste," *Proceedings of the National Academy of Sciences of the United States of America* 18.1 (1932).
3   H. Cardullo, Holt L.J., "Ability of Infants to Taste PTC: Its Application in Cases of Doubtful Paternity," *Proceedings of the Society of Experimental Biology and Medicine* 76 (1951).
4   Richter, "Reluctant Rat-catcher."
5   Rockefeller Foundation, "Rats in War and Peace," *Confidential Monthly Report, Trustees* no. 100 (Feb. 1, 1948), Rockefeller Archive Center.
6   City of Baltimore, "Report of the Commissioner of Health," *One Hundred and Twenty- Ninth Annual Report of the Department of Health* (1943).
7   United States Public Health Service, *Keep 'Em Out*, Film (1942).
8   "Anti-Rat Office Here Is Selected," *Baltimore Sun* (June 5, 1943).
9   Christine Keiner, "Wartime Rat Control, Rodent Ecology, and the Rise and Fall of Chemical Rodenticides," *Endeavour* 29.3 (2005).
10 Justus C. Ward, "Rodent Control with 1080, ANTU, and Other

War-Developed Toxic Agents," *American Journal of Public Health* 36 (1946).
11 Frank S. Lisella, Keith R. Long, and Harold G. Scott, "Toxicology of Rodenticides and Their Relation to Human Health," *Journal of Environmental Health* 33.4 (1971).
12 John J. Christian, "In Memoriam: David E. Davis, 1913-1994," *7e Auk* 112.2 (1995).
13 John J. Christian and David E. Davis, "The Relationship between Adrenal Weight and Population Status of Urban Norway Rats," *Journal of Mammalogy* 37.4 (1956).

잭 칼훈: 새로 가득한 첨탑

1 Katherine A. Goodpasture, "In Memoriam: Amelia Rudolph Laskey," *7e Auk* 92 (1975).
2 Ben Coffey, "Swift Banding in the South," *7e Migrant* 9.4 (1938).
3 John B. Calhoun, "1938 Swift Banding at Nashville and Clarksville," *7e Migrant* 9.4 (1938).
4 Edward O. Wilson and Charles D. Michener, "Alfred Edwards Emerson, 1896–1976," *Biographical Memoirs* (Washington, DC: National Academy of Sciences, 1982).
5 Ben Coffey, "Winter Home of Chimney Swifts Discovered in Northeastern Peru," *7e Migrant* 15.3 (1944); Albert F. Ganier, "More About the Chimney Swifts Found in Peru," *7e Migrant* 15.4 (1944).

4장 쥐 방제 사업

1 David E. Davis, "The Characteristics of Rat Populations," *7e Quarterly Review of Biology* 28.4 (1953).
2 David E. Davis, "The Rat Population of New York, 1949," *American Journal of Epidemiology* 52.2 (1950).
3 William Henry Burt, "Territoriality and Home Range Concepts As Applied To the Mammals," *Journal of Mammalogy* 24.3 (1943).
4 David E. Davis, "The Characteristics of Global Rat Populations," *American Journal of Public Health* 41 (1951).
5 John B. Calhoun, "What Sort Of Box?" *Man-Environment Systems* 3.1 (1973).
6 John J. Christian, "Endocrine Adaptive Mechanisms and the Physiologic Regulation of Population Growth," in

Physiological Mammalogy, vol. 1., eds. William H. Mayer and Richard G. Van Gelder (New York: Academic Press, 1963).
7   David E. Davis, "The Role of Infraspecific Competition in Game Management," *Transactions of the Fourteenth North American Wildlife Conference* (Washington, DC: Wildlife Management Institute, 1949).
8   Stuart O. Landry, "Obituary: John Jermyn Christian: 1917–1997," *Journal of Mammalogy* 79.4 (1997): 1432–1439.
9   Hans Selye, "A Syndrome by Diverse Nocuous Agents," *Nature* (July 4, 1936).
10 Cannon, *Bodily Changes*.

5장 타우슨

1   Calhoun, autobiography, National Library of Medicine [NLM] Archive, John B. Calhoun Papers, National Institute of Health.
2   John B. Calhoun, *7e Ecology and Sociology of the Norway Rat* (Bethesda, MD: Public Health Service, 1963).

6장 최대 인간 원형질

1   Eugene Rochow, "Chemistry Tomorrow," *Chemical and Engineering News* 27.21 (1949).
2   Waldemar Kaempffert, "Chemistry Offers a Way Out for a 'Plundered Planet' in the World of Tomorrow," *7e New York Times* (May 15, 1949); editorial, "Mechanical Dreamland," The *New York Times* (May 15, 1949).
3   Fairfield Osborn, *Our Plundered Planet* (Boston: Little, Brown, 1948).
4   Calhoun, *Ecology and Sociology of the Norway Rat*.
5   Qtd. in John B. Calhoun, "the Social Aspects of Population Dynamics," *Journal of Mammalogy* 33.2 (1952).
6   Elizabeth Gordon, "How to Have a Private Estate on 105 'by 103,'" *House Beautiful* 90.12 (Dec. 1948).
7   Calhoun, letter to J. P. Scott, Dec. 15, 1948. [NLM Archive].
8   "Model of Housing Displayed at Fair," *7e New York Times* (May 5, 1939).
9   H. B. Wilson, "Urban Redevelopment as Exemplified by 'Stuyvesant Town' in New York City," US Public Roads Administration, 1945, 2, 4.
10 "Housing Plan Opposed: 'Walled City for Privileged' Is

Seen by Union Council," 7e New York Times, (May 27, 1943); Henry S. Churchill, "Met Gits The Mostest," letter to editors, Architectural Forum (June 1943).
11 Lewis Mumford, "Prefabricated Blight," 7e New Yorker, Oct. 30, 1948; "The Sky Line: Stuyvesant Town Revisited," 7e New Yorker, Nov. 19, 1948.
12 Robert Moses, letter to editors, and Lewis Mumford, "Stuyvesant Town Revisited," 7e New Yorker (Nov. 27, 1948).
13 "New York: New Nightmares for Old?" Time (Dec. 13, 1948).
14 John Q. Stewart, "Concerning 'Social Physics,'" Scientific American 178.5 (1948).
15 Calhoun, autobiography [NLM Archive].
16 Calhoun, "The Social Aspects of Population Dynamics," Journal of Mammalogy 33.2 (1952).
17 Calhoun, "An Overliving Population That Didn't," 1973, unpublished [NLM Archive].
18 Calhoun, "What Sort Of Box?".

7장 바 하버, 월터 리드

1 John Paul Scott, and John L. Fuller, "A School For Dogs," Dog Behavior: 7e Genetic Basis (Chicago: University of Chicago Press, 1963).
2 Calhoun, "Remarks Concerning the Orientation of Approaches Within the General Field of Behaviour," prepared for the conference with Hamilton Station Staff, Oct. 1949.
3 In 1947, he had given a seminar at Johns Hopkins School of Hygiene and Public Health titled "Rat-City Studies" and arranged for the delegates to visit his pen. Box 21 part 1.
4 "Rare Research Team Studies Rat Homelife," 7e Baltimore Evening Sun (May 25, 1948).
5 "Scientific 'Rat City' Being Destroyed; Its King Had Harem and 56 Offspring," 7e Baltimore Evening Sun (May 2, 1949).
6 Calhoun, letter to Richter, Aug. 10, 1949.
7 Calhoun letter to Richter, Jan. 17, 1949.
8 They were: John A. Clausen, Carl L. Larson, and W.T.S. Thorp.
9 Calhoun, "The Social Use of Space" (1963) in Physiological Mammalogy, eds. Mayer, W. and Van Gelder, R. (Academic Press, New York, 1964).
10 "Millions and Millions of Mice," Time, Aug. 3, 1942.
11 Charles Elton, Voles, Mice, and Lemmings: Problems in Population Dynamics (Oxford: Clarendon Press, 1942).

12. Charles Elton and Mary Nicholson, "The Ten-year Cycle in Numbers of the Lynx in Canada," *Journal of Animal Ecology* 11.2 (1942).
13. Calhoun, North American Census of Small Mammals, Compilations of Research Data, Rodent Ecology Project, Johns Hopkins (1948–1957).
14. John M. Caldwell, Stephen W. Ranson, and Jerome G. Sacks, "Group Panic and Other Mass Disruptive Reactions," *United States Armed Forced Medical Journal* 2.4 (1951).
15. Stephen W. Ranson, "The Normal Battle Reaction: Its Relation to Pathologic Battle Reaction," *Bulletin of the U.S. Army Medical Department*, supplemental (1949).
16. US Government, *Army Medical Department Research and Graduate School* Pamphlet (Washington, DC: Army Medical Center, 1949).
17. Roy R. Grinker and John P. Spiegel, *War Neuroses in North Africa: 7e Tunisian Campaign, January–May 1943* (New York: Macy Foundation, 1943); qtd. in Theodore M. Brown, "'Stress' in US Wartime Psychiatry: World War II and the Immediate Aftermath," in *Stress, Shock, and Adaptation in the Twentieth Century*, Cantor and Ramsden (NY: University of Rochester Press, 2014).
18. Kurt Goldstein, "On So-Called War Neuroses," *Psychosomatic Medicine* 5.4 (1943).
19. William C. Menninger, "Psychiatric Experience in the War, 1941–1946," *American Journal of Psychiatry* 103 (1946–47): qtd. in Brown, 2014.
20. Roy R. Grinker and John P. Spiegel, "The Management of Neuropsychiatric Casualties in the Zone of Combat," in *Manual of Military Neuropsychiatry*, eds. Solomon and Yakovlev (Philadelphia: Saunders 1944).
21. Surgeon General, Department of the Army, Proceedings of the Fourth Annual Conference of Psychologists in the Army Medical Service, 1961.
22. Joseph V. Brady, "Journal Interview 74: Conversation with Joseph V. Brady," *Society for the Study of Addiction* 100 (2005): 1805–1812, 1806.
23. Calhoun, "Job Description for Position at Walter Reed Army Medical Center," 1951 [NLM Archive].
24. Calhoun, "What Sort Of Box?".
25. Calhoun, "Remarks on the Organization of a Population Behavior Laboratory," April 1949 [NLM Archive].

26 Calhoun, autobiography, 1965 [NLM Archive].
27 Calhoun and William L. Webb, "Induced Emigrations among Small Mammals," *Science* 117.3040 (1953).
28 Calhoun, letter to William Webb, July 1, 1953.
29 Calhoun, "The Social Use of Space."
30 Charles Darwin, "Struggle for Existence," *7e Origin of Species*, 6th. Ed. 1872 (New York: Modern Library/Random House, 1998).
31 Calhoun, "Development of the Concept of Optimum Group Size: Excepts from Publications (with a few annotations)," *SOBS* Doc 42, 30 June 1982—annotation to "Social Use of Space" (1963).
32 Calhoun, letter to William Webb, July 2, 1953; William Webb, letter to Calhoun, June 22, 1953.
33 Rioch, qtd. in "Recommendation of Promotion of John B. Calhoun from GS-14 to GS-15," NIMH internal memorandum, March 22, 1955.
34 Calhoun, letter to JP Scott, Jan. 12, 1954.

8장 케이시의 헛간

1 Maryland Historical Trust State Historic Sites Inventory Form, Farm 245.
2 "Animal Buildings Nearing Completion," *NIH record* (Feb. 9, 1953).
3 Robert C. Cook, "The Population Reference Bureau," *Science* 118.3074 (1953).
4 W. H. Schneider, "The Model American Foundation Officer: Alan Gregg and the Rockefeller Foundation Medical Divisions," *Miverva* 41 (2003).
5 Calhoun, letter to Gene Gressley, July 15, 1983.
6 Calhoun, "A 'Behavioral Sink,'" in *Roots of Behavior: Genetics, Instinct, and Socialization in Animal Behavior*, ed. Eugene Bliss (New York: Hafner, 1962).
7 This represents one of the first recorded uses of the term *pansexuality*.
8 Calhoun, "Population Density and Social Pathology," *Scientific American* 206.2 (1962).
9 Philip G. Cox, et al., "Functional Evolution of the Feeding System in Rodents," *PLoS ONE*. 7.4 (2012).
10 Calhoun, "A 'Behavioral Sink'."
11 Calhoun, "Population Density and Social Pathology."

12 Calhoun, "What Sort Of Box?".
13 "Honored," *7e Sentinel Montgomery County* (Nov. 25, 1982).
14 NIMH Internal Memorandum, David Shakow Recommendation for Promotion of Calhoun, Feb. 27, 1959 [NLM Archives].

9장 싱크에서 벗어나다

1 Bruce V. Lewenstein, "The Meaning of 'Public Understanding of Science' in the United States After World War II," *Public Understanding of Science* 1.1 (1992).
2 Stephen Turner, "What Is the Problem with Experts?" *Social Studies of Science* 31.1 (2001).
3 Calhoun, "Population Density and Social Pathology."
4 Joe Flower, "Building Healthy Cities: Excerpts from a Conversation With Leonard J. Duhl," *Healthcare Forum Journal* 36.3 (1993).
5 Calhoun, "Origin of the Space Cadets" [NLM Archives].
6 Calhoun, "Residency, 1954-1965," Memorandum, May 5, 1965 [NLM Archives].
7 Conference on the Physical Environment as a Determinant of Mental Health. Held at APA, May 28-9, 1956. [Hereafter such conferences designated "Space Cadet minutes."]
8 Space Cadet minutes, May 6-7, 1957.
9 John J. Christian, letter to Edward T. Hall, Oct. 14, 1963; Edward T. Hall Papers, University of Arizona.
10 Calhoun, "A Method for Self-Control of Population Growth among Mammals Living in the Wild," *Science* 109.2831 (1949).
11 David E. Davis, "Early Behavioral Research on Populations," *American Zoology* 27 (1987).
12 John J. Christian and H.L. Radcliffe, "Shock Disease in Captive and Wild Mammals," *American Journal of Pathology* 28.4 (1952).
13 John J. Christian, "Phenomena Associated with Population Density," *Proceedings of the National Association of Science: Anthropology* 47 (1961).
14 John J. Christian, Vagn Flyger, David E. Davis, "Factors in the Mass Mortality of a Herd of Sika Deer, *Cervus Nippon*," *Chesapeake Science* 1.2 (1960).
15 Calhoun, *Rxevolution: The Prescription For, or Design of, Evolution*, unpublished manuscript (1974).

10장 개인 공간

1. Harry S. Truman, Inaugural address, speech at the Capitol, Washington, DC (Jan. 20, 1949).
2. Edward T. Hall, *An Anthropology of Everyday Life* (New York: Anchor-Doubleday, 1992).
3. Hall, "The Anthropology of Manners," *Scientific American* 192.4 (1955).
4. Hall, "Proxemics—The Study of Man's Spatial Relations," in *Man's Image in Medicine and Anthropology: Monograph IV*, ed. Iago Gladston (New York: International Universities Press, 1963).
5. Hall, 1955, "The Anthropology of Manners."
6. David Katz, *Animals and Men* [1937], trans. Hannah Steinberg and Arthur Summerfield (Harmondsworth: Penguin, 1953).
7. Robert Sommer, letter to Hall, Feb. 8, 1960. In Edward T. Hall Papers, University of Arizona, box 15.
8. Hall, letter to Sommer, Feb. 18, 1960. Hall Papers, box 15.
9. Sommer, letter to Hall, Feb. 1964. Hall Papers, box 15.
10. William Henry Burt, "Territoriality and Home Range Concepts as Applied to Mammals," *Journal of Mammalogy* 24.3 (1943).
11. Hall, letter to Calhoun, June 15, 1960. Hall Papers, box 15.
12. Edward T. Hall, *7e Hidden Dimension* (New York: Doubleday, 1966).
13. Tom Wolfe, *7e Pump House Gang* (New York: Farrar/Bantam, 1968).
14. Hunter S. Thompson, letter to Tom Wolfe, April 21, 1968, in *Fear and Loathing in America: 7e Gonzo Letters, Volume II. 1968-1976*, ed. Douglas Brinkley (New York: Simon and Schuster, 2000).
15. Hall, "Human Needs and Inhuman Cities," in *7e Fitness of Man's Environment* (Washington, DC: Smithsonian Institution Press, 1968).
16. Robert Ardrey, *African Genesis* (London: Harper Collins, 1961).
17. Ardrey, *7e Social Contract* (London: Collins, 1970).
18. "The Decade's Most Notable Books," *Time*, Dec. 26, 1969.
19. Stephen Moss, "We'd be better off if women ran everything," interview with Desmond Morris, *7e Guardian* (Dec. 18, 2002).
20. Desmond Morris, *7e Naked Ape: A Zoologists Study of the Human Animal* (New York: McGraw-Hill, 1967).
21. For extended discussion of Ardrey and Morris's influence,

see Erika Milam, *Creatures of Cain: 7e Hunt for Human Nature in Cold War America* (New Haven: Yale UP, 2019).

11장 정신병원

1. Abram Hoffer, "Treatment of alcoholism with psychedelic therapy," in *Psychedelics: 7e Uses and Implications of Hallucinogenic Drugs*, eds. Aaronson and Osmond (London: Hogarth, 1971).
2. Aldous Huxley, *Brave New World* (London: Vintage, 1932).
3. Humphry Osmond, "Function as the basis of psychiatric ward design," (1957) in *Environmental Psychology: Man and His Physical Setting*, eds. Proshansky, Ittelson, and Rivlin, eds, (New York: Holt, 1970).
4. Osmond, letter to Aldous and Laura, July 14, 1956, in Bisbee, et al., *Psychedelic Prophets: 7e letters of Aldous Huxley and Humphry Osmond* (Montreal: McGill-Queen's UP, 2018).
5. Robert Sommer, "The Ecology of Privacy," (1966), in *Environmental Psychology: Man and His Physical Setting*, eds. Proshansky, Ittelson, and Rivlin (New York: Holt, 1970).
6. Osmond, "A comment on some uses of psychotomimetics in psychiatry," Hall Papers, EDRF Archives, Kansas University.
7. Kiyoshi Izumi, "LSD and Architectural Design," in *Psychedelics: 7e Uses and Implications of Hallucinogenic Drugs*, eds. Aaronson and Osmond (Hogarth Press: London, 1970).
8. Osmond, letter to Huxley, July 29, 1957, in *Psychedelic Prophets: 7e letters of Aldous Huxley and Humphry Osmond*, eds. Bisbee et al. (Montreal: McGill-Queen's University Press, 2018).
9. Charles Goshen, "A Review of Psychiatric Architecture and the Principles of Design," in *Psychiatric Architecture*, ed. Charles Goshen (Washington, DC: The American Psychiatric Association, 1959).
10. Humphry Osmond and Bernard Aaronson, "Psychedelics and the Future," in *Psychedelics: 7e Uses and Implications of Hallucinogenic Drugs* (Garden City, NY: Anchor-Doubleday, 1970).
11. Aristide H. Esser et al., "Territoriality of Patients on a Research Ward," in *Biological Advances in Psychiatry, vol. 7*, ed. Joseph Wortis (New York: Plenum, 1965).
12. Esser, "Social Contact and the Use of Space in Psychiatric

Patients," Abstract, AAAS Meeting, 1965, EDRF Papers, Kansas, Box 54, S.1692.
13 Osmond, "Function as the Basis of Psychiatric Ward Design."
14 Izumi, "Some Architectural Considerations in the Design of Facilities for the Care and Treatment of the Mentally Ill," *American Schizophrenic Association Journal* (Summer 1967).
15 Sommer, *Personal Space: 7e Behavioral Basis of Design* (Englewood Cliffs, NJ: Prentice- Hall, 1969).
16 Esser, *Preface to Behavior and Environment: The Use of Space by Animals and Men* (New York: Plenum, 1971).
17 Hall, "Environmental Communication," in *Behavior and Environment: 7e Use of Space by Animals and Men*, ed. Esser (Plenum: New York, 1971).

12장 교도소

1 US District Court for the District of Columbia; Leonard Campbell, John McIlwain, Richard Kinard, Eligah Hair Smith, plaintiffs, vs. Charles M. Rodgers, Superintendent, DC Jail, DC, Kenneth Hardy, Director, DC Departments of Collections. DC, Walter R. Washington, Mayor and Commissioner of the DC, Defendants; Complaint for injunction, declaratory judgment and other appropriate relief.
2 Richard Nixon, "Towards Freedom From Fear," *Congressional Record–Senate* 114.10 (1968).
3 Ronald Goldfarb, "No room in the jail," *7e New Republic* (March 5, 1966).
4 Ardrey, The Social Contract.
5 Ben H. Bagdikian, "A Human Wasteland in the Name of Justice," *7e Washington Post*, Jan. 30, 1972.
6 William L. Claiborne, "Experts take a look at—and smell of—the District Jail," *7e Washington Post*, Oct. 17, 1971.
7 Calhoun, "Remarks about a visit to the D. C. Jail," Jan. 18, 1972, URBS doc 194, Part B.
8 Calhoun, "Brief Anthology on 'Confinement,'" Nov. 19, 1971, URBS doc 194, Part C.
9 "Suit filed here seeks upgrading of facilities at District Jail," *7e Washington Post*, March 3, 1975.
10 Karl Menninger, "The Criminal Law System," *Nebraska Law Review* 4.22-32 (1966): 27.
11 C. J. Ciaramella, "How Not To Build A Jail," *Reason* magazine, Dec. 2016.

12 Mary Ann Kuhn, "Plight of Jail Told in Court," *Metro Life*, Oct. 12, 1972, B3.
13 "The Disgrace of DC Jail," *7e Washington Post*, Nov. 12, 1975.
14 Calhoun, "Remarks about a visit to the D. C. Jail," Jan. 18, 1972, URBS doc 194, Part B; Robert Pear, "Judge is chilly to city's defense concerning jail," *Washington Star*, March 5, 1975.
15 Goldfarb, "A 'Non-Architecture' Approach to Prison Reform," *7e Washington Post*, Jan. 20, 1972.
16 Nixon, "Towards Freedom From Fear."
17 Paul Paulus, Garvin McCain, and Verne Cox, "A Note on the Use of Prisons as Environments for Investigating Crowding," *Bulletin of the Psychonomic Society* 1 (1973).
18 Garvin McCain, Verne Cox, and Paul Paulus, "The Relationship between Illness Complaints and Degree of Crowding in a Prison Environment," *Environment and Behavior* 8:2 (1976).
19 Paul Paulus and Garvin McCain, "Crowding in Jails," *Basic and Applied Social Psychology* 4 (1983).
20 Paul Paulus, *Prison Crowding: A Psychological Perspective* (New York: Springer,1988), 6.
21 Calhoun, letter to Jane Bradley, of Cohen & Rosenblum, Aug. 30, 1973.
22 John Zeisel, "Behavioral Research and Environmental Design: A Marriage of Necessity," *Design C Environment* 1 (1970).
23 Terry Maple, "Psychology Is Alive and Well at the Zoo," CSUN online, accessed Jan. 1, 2023.
24 Maple, "Psychology Is Alive and Well at the Zoo."

13장 쥐 법안

1 Lyndon Baines Johnson, *7e Vantage Point: Perspectives on the Presidency 1963-1969* (New York: Holt, Rinehart, and Winston, 1971).
2 "Rat Control Rejected," in *CQ Almanac 1967*, 23rd Ed. (Washington, DC: Congressional Quarterly, 1968). library.cqpress.com.
3 Tom Wicker, "In the Nation: Ratting on Newark," *New York Times*, July 23, 1967.
4 "U.S. Spent $141-Billion In Vietnam in 14 Years," *New York Times*, May 1, 1975.

5 Martin Luther King, Jr., "Beyond Vietnam": Speech at Riverside Church Meeting, New York, N.Y., April 4, 1967, in *Eyes on the Prize: America's Civil Rights Years*, eds. Clayborne Carson et al. (New York: Penguin, 1987).
6 "Still Much More To Be Done," 7e *New York Times*, July 23, 1967.
7 Richard Lyons, "House Kills Rat Curb Bill, Draws a Johnson Blast," 7e *Washington Post*, July 21, 1967.
8 Drew Pearson and Jack Anderson, "The Rats Won the Debate," 7e *Washington Post*, July 30, 1967.
9 Paul Hope, "'68 May Be Political 'Year of Rat,'" 7e *Evening Star*, Aug. 7, 1967.
10 "Rats and the House," 7e *Washington Post*, Aug. 11, 1967.
11 Calhoun, letter to Warren Weaver, July 12, 1967, Calhoun Papers, Box 29.
12 David E. Davis, letter to Warren Weaver, July 20, 1967, Calhoun Papers, Box 29.
13 Calhoun, "A Manifesto on Rats, Rodents and Human Welfare," Draft, Aug. 2–9, 1967, Calhoun Papers, Box 15A.
14 David E. Davis, letter to Weaver, July 20, 1967, Calhoun Papers, Box 29.

14장 우주 비행을 꿈꾸는 사람들

1 Space Cadet minutes.
2 W.H.O., "Alcohol and Alcoholism: Report of an Expert Committee," *World Health Organization Technical Report Series* 94 (Geneva: W.H.O., 1951).
3 John R. Seeley, "Alcoholism Is a Disease: Implications for Social Policy," in *Society, Culture, and Drinking Patterns*, eds. David J. Pittman and Charles R. Snyder (New York: Wiley, 1962).
4 Seeley, "The Ecology of Alcoholism: A Beginning," in *Society, Culture, and Drinking Patterns*.
5 Ian McHarg, 7e *House We Live In*, television series, 22 episodes, 1962–63. WCAU-TV, Philadelphia, PA.
6 Ian McHarg, *Design With Nature* (New York: The Natural History Press, 1969).
7 "West End Project Report: A Preliminary Redevelopment Study of the West End of Boston," March 1953, folder 3, box 2, Urban Redevelopment Division, Boston Housing Authority, Gans Papers, Columbia University.

8 "Charles River Park: The Wonderful Experience of Spacious In-Town Living," brochure, folder 2, box 1, Gans Papers.

9 Yiddish Book Center, "Leonard Nimoy Remembers Boston's West End Neighborhood," Wexler Oral History Project, 2014.

10 Marc Fried and Peggy Gleicher, "Some Sources of Residential Satisfaction in an Urban Slum," *Journal of the American Institute of Planners* 27 (1961).

11 Herbert Gans, The Urban Villagers: Group and Class in the Life of Italian Americans (New York: Free Press, 1962).

12 Outdoor Recreation Resources Review Commission, Conference on Leisure—Outdoor Recreation and Mental Hospital, Williamsburg, Virginia. June 1, 1961, 153.

13 Jane Jacobs, "Downtown is for People," in *7e Exploding Metropolis*, ed. William H. Whyte (New York: Time, Inc., 1958).

14 William H. Whyte, "Groupthink," *Fortune* 142.146 (March 1952); *7e Organization Man* (New York: Simon and Schuster, 1956).

15 William H. Whyte, "Introduction," *7e Exploding Metropolis* (New York: Time, Inc., 1958).

16 William H. Whyte, *City: Rediscovering the Center* (New York: Doubleday, 1988).

17 William H. Whyte, *7e Last Landscape* (New York: Doubleday, 1968). 28 Whyte, City, 5, 2, 2, 7, 7.

18 *Multiply and Subdue the Earth*. Film. WGBH Educational Foundation (1969).

19 Outdoor Recreation Resources Review Commission, Conference on Leisure—Outdoor Recreation and Mental Hospital, Williamsburg, Virginia (June 1, 1961).

20 "Comments by Edward T. Hall," Conservation Foundation Symposium, Belmont Hose, May 20-21, 1969, Calhoun Papers, Uncatalogued, Box 57.

21 Jane Jacobs, *7e Death and Life of Great American Cities* (Harmondsworth: Penguin Books, 1974 [1961]).

22 Calhoun, "The Ecology of Aggression: Its Relationship to Frustration and Social Withdrawal," 1962, Calhoun Papers, Box 68.

23 Calhoun, "Comments Concerning the Relationship between Mental Health and Recreation," Calhoun Papers, Box 67.

24 Richard Meier, "Violence: The Last Urban Epidemic," *American Behavioral Scientist*, 1968, March–April.

25 Leonard J. Duhl, *7e Urban Condition: People and Policy in the Metropolis* (New York: Simon and Schuster, 1963).

26 John A. Andrew, *Lyndon Johnson and the Great Society* (Chicago: Dee, 1998).
27 Duhl in Joe Flower, "Building Healthy Cities: Excerpts From A Conversation With Leonard J. Duhl," *Healthcare Forum Journal* 36.3 (1993).
28 Robert C. Wood, Whatever Possessed the President? Academic Experts and Presidential Policy, 1960–1988 (Amherst: University of Massachusetts Press, 1993).
29 Johnson, "Remarks to Delegates to the National Convention, AFL-CLIO, December 12, 1967," in *Public Papers of the Presidents of the United States, Lyndon B Johnson, Book 2— July 1 to December 31, 1967* (Washington, DC: USGPO, 1968).

15장 수직 슬럼가

1 "Slum Surgery in St. Louis," *Architectural Forum* 94 (April 1951).
2 "Four Vast Housing Projects for St. Louis: Hellmuth, Obata and Kassabaum, Inc.," *Architectural Record* 120 (Aug. 1956).
3 "The Writing on the Wall," *Horizon*, television documentary, BBC (Feb. 11, 1974).
4 "City news," *JOH*, 2 (1972).
5 Ada Louise Huxtable, "A Prescription for Disaster," 7e *New York Times*, Nov. 5, 1972.
6 Charles Jencks, The New Paradigm in Architecture: The Language of Post-Modernism (New Haven: Yale UP, 2002).
7 Huxtable, "A Prescription for Disaster."
8 A. R. Gillis, "Strangers Next Door: An Analysis of Density, Diversity, and Scale in Public Housing Projects," *Canadian Journal of Sociology* 8 (1983).
9 Space Cadet minutes.
10 Izumi, "Memorandum to Supplement Privacy Research Project" (Dec. 13, 1967), Kansas, Box 58.
11 Qtd. in William Kloman, "E.T. Hall and the Human Space Bubble," *Horizon.* 4.4 (1967).
12 Hall, *Hidden Dimension*.
13 Mildred and Edward Hall, "Pruitt Igoe Action Team, Re: The Relationship Between Design and Tenant Mix" (Nov. 15, 1971), Hall Papers, Arizona, Box 13, Folder 24.
14 Hall to Donald Henderson, University of Pittsburgh, Aug. 20, 1971, Hall Papers, Arizona, Box 13, Folder 25.
15 Lee Rainwater, "Fear and the House-as-Haven in the Lower

Class," *Journal of the American Institute of Planners* 32.1 (1966).
16 "Housing without fear," *Time*, Nov. 27, 1972.
17 Huxtable, "A Prescription for Disaster."
18 Oscar Newman, *Defensible Space: Crime Prevention Through Urban Design* (New York: Macmillan, 1972).
19 Calhoun, "Some Professional Activities of John B. Calhoun," Calhoun Papers, Box 1, Folder 79.
20 Hall, "Public Housing for Low Income families," Hall Papers, Arizona, Folder 24.
21 Hall to Donald Henderson, Aug. 20, 1971, Hall Papers, Arizona, Box 13, Folder 25.
22 L. M. Friedman, *Government and Slum Housing: A Century of Frustration* (Chicago: Rand McNally and Co, 1968).
23 Duhl in Flower, "Building Healthy Cities."
24 Office of the White House Press Secretary, Sept. 19, 1973, Oscar Newman Papers, Columbia University, Box 1.
25 Oscar Newman, letter to Phillip Herrera, Oct. 6, 1972, Newman Papers, Box 1.
26 J. R. Knoblauch, "Going Soft: Architecture and the Human Sciences in Search of Institutional Forms" (PhD Princeton, 2012).
27 William Russell Ellis, "Meticulous, Through and Ideologically Corrupt," *7e Daily Californian*, 1973.
28 Duhl, letter to Calhoun, March 3, 1977, Calhoun Papers Box 87.
29 1C. B. Huffaker, "Experimental Studies on Predation: Dispersion Factors and Predator- Prey Oscillations," *Hilgardia* 27.14 (1958).

16장 풀스빌

1 Jimmy Sonni and Rob Goodman, *A Mind At Play: 7e Brilliant Life of Claude Shannon* (New York: Simon Schuster, 2017).
2 Calhoun, "Antiquaria," *317 P.H.*, unfinished novel (1963), ch. 7, 5.
3 Minutes, March 11, 1966, visit of NIMH Councilors to the NIH Animal Center at Poolesville, Maryland, Calhoun Papers, Box 22.
4 Calhoun, letter to Simone Swan, The Menil Foundation, Houston, Texas, Jan. 22, 1975, Calhoun Papers, Box 101.
5 Calhoun, "Some Definitions Relating to Behavioral Systems,"

Jan. 30, 1972, Calhoun Papers, Box 101.
6. Steven Shapin, "Paradigms Gone Wild," *London Review of Books* 45.7 (2023).
7. Calhoun, "Notes and Quotes which May Serve to Promote Dialogue Related to URBS' Aims and Activities," Calhoun Papers, Box 1B.
8. Calhoun, *Rxevolution*.
9. Stanley, letter to Calhoun, Jan. 12, 1966, Calhoun Papers, Box 22.
10. Paul D. MacLean, letter to Livingston, Nov. 14, 1958, MacLean Papers, NLM, Box 6, Folder 40.
11. MacLean, "Psychosomatic Disease and the Visceral Brain. Recent Developments Bearing on the Papez Theory of Emotion," *Psychosomatic Medicine* 11 (1949).
12. Claudio Pogliano, "Lucky Triune Brain. Chronicles of Paul D. MacLean's Neuro- Catchword," *Nuncius* 32 (2017).
13. MacLean, *A Triune Concept of the Brain and Behaviour* (Toronto: University of Toronto Press, 1973).
14. MacLean, "Meeting with Dr. Livingston and Dr. Jack Calhoun on May 11, 1959, regarding the behavioral farm," qtd. in Pogliano, "Lucky Triune Brain."
15. John F. Kennedy, Economic Club Dinner, Chicago, IL, Oct 9, 1957.
16. Heinz von Foerster, Patricia M. Mora, and Lawrence W. Amiot, "Doomsday: Friday, 13 November, A.D. 2026." *Science* 132.3436 (1960).
17. Fairfield Osborn, *Our Crowded Planet: Essays on the Pressures of Population* (London: Allen and Unwin, 1963).
18. US Government. "Population Crisis," Hearings before the Permanent Subcommittee on Foreign Aid Expenditures of the Committee on Government Operations, United States Senate, Eighty-Ninth Congress, Second Session. Washington: US Government Printing Office; exhibits 100, 101 (March 31, 1966), 631, 638, 647; (April 6, 1966), 737, 719.
19. Paul R. Ehrlich, *7e Population Bomb* (New York: Ballantine, 1968).
20. Nathan Keyfitz, "United States and World Populations," in *Resources and Man* (San Francisco: W.H. Freeman and Company, 1969), ch. 3.
21. Calhoun, "The Revolution of Compassion," Oct. 18, 1969, Calhoun Papers, Box 101.
22. Calhoun, "Space and the Strategy of Life," in *Behavior*

and Environment: 7e Use of Space by Animals and Man, ed. Aristide H. Esser (New York: Plenum, 1971).

17장 케슬러 현상과 유니버스25

1   Calhoun, letter to Harold Fishbein, Sept. 12, 1964.
2   Calhoun, "Space and the Strategy of Life."
3   Calhoun, "Ecological Factors in the Development of Behavioral Anomalies," in *Comparative Psychopathology: Animal and Human*, eds. Joseph Zubin and Howard F. Hunt (New York: Grune and Stratton, 1967).
4   Calhoun, "Position Opening," Calhoun Papers, Box 96.
5   Calhoun, *Rxevolution*.
6   Calhoun, "What Sort Of Box?".
7   Maya Pines, "How the Social Organization of Animal Communities Can Lead to a Population Crisis Which Destroys Them," *NIMH Program Reports, no. 5*, ed. Julius Segal (1971).
8   Calhoun, John B., "Death Squared: The Explosive Growth and Demise of a Mouse Population," *Proceedings of the Royal Society of Medicine* 66 (Jan. 1973).
9   Calhoun, "Universal Autism: Extinction Resulting from Failure to Develop Social Relationships," Draft manuscript from presentation at Georgetown University Family Center (1986), URBS Doc
10 Tom Huth, "Ten Boxes of Dead Mice Could Be Us," 7e *Washington Post*, Feb. 8, 1973.

18장 인기 관리

1   Stewart Alsop, "Dr. Calhoun's Horrible Mousery," *Newsweek* (Aug. 17, 1970).
2   Calhoun, *Rxevolution*.
3   "Crowding Produces Weirdo Rodents," *Rocky Mountain News*, Feb, 11, 1970.
4   Frank Sartwell, "The Small Satanic Worlds of John B. Calhoun," *Smithsonian Magazine*, April 1970.
5   Robert Burdick, "Ecologist Views Mice, Men," *Kansas City Times*, Oct. 7, 1970.
6   Pines, "How the Social Organization."
7   Nina Laserson, "It's Not Every Day You Walk into a Laboratory Whose Mission Is to Save the World," *Innovation*

8 Matthew Wisnioski, "*Innovation* Magazine and the Birth of a Buzzword," *IEEE Spectrum*, online (Jan. 29, 2015).
9 Tom Huth, "Ten Boxes of Dead Mice Could Be Us."
10 F. Fraser Darling and Raymond F. Dasmann, *A Conversation on Population, Environment, and Human Well-Being* (Washington, DC: The Conversation Foundation, 1971).
11 Mary Steichen Calderone, "Human Cost Accounting," in *7e Complete Book of Birth Control* (North Hollywood, Calif.: American Art Agency, 1965).
12 "People Pollution," *Medical World News*, Dec. 19, 1969.
13 Walter E. Howard, "The Population Crisis Is Here Now," *BioScience* 19 (1969).
14 Roy O. Greep, "Prevalence of People," *Perspectives in Biology and Medicine* 12 (1969).
15 Calhoun, letter to Lee Rainwater, Jan. 6, 1966, Calhoun Papers, Box 4A.
16 Calhoun, letter to Eberhart, Dec. 12, 1972, Calhoun Papers, Box 101.
17 Calhoun, "Rxevolution, Tribalism, and the Cheshire Cat: Three paths from Now," *Technological Forecasting and Social Change*, 4 (1973).
18 Calhoun, Ecology and Sociology of the Norway Rat, 216.
19 Calhoun, "What Sort Of Box?".
20 Calhoun, "Death Squared."
21 Hall, letter to John J. Christian, April 20, 1962.

19장 진화를 위한 처방

1 C. Henry Kempe, Frederic N. Silverman, Brandt F. Steele, William Droegemueller, and Henry K. Silver, "The Battered-Child Syndrome," *Journal of the American Medical Association* 181 (1962).
2 Calhoun, *Rxevolution*.
3 Calhoun, "Rxevolution, Tribalism, and the Cheshire Cat," 270.
4 Calhoun, letter to Eberhart and MacLean, "Partial Sabbatical, June 1, 1974 to December 31, 1974," Calhoun Papers, Box 2B.
5 Sabbatical log, June 4, 1974. Calhoun Papers, Box 101.
6 Sabbatical log, Sept. 10, 1974, Calhoun Papers, Box 101.
7 Carol Houck Smith, Norton, letter to Calhoun, Aug. 17, 1970, Calhoun Papers, Box 5A.

8   Calhoun, letter to Crook, Nov. 25, 1976, Calhoun Papers, Box 1.
9   Henry Scarupa, "Of Mice and Men and Escaping the Ultimate Pathology," *Baltimore Sun Magazine* (June 13, 1976).
10 Calhoun, "Scientific Quest for a Path to the Future," *Populi* 3.1 (1976).
11 R. B. Lockard, "The Albino Rat: A Defensible Choice or a Bad Habit?" *American Psychologist* 23 (1968).
12 R. Robinson, *Genetics of the Norway Rat* (Oxford: Pergamon Press, 1965).
13 Calhoun, letter to Milton Rubin, Sept. 3, 1964, Calhoun Papers, Box 1.
14 Calhoun, "Experimental Development of Tribal Affinities in Rats," Dec. 18, 1960, Calhoun Papers, Box 99.
15 Scarupa, "Of Mice and Men and Escaping the Ultimate Pathology."
16 Wray Herbert, "The (Real) Secret of NIMH," *Science News* 122 (1982).
17 Calhoun, letter to Garfield, Dec. 9, 1974, Calhoun Papers, Box 2B.
18 Diary, Sept. 10, 1974, Calhoun Papers, Box 101.
19 Calhoun, "Seven Steps from Loneliness," in *7e Anatomy of Loneliness*, eds. Joseph Hartog, J. Ralph Audy, and Yehudi A. Cohen (New York: International Universities Press, 1981).
20 Calhoun, "Seven Steps from Loneliness."
21 Calhoun, "What Sort Of Box?".

20장 시스템 오류

1   Committee on Co-Administration of Service and Research Programs of the National Institutes of Health, Institute of Medicine, *Research and Service Programs in the PHS: Challenges in Organization* (Washington: National Academy Press, 1991).
2   Calhoun, Memorandum, May 5, 1965.
3   Calhoun, letter to President Nixon, Jan. 3, 1974: Calhoun Papers, Box 28.
4   Laserson, "It's Not Every Day…"
5   Calhoun, letter to Simone Swan, The Menil Foundation, Jan. 22, 1975, Calhoun Papers, Box 101.
6   "Rats Given 'Culture' As Defense Against Overcrowding," *ADAMHA News*, Sept. 22, 1978.
7   Calhoun, Annual report summary 1979, URBS, LBEB, NIHAC,

June 25, 1979, Calhoun Papers, Box 98.
8   Calhoun, Annual review, Laboratory of Brain Evolution and Behavior, October 1, 1982, to August 20, 1983, Calhoun Papers, Box 102.
9   H. G. Wells, *World Brain* (Garden City, NY: Country Life Press, 1938).
10 Calhoun, ed., *Environment and Population: Problems of Adaptation: An Experimental Book Integrating Statement by 162 Contributors* (New York: Praeger, 1983).
11 Gerald L. Young, "Review of *Environment and Population*, by John B. Calhoun," *Human Ecology* 12.4 (1984).

21장 생태적 평형

1   Thomas A. Ban, "The Role of Serendipity In Drug Discovery," *Dialogues in Clinical Neuroscience* 8.3 (2006); Randall Lowell, "This Week's Citation Classic," *Current 7erapeutic Research* 47 (1980).
2   Joseph V. Brady, "Conversation with Joseph V. Brady," *Society for the Study of Addiction*. 100 (2005).
3   Smith, Kline, and French, "Thorazine," Advertisement (1955).
4   Jonathan Cole, qtd. in "Tranquilizers—Appendix." *Hearings before the Subcommittee on Antitrust and Monopoly*. 86th Congress. 2nd Session. 11.17 (1960).
5   L. A. Wikler, "The Use of Chlropromazine as an Anti-emetic in Children," *Archives of Pediatrics* (NY) 72.6 (1955).
6   Space Cadet minutes.
7   Ardrey, letter to MacLean, Aug. 6, 1972, Paul MacLean Papers, NLM, Box 1.
8   Calhoun, "Annual Report: Conceptual Adaptation and Evolution—July 1, 1978, through September 30, 1979," Calhoun Papers, Box 84.
9   Claude S. Fischer, "Sociological Comments on Psychological Approaches to Urban Life," in *Advances in Environmental Psychology, vol. 1, 7e Urban Environment*, ed. A. Baum, J. M. Singer, and S. Valins (Hillsdale, N.J.: Erlbaum, 1978).
10 Fischer and Baldassare, "How Far from the Madding Crowd?" *New Society* 32 (1975).
11 E.V. Walter, "Dreadful Enclosures: Detoxifying and Urban Myth," *European Journal of Sociology* 18.1 (1977).
12 Robert C. O'Brien, *Mrs Frisby and the Rats of NIMH* (New York: Athenuem, 1971).

13   Wray Herbert, "The (Real) Secret of NIMH," *Science News* 122 (1982).
14   Sandy Rovner, "Rats! The Real Secret of NIMH," *7e Washington Post*, July 21, 1982.
15   Calhoun, Annual Report of the Unit for Research on Behavioral Systems, Sept. 30, 1982, Calhoun Papers, Box 106.
16   Matthew Dumont, DHEW, NIH, Meeting on Primary Prevention, Chevy Case, MD, June 27, 1969, Calhoun Papers, Box 77.
17   Calhoun, Annual Report Summary, URBS, LBEB, NIHAC, June 25, 1979. Calhoun Papers, Box 98.
18   Herbert, "The (Real) Secret of NIMH."
19   Rovner, "Rats! The Real Secret of NIMH."
20   Frederick K. Goodwin, Memorandum to William E. Mayer (March 9, 1983), in Calhoun, "A 'Hitchhiker's Guide' to Three Worlds" (Aug. 1986), Calhoun Papers, Box 18.
21   Goodwin, "Current and Future Plans," NIMH (Sept. 22, 1983), Calhoun Papers, Box 95.
22   William T. McKinney Jr., Laurens D. Young, Stephen J. Suomi, John M. Davis, "Chlorpromazine Treatment of Disturbed Monkeys," *Arch Gen Psychiatry* 29.4 (1973); Stephen J. Suomi, Stephen F. Seaman, Jonathan K. Lewis, Roberta D. DeLizio, William T. McKinney, "Effects of Imipramine Treatment of Separation-Induced Social Disorders in Rhesus Monkeys," *Arch Gen Psychiatry* 35.3 (1978); Stal Saurav Shrestha, et al., "Fluoxetine Administered to Juvenile Monkeys: Effects on the Serotonin Transporter and Behavior," *7e American Journal of Psychiatry* 171.3 (2014).
23   Stephen J. Suomi, "Maternal Behavior by Socially Incompetent Monkeys: Neglect and Abuse of Offspring," *Journal of Pediatric Psychology* 3 (1978).
24   Goodwin, "Current and Future Plans."
25   Ronald Reagan, Memorandum for Heads of Executive Departments and Agencies (Dec. 21, 1983).
26   Calhoun, letter to Chief of Clinical Science, IRP, NIMH, Jan. 30, 1986, Calhoun Papers, Box 98.
27   L. C. Kolb, S. H. Frazier, P. Sirovatka, "The National Institute of Mental Health: Its Influence on Psychiatry and the Nation's Mental Health," in *American Psychiatry after World War II: 1944–1994*, eds. R. W. Menninger, J. C., Nemiah (Washington, DC: American Psychiatric Press, 2000); Allan V. Horwitz,

"How an Age of Anxiety Became an Age of Depression," *Milbank Quarterly* 88 (2010).
28 Calhoun, letter to Dominque de Menil, April 15, 1986, Calhoun Papers, Box 1.
29 Calhoun, letter to John Herbers, Sept. 4, 1986, Calhoun Papers, Box 18.
30 Mayer, qtd. in Calhoun, letter to Dominque de Menil, April 15, 1986.
31 Calhoun, "A 'Hitchhiker's Guide' to Three Worlds."

종결 마지막 여정

1 Calhoun, *7e Migrant* 6.3 (1935).

찾아보기

간스, 허버트Gans, Herbert　　281~286, 305
골드파브, 론Goldfarb, Ron　　253~260
굿윈, 프레더릭Goodwin, Frederick　　447~449, 452, 455~456
그레그, 앨런Gregg, Allan　　177
그리닝, 어니스트Gruening, Ernest　　336
그린커, 로이Grinker, Roy　　161~162
글래스, 필립 모리스Glass, Phillip Moris　　296
길리스, A. R.Gillis, A. R.　　298
길먼, 대니얼 코이트Gilman, Daniel Coit　　41
깁슨, 윌리엄Gibson, William　　206
뉴먼, 오스카Newman, Oscar　　295~296, 303~306, 308~312
니모이, 레너드Nimoy, Leonard　　280
닉슨, 리처드Nixon, Richard　　254, 260, 308, 311, 417, 419, 453
다윈, 찰스Darwin, Charles　　30, 49, 51, 61, 119, 169, 234, 384, 388
다카미네 조키치高峰讓吉　　68
다트, 레이먼드Dart, Raymond　　227
덜, 레너드Duhl, Leonard　　200~205, 207~208, 270, 288~291, 307~309, 312, 336~337, 419~420
데일리, 리처드 J.Daley, Richard J.　　308
도널드슨, 헨리 허버트 Donaldson, Henry Herbert　　47, 53~55
디비, 에드워드Deevey, Edward　　205
디시, 토머스Disch, Thomas M.　　445
라코우, 유진Rochow, Eugene　　125~131, 381
래서슨, 니나Laserson, Nina　　375
러시, 벤저민Rush, Benjamin　　43
레이너, 로잘리Rayner, Rosalie　　63~64
레인워터, 리Rainwater, Lee　　302~304
레지오, 고드프리Reggio, Godfrey　　296
롬니, 조지Romney, George　　309
리오크, 데이비드Rioch, David McKenzie　　159~160, 162~164, 167~168, 170~172
리틀 C. C. Little, Clarence Cook　　150, 176~177
리히터, 커트Richter, Curt　　58~59, 64~66, 72, 76~84, 86, 91~93, 104, 111, 140, 142~143, 147, 298, 456
마이어, 아돌프Meyer, Adolf　　47, 55, 62, 64~65, 72
마이어, 리처드Meier, Richard　　271, 288
매클레인, 폴 D.MacLean, Paul D.　　329~334, 339~340, 361, 390, 394~395, 408, 452

맥켈딘, 시어도어 McKeldin, Theodore　　81~82
맥하그, 이언McHarg, Ian　　207, 276~278, 285, 289
머피, 데니스Murphy, Dennis　　453
멈포드, 루이스Mumford, Lewis　　135~136
메닝거, 칼Menninger, Karl　　256, 260
모지스, 로버트Moses, Robert　　134~136
바우어, 캐서린Bauer, Catherine　　205, 207
버트, 윌리엄 헨리Burt, William Henry　　96
베르나르, 클로드Bernard, Claude　　67, 72
보그트, 윌리엄Vogt, William　　128, 337
부시, 버니바Bush, Vannevar　　428~430
브라운, 버트램Brown, Bertram　　419, 454
브래디, 조Brady, Joe　　162~164, 166, 171~172, 191, 298, 439
브루너, 존Brunner, John　　445
사르트르, 장폴Sartre, Jean-Paul　　27
사포르타, 마르크Saporta, Marc　　432
샤코, 데이비드Shakow, David　　178, 192, 325
섀넌, 클로드Shannon. Claude　　321
셀리에, 한스Selye, Janos Hugo Bruno Hans　　100~103, 121, 161, 191, 275, 332, 339
소머, 로버트Sommer, Robert　　219~220, 230, 239~240, 242, 246~247, 249~250, 318
수오미, 스티븐Suomi, Stephen　　449~451, 456
스미스, 캐롤 후크Smith, Carol Houck　　396
스콧, 존 폴Scott, John Paul　　147~151, 153, 172, 176, 329
스키너, B. F.Skinner, B. F.　　323
스탠리, 월터 C.Stanley, Walter C.　　329
스턴바크, 레오Sternbach, Leo　　437
스피겔, 존Spiegel, John　　161~162
실리, 존Seeley, John　　272~276, 278, 285, 288
아드리, 로버트Ardrey, Robert　　226~233, 250, 256, 306, 334
아이고, 윌리엄 L.Igoe, William L.　　294
액셀로드, 줄리어스Axelrod, Julius　　364
앨리, W. C.Allee, W. C.　　147
야마사키 미노루山崎實　　294
에를리히, 폴 R.Ehrlich, Paul R.　　337, 378, 380
에버하트, 존Eberhart, John　　325, 381, 394~395
에서, 아리스티드Esser, Aristide　　246, 249
엘리스, 윌리엄 러셀Ellis, William Russell　　310~311
엘턴, 찰스Elton, Charles1　　58, 212, 365
엠렌, 존Emlen, John T.　　79, 84, 86, 93, 96, 109, 111, 141, 153, 155, 267

영, 존 자카리Young, John Zachary　　386~388
오도노반, 존O'Donovan, John　　105, 107~108
오스먼드, 험프리Osmond, Humphry　　235~238, 240~247, 249~250, 378, 440
오즈번, 페어필드Osborn, Fairfield`　　128, 336, 378
올린, 닐로Olin, Nilo　　374
올솝, 스튜어트Alsop, Stewart　　369~370
왓슨, 존 B.Watson, John B.　　54~55, 59, 61~66, 72, 92, 140
우드, 로버트 C.Wood, Robert C.　　289~290
울프, 톰Wolfe, Tom　　224~226
월리스, 앨프리드 러셀Wallace, Alfred Russel　　384, 388
웨버, 멜빈Webber, Melvin　　270~271
윅스퀼, 야콥 폰Uexkull, Jakob von　　318
웰스, 허버트 조지Wells, Herbert George　　427~428
위너, 노버트Wiener, Norbert　　206
위버, 워런Weaver, Warren　　267~269, 289
윌너, 대니얼Wilner, Daniel　　271, 285, 288, 299
윌슨, 에드워드Wilson, Edward　　443
이즈미 기요시和泉潔　　238~239, 241, 243~244, 248~249, 300
이키스, 해럴드Ickes, Harold　　64
잭슨연구소Roscoe B. Jackson Memorial Laboratory　　147, 149, 154, 176~177

제이콥스, 제인Jacobs, Jane　　283, 285~286
제퍼슨, 마크Jefferson, Mark　　29
제퍼슨, 토머스Jefferson, Thomas　　43
젠슨, 아서Jensen, Arthur Robert　　443
젱크스, 찰스 Jencks, Charles　　297
존슨, B. S. Johnson, B. S.　　432
존슨, 린든 B.Johnson, Lyndon B.　　262~264, 266~267, 289~290, 292, 417
카슨, 조니Carson, Johnny　　337
캐넌, 월터 브래드퍼드Cannon, Walter Bradford　　68~72, 121, 206, 332

캐스비, 제임스Casby, James　　168
캘버트, 세실Calvert, Cecil　　37
켐프, 재닛Kemp, Janet　　44, 50
콘리, 로버트 L.Conly, Robert L.　　371, 446
쿡, 밥Cook. Bob　　369
쿤, 토마스Kuhn, Thomas　　326~328, 390
크리스천, 존 J.Christian, John J.　　86, 93~94, 99~100, 103, 172, 209~213, 267, 339, 363, 382, 389, 394

킹, 헬렌 딘 King, Helen Dean   50~52
튜키, 존 Tukey, John   321
파블로프, 이반 Pavlov, Ivan   63, 71
포플턴, 토마스 Poppleton, Thomas   39, 143
폭스, 아서 Fox, Arthur L.   77
푀르스터, 하인츠 폰 Foerster, Heinz von   335~336, 342
풀러, 버크민스터 Fuller, Buckminster   429
풀러, 존 L. Fuller, John L.   148~149
프로이트, 지그문트 Freud, Sigmund   60, 332
프루이트, 웬델 O. Pruitt, Wendell O.   294
프릭크, 론 Fricke, Ron   296
피시바인, 해럴드 Fishbein, Harold   344
하워드, 월터 Howard, Walter   380
할로, 해리 Harlow, Harry   449~450
해리슨, 해리 Harrison, Harry   445
허페이커, 칼 Huffaker, Carl   317~320, 325, 343
헉슬리, 올더스 Huxley, Aldous   236~238, 243
헤디거, 하이니 Hediger, Heini   240~241
홀, 에드워드 트위첼 Hall, Edward Twitchell   219~224, 226, 228, 230~232, 300, 307
화이트, 윌리엄 '홀리' Whyte, William 'Holly'   283~285
후스, 톰 Huth, Tom   374, 377
힌클리, 올든 Hinckley, Alden   154~156, 173, 323

존 칼훈의 랫 시티:
완벽한 세계 유니버스25가 보여준 디스토피아

1판 1쇄 2025년 9월 12일

지은이	존 애덤스(Jon Adams), 에드먼드 램스던(Edmund Ramsden)
옮긴이	최지현, 허성우
디자인	스튜디오 알트 김다혜
편집	한홍

펴낸이	최지현
펴낸곳	씨브레인북스(CBRAIN BOOKS)
주소	04637 서울, 중구 소월로2길 30
이메일	cbrain_books@proton.me

ISBN   979-11-988053-0-0